Kopfrechentraining

Du musst mit dem Teilergebnis weiterrechnen.

4
4 · 4 = 16
16 + 8 = 24
24 : 3 = 8
8 · 7 = 56
56 + 16 = 72
72 : 8 = 9
9 · 4 = 36
36 : 3 = 12

1
9
· 6
− 27
: 3
· 4
: 6
· 8
− 16
: 8

2
5
: 9
· 3
· 2
: 8
· 7
: 2

: 8
· 9
+ 9
: 9
· 3
+ 18

4
7
· 6
: 7
· 9
: 6
· 8
: 9
· 3
: 4

5
32
: 4
· 9
: 2
: 4
· 7
− 9
: 6
· 3

6
28
+ 26
: 6
· 8
− 36
: 4
· 3
+ 15
: 6

7
27
· 2
− 27
: 9
· 13
+ 27
: 11
· 7
+ 13

8
9
· 4
· 2
− 28
: 2
· 3
+ 6
: 9
· 11

9
64
: 8
· 5
+ 16
: 8
· 7
− 17
: 4
· 7

10
28
· 2
− 32
: 3
· 9
− 16
: 7
· 3
: 4

11
27
: 3
· 8
: 2
· 9
· 7
· 2
: 8
· 5

12
36
: 6
· 3
: 9
· 8
: 2
· 9
· 8
· 7

13
63
: 7
+ 25
· 2
+ 13
: 9
+ 45
: 6
· 12

Zeichenerklärung

Aufgaben zum Tüfteln (Detektiv Knödelmeier)	Themenseiten
PC-Einsatzmöglichkeit	Grundwissen – Das kannst du schon
Suche in geeigneten Medien (z. B. Lexikon, Atlas, Internet, ...)	Üben an Stationen
Verweis auf Wiederholungsseiten	Definition, Merksätze, Regeln
Verweis auf Strategien/ Kompetenzen	Beispiele, Hinweise, Lösungsverfahren
	Beispiele für Strategien, Kompetenzen
Aufgaben mit hoher Herausforderung zur Strategiebildung	historische Exkurse
	Aufgaben mit Prüfzahlen zur Selbstkontrolle

Dieses Zeichen gibt an, wie groß du das Gitternetz zeichnen musst (hier 5 Längeneinheiten [LE] nach rechts, 5 Längeneinheiten [LE] nach oben). In der Regel gilt: 1 LE entspricht 1 cm

© 2016 Bildungshaus Schulbuchverlage Westermann Schroedel Diesterweg Schöningh Winklers GmbH, Georg-Westermann-Allee 66, 38104 Braunschweig
www.westermann.de

Druck A⁹ / Jahr 2024
Alle Drucke der Serie A sind inhaltlich unverändert.

Redaktion: Ulrike Voigt
Layout und Umschlaggestaltung: LIO Design GmbH, Braunschweig
Satz: media service schmidt, Hildesheim
Druck und Bindung: Westermann Druck GmbH, Georg-Westermann-Allee 66, 38104 Braunschweig

ISBN 978-3-14-123605-7

Inhaltsverzeichnis

Inhaltsverzeichnis

So arbeiten wir am Stationszirkel „Team 5 auf Mathe-Tour"

Der Zirkel besteht aus mehreren Stationen.

Die Stationen findest du an den Tischen im Klassenzimmer.

Gleiche Stationen können auch öfters aufliegen, müssen aber nur einmal bearbeitet werden.

Du arbeitest allein, mit deinem Partner oder mit deiner Gruppe.

Die Reihenfolge der Stationen könnt ihr selbst festlegen.
Gebt nicht auf, wenn ihr mit der gestellten Aufgabe nicht zurechtkommen solltet.
Vielleicht bringt euch ein Nachschlag an geeigneter Stelle im Buch weiter.

Notiert die Ergebnisse auf dem Laufzettel, den ihr von eurem Lehrer bekommt.

Zahlen darstellen

Zahlenstrahl
Zahlen kannst du auf dem Zahlenstrahl anordnen.
Sie werden mit Strichen markiert.

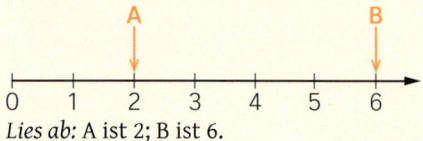

Lies ab: A ist 2; B ist 6.

Nach rechts werden die Zahlen am Zahlenstrahl immer größer. Nach links werden die Zahlen am Zahlenstrahl immer kleiner.

Stellenwerttafel
Zahlen kannst du in einer Stellenwerttafel darstellen.
Du kannst Zahlen auch in Worten schreiben.

ZT	T	H	Z	E
		1	5	7

In Worten: einhundertsiebenundfünfzig

ZT	T	H	Z	E
2	0	4	0	0

In Worten: zwanzigtausendvierhundert

Runden
Manchmal ist es sinnvoll Zahlen zu runden.

Bei den Ziffern 0, 1, 2, 3, 4 wird abgerundet.

Runde auf Zehner.
$$94 \approx 90$$
$$123 \approx 120$$

Bei den Ziffern 5, 6, 7, 8 und 9 wird aufgerundet.

Runde auf Hunderter.
$$192 \approx 200$$
$$1650 \approx 1700$$

Das Zeichen $\approx$ bedeutet:
ist ungefähr gleich.

① Lies die markierten Zahlen auf dem Zahlenstrahl ab. Schreibe sie in dein Heft.

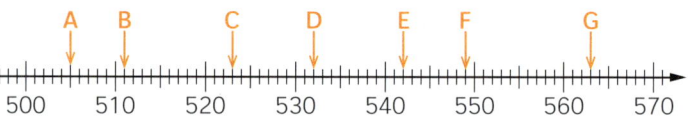

② Gib den Vorgänger und den Nachfolger der Zahl an. Lege dazu eine Tabelle an.

Vorgänger	Zahl	Nachfolger
	10	

a) 10   b) 199   c) 475   d) 900

③ Vergleiche die beiden Zahlen. Setze in deinem Heft < oder > ein.
a) 65 ☐ 56   b) 173 ☐ 137   c) 459 ☐ 495

④ Schreibe als Zahl.
a) dreitausendzehn
b) viertausendsechshundertdrei
c) siebenundneunzigtausendfünf

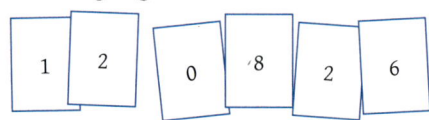

neuntausend-neunundneunzig

⑤ Finde die gesuchte Zahl und schreibe sie auf.
a) Die Zahl ist um 100 größer als 917.
b) Die Zahl ist um 2500 kleiner als 7000.
c) Die Zahl liegt in der Mitte zwischen 10 und 30.
d) Die Zahl liegt in der Mitte zwischen 100 und 400.
e) 13H
f) 4ZT + 4T + 3H + 1E

⑥ Bilde sechs vierstellige Zahlen. Du hast dazu diese Ziffernkärtchen zur Verfügung.

1   2   0   8   2   6

a) Schreibe deine Zahlen auf.
b) Ordne deine Zahlen der Größe nach. Beginne mit der kleinsten Zahl.

⑦ Runde die Zahl auf die in Klammern angegebene Stelle.
a) 93 (Z)   b) 361 (H)   c) 1230 (T)

⑧ Finde für den Platzhalter eine richtige Ziffer.
a) 4☐ $\approx$ 50   b) 83☐4 $\approx$ 8300
c) 1☐2 $\approx$ 200   d) 67☐1 $\approx$ 7000

⑨ Ein Kind braucht ungefähr 1 m Platz. Wie lang ist eine Kette aus
a) zehn Kindern?   b) allen Kindern deiner Klasse?

Addition
268 + 417 =

Halbschriftlich addieren
Du zerlegst die Zahlen so, dass du leicht addieren kannst.

	2	6	8	+	4	0	0	=	6	6	8
	6	6	8	+		1	2	=	6	8	0
	6	8	0	+			5	=	6	8	5

Schriftlich addieren
Du schreibst die Zahlen geordnet untereinander und addierst stellenweise. Achte auf **Überträge.**

	2	6	8
+	4	1	7
		1	
	6	8	5

Subtraktion
423 – 237 =

Halbschriftlich subtrahieren
Du zerlegst so, dass du leicht subtrahieren kannst.

4	2	3	–	2	0	0	=	2	2	3
2	2	3	–		2	3	=	2	0	0
2	0	0	–		1	4	=	1	8	6

Schriftlich subtrahieren
Du schreibst die Zahlen geordnet untereinander und subtrahierst stellenweise. Wenn nötig, musst du die vorhergehende Stelle **entbündeln.**

	4	2	3
		I	I
–	2	3	7
	1	8	6

① Berechne.
a) 490 + 30
b) 242 + 378
c) 295 + 95
d) 536 + 654
e) 874 + 726
f) 763 + 77

② a) 63 + 78   65 + 76   55 + 96   83 + 58
b) 763 + 896   563 + 1096   793 + 866   673 + 986
c) 3456 + 6544   1865 + 6789   1034 + 8965

③ Im Bild ist eine Rechnung dargestellt.

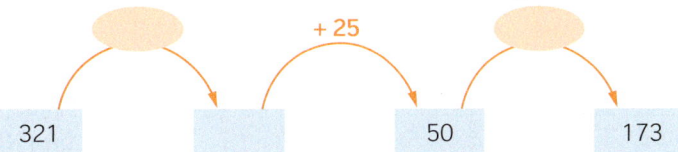

a) Schreibe die Rechnung mit Zahlen in dein Heft und überprüfe.
b) Berechne 344 – 226 und stelle die Rechnung wie oben dar.

④ Subtrahiere von 10 000:
a) 2223
b) 8950
c) 7778
d) 5579

⑤ Berechne.
a) 430 – 90
b) 460 – 378
c) 956 – 358
d) 7530 – 6540
e) 8740 – 7260
f) 1763 – 878

⑥ a) 78 – 63   58 – 43   73 – 58   83 – 68
b) 645 – 355   845 – 555   825 – 535   625 – 335

⑦ Welchen Überschlag würdest du wählen? Begründe und berechne dann.
a) 87 + 345   Ü 100 + 300   oder 90 + 300
b) 555 + 354   Ü 600 + 400   oder 550 + 350
c) 15 444 – 8930   Ü 15 000 – 8000 oder 15 000 – 9000

⑧ Rechnen mit ANNA-Zahlen.
a) 2112 – 1221
b) 5335 + 3553
c) 7447 – 4774

⑨ Rechne nur die Aufgaben, deren Ergebnis größer als 500 ist. Ordne diese Ergebnisse der Größe nach.
(1) 323 + 138
(2) 368 + 216
(3) 259 + 243
(4) 620 – 120
(5) 894 – 335
(6) 851 – 312

⑩ Fülle im Heft die Lücken so, dass die Rechnung stimmt.

+ 25

321   50   173

⑪ In der Klasse 5c sind zu Beginn des Schuljahres 28 Schüler. Im Lauf des Jahres ziehen 2 Schüler weg, einer wechselt in eine andere Schule und 5 neue kommen hinzu.

Multiplikation
Halbschriftlich multiplizieren
$364 \cdot 3 =$ ▢

Du multiplizierst Einer, Zehner, Hunderter, ... und addierst dann.

3	0	0	·	3	=	9	0	0
	6	0	·	3	=	1	8	0
		4	·	3	=		1	2
+								
					1	0	9	2

Schriftlich multiplizieren
$364 \cdot 35 =$ ▢

Du multiplizierst stellenweise und addierst dann. Achte auf Überträge.

				oder					
3	6	4	·	3 5		3	6	4	· 3 5
1	0	9	2				1	8	2 0
	1	8	2	0		1	0	9	2
1	2	7	4	0		1	2	7	4 0

Division
Schriftlich dividieren
$3138 : 6 =$ ▢

Du dividierst stellenweise. Wenn eine Stelle nicht ausreicht, nimmst du die nächste Stelle dazu.

	3	1	3	8	:	6	=	5	2	3
−	3	0								
		1	3							
−		1	2							
			1	8						
−			1	8						
				0						

Manchmal bleibt ein Rest.
Schriftlich dividieren mit Rest und Übertrag

	5	3	7	:	8	=	6	7	R	1
−	4	8								
		5	7							
−		5	6							
			1							

① Multipliziere.
a) $315 \cdot 40$ b) $145 \cdot 24$ c) $222 \cdot 48$ d) $605 \cdot 55$
   $315 \cdot 20$ $290 \cdot 12$ $222 \cdot 58$ $6050 \cdot 55$
   $630 \cdot 20$ $290 \cdot 24$ $111 \cdot 48$ $650 \cdot 55$

② Berechne die Aufgabe, die besser zum Überschlag passt.
a) Ü $300 \cdot 40$ $321 \cdot 48$ oder $335 \cdot 38$
b) Ü $800 \cdot 60$ $777 \cdot 55$ oder $888 \cdot 66$
c) Ü $250 \cdot 15$ $235 \cdot 16$ oder $255 \cdot 16$

③ Welche Aufgaben sind falsch gerechnet?
(1) $512 \cdot 19 = 9728$ (2) $2794 \cdot 42 = 114\,248$
(3) $853 \cdot 27 = 23\,031$ (4) $555 \cdot 55 = 31\,525$

④ a) $320 : 5$ b) $736 : 4$ c) $1647 : 9$ d) $56\,742 : 6$
   $160 : 5$ $736 : 8$ $1647 : 3$ $28\,371 : 3$
   $320 : 10$ $368 : 8$ $7641 : 3$ $17\,328 : 3$

⑤ Welchen Überschlag würdest du wählen? Begründe.
a) $865 : 5$ Ü $900 : 5$ oder $850 : 5$
b) $5196 : 6$ Ü $5000 : 6$ oder $5400 : 6$
c) $53\,848 : 8$ Ü $56\,000 : 8$ oder $48\,000 : 8$

⑥ Überlege vorab, wie viele Stellen das Ergebnis hat.
a) $9744 : 8$ b) $1314 : 3$ c) $8064 : 9$
d) $4872 : 4$ e) $2628 : 3$ f) $4032 : 3$

⑦ Nur eine Rechnung ist richtig. Überprüfe und korrigiere in deinem Heft.

a) $18\,306 : 9 = 2036$
   -18
    030
   -27
     36
   -36
      0

b) $30\,170 : 7 = 431$
   -28
    21
   -21
    07
   $- 7$
    0

c) $39\,258 : 6 = 6543$
   -36
    32
   -30
    25
   -24
    18
   -18
    0

d) $9872 : 8 = 1235$
   -8
   18
   -16
   27
   -24
   42
   -42
    0

⑧ Aylin und Niklas kaufen für einen Klassenausflug vier Kartons Getränke. In jedem Karton sind 6 Flaschen. Eine Flasche kostet 60 Cent.
a) Was kostet alles zusammen?
b) In der Klasse sind 20 Schülerinnen und Schüler. Wie viel muss jeder bezahlen?

Längeneinheiten

1 km = 1000 m
1 m = 100 cm
1 cm = 10 mm

$\frac{1}{2}$ m = 50 cm

$\frac{1}{4}$ m = 25 cm

$\frac{3}{4}$ m = 75 cm

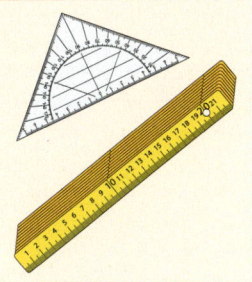

Masseeinheiten

1 kg = 1000 g

$\frac{1}{2}$ kg = 500 g

$\frac{1}{4}$ kg = 250 g

$\frac{3}{4}$ kg = 750 g

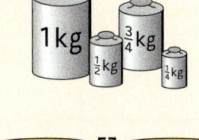

Im Alltag verwendet man häufig den Begriff Gewicht für Masse.

Hohlmaße

1 l = 1000 ml

$\frac{1}{2}$ l = 500 ml

$\frac{1}{4}$ l = 250 ml

$\frac{3}{4}$ l = 750 ml

Zeiteinheiten

1 Tag = 24 h
1 h = 60 min
1 min = 60 s

$\frac{1}{2}$ h = 30 min

$\frac{1}{4}$ h = 15 min

$\frac{3}{4}$ h = 45 min

Zeitdauer

Beginn: 10:15 Uhr, Ende: 12:50 Uhr
Dauer: 2 h 35 min

Geld

1 € = 100 Ct

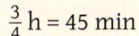
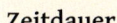

So rechnest du mit Kommazahlen:

Ein Schokoriegel kostet 1,19 €. Wie viel kosten 5 Riegel?
Wandle die Kommazahl in die kleinere Einheit ohne Komma um und multipliziere.
119 Ct · 5 = 595 Ct
Wandle das Ergebnis in die gewünschte Einheit.
595 Ct = 5,95 €

---

1 Wandle in die angegebenen Einheiten um.
   a) 15 km (m; cm; mm)   b) 2000 m (km; cm; mm)
   c) 3500 cm (m; mm)   d) 4,800 km (m; cm)

2 Ordne den Angaben passende Längeneinheiten zu.
   a) Entfernung München – Salzburg
   b) Höhe der Zimmertür
   c) Höhe der Schule   d) Breite des Tisches
   e) Dicke des Bleistifts   f) Länge eines Autos

3 Wandle in die angegebene Einheit um.
   a) 22 kg (g)   b) 3000 g (kg)   c) 0,560 kg (g)

4 Gib in Gramm an.
   a) $2\frac{1}{2}$ kg   b) $3\frac{1}{4}$ kg   c) $7\frac{3}{4}$ kg

5 Gib Gegenstände in deiner Umwelt an, die ungefähr die Masse von 1000 kg, 100 kg, 10 kg, 1 kg, 100 g, 1 g haben.

6 Wandle in die angegebene Einheit um.
   a) 3 l (ml)   b) 4000 ml (l)   c) 16 000 ml (l)

7 Vergleiche.
   a) $1\frac{3}{4}$ l und 1075 ml   b) 18 500 l und 1 000 000 ml

8 Wandle in die angegebene Einheit um.
   a) 3 Tage (h)   b) 360 min (h)   c) 3600 s (min)
   d) $1\frac{1}{2}$ h (min)   e) $6\frac{3}{4}$ min (s)   f) $\frac{1}{2}$ Tag (h)

9 Gib die Zeitdauer an.

	a)	b)	c)	d)
von	14:17 Uhr	8:09 Uhr	10:25 Uhr	9:54 Uhr
bis	16:38 Uhr	13:58 Uhr	11:13 Uhr	15:21 Uhr

10 Wie spät ist es, wenn die in Klammern stehende Zeit vergangen ist?
   a) 13:48 Uhr (23 min)   b) 9:17 Uhr (45 min)
   c) 7:37 Uhr (4 h 25 min)   d) 15:29 Uhr (78 min)

11 Gib in Euro beziehungsweise Cent an.
   a) 689 Ct   b) 2,82 €   c) 0,99 €   d) 1005 Ct

12 Berechne.
   a) Bei einem Radrennen sind 22 Runden zu fahren. Eine Runde ist 4,850 km lang.
   b) In einer Getränkekiste sind 12 Flaschen mit je 0,7 l Saft. Eine Flasche kostet 1,49 €.
   c) Familie Grün kauft beim Obst- und Gemüsehändler 150 g Himbeeren, 1,7 kg Erdbeeren, 2,5 kg Kartoffeln und 750 g Spargel.

Figuren
Dreieck

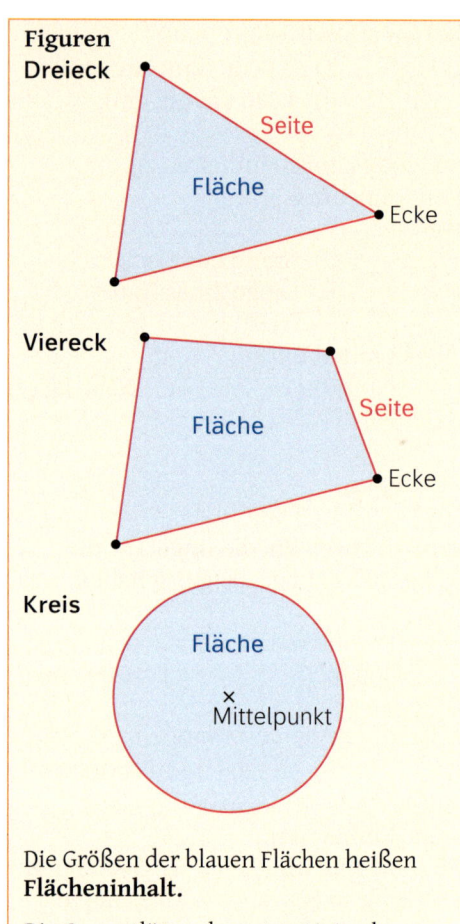

Viereck

Kreis

Die Größen der blauen Flächen heißen
Flächeninhalt.

Die Gesamtlänge der roten Linien bezeichnet man als **Umfang** einer Figur.

1. Zeichne die Figuren. Schreibe ihre Namen dazu.

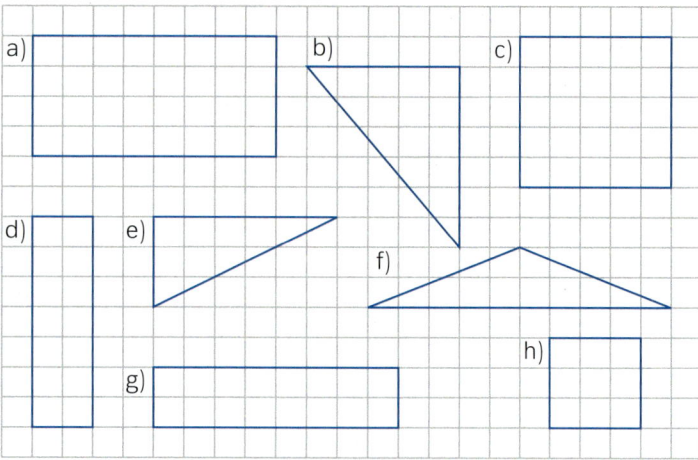

2. Beschreibe den Unterschied zwischen Rechteck und Quadrat.

3. Wie heißt die Figur?
   a) Sie besitzt keine Ecken.   b) Sie hat vier rechte Winkel.
   c) Sie hat drei Seiten.   d) Sie besitzt vier Ecken.

4. Zeichne die Figur.
   a) Quadrat
   b) Rechteck: eine Seite ist doppelt so lang wie die andere
   c) Viereck mit zwei rechten Winkeln
   d) Dreieck mit einem rechten Winkel

5. Zeichne vier verschieden große Kreise. Zeichne bei jedem
   Kreis den Mittelpunkt ein. Für die Zeichnung gilt:
   a) Jeder Kreis hat einen anderen Mittelpunkt.
   b) Die Kreise haben alle denselben Mittelpunkt.

6. Jule und Philipp haben Figuren in ihr Heft gezeichnet.

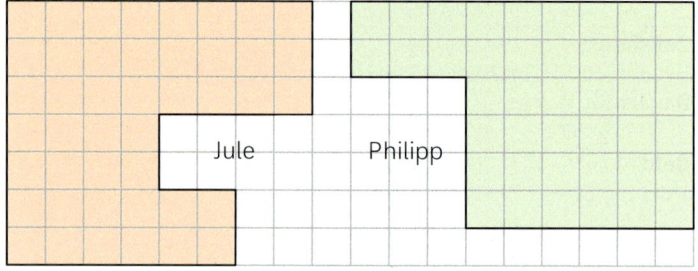

   a) Welche Fläche ist größer? Beschreibe deine Vorgehensweise.
   b) Gib den Umfang von Jules und Philipps Figur in Kästchenlängen an.
   c) Zeichne zwei neue Figuren mit dem Flächeninhalt von
      Philipps Figur.
   d) Zeichne zwei neue Figuren mit dem Umfang von Jules
      Figur.

Besondere Vierecke

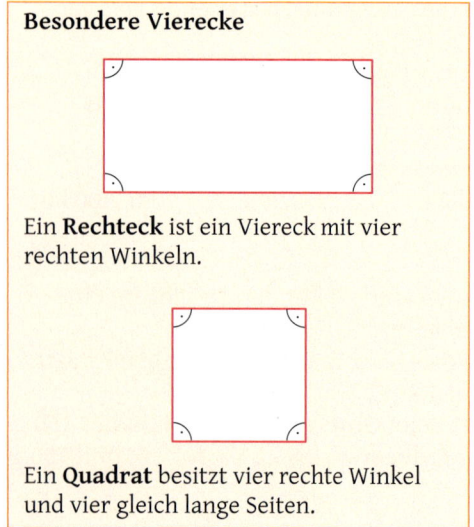

Ein **Rechteck** ist ein Viereck mit vier
rechten Winkeln.

Ein **Quadrat** besitzt vier rechte Winkel
und vier gleich lange Seiten.

Körper

Es gibt Körper, deren Grund- und Deckfläche gleich sind.

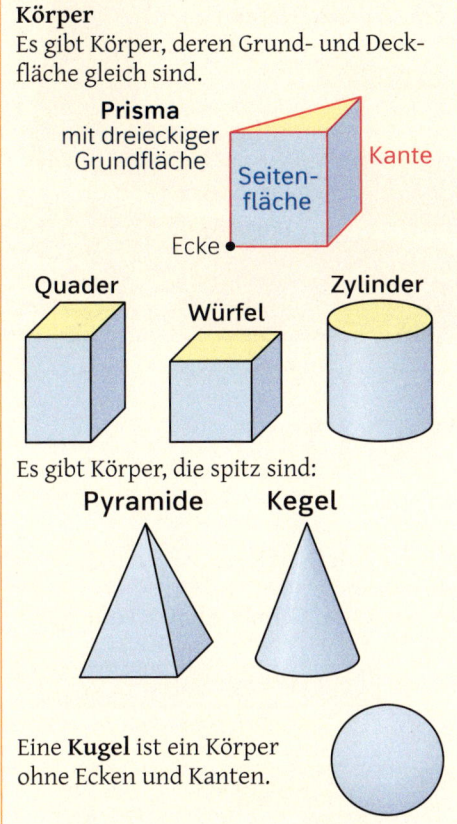

Prisma
mit dreieckiger Grundfläche
Kante
Seitenfläche
Ecke

Quader
Würfel
Zylinder

Es gibt Körper, die spitz sind:

Pyramide   Kegel

Eine **Kugel** ist ein Körper ohne Ecken und Kanten.

Vergrößern und Verkleinern

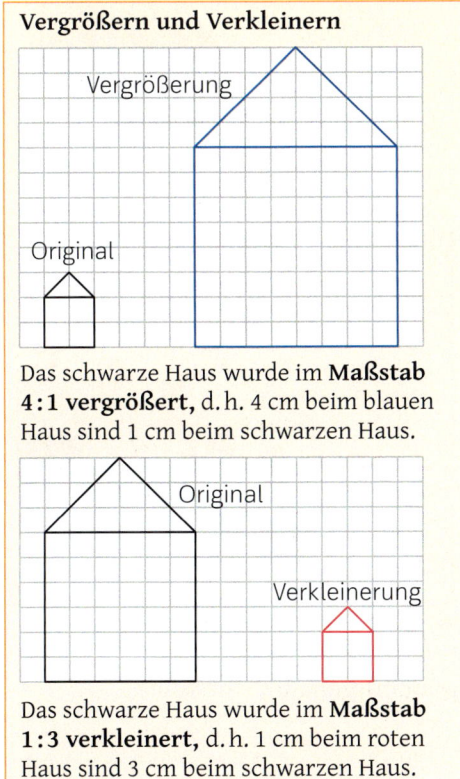

Vergrößerung

Original

Das schwarze Haus wurde im **Maßstab 4:1 vergrößert,** d. h. 4 cm beim blauen Haus sind 1 cm beim schwarzen Haus.

Original

Verkleinerung

Das schwarze Haus wurde im **Maßstab 1:3 verkleinert,** d. h. 1 cm beim roten Haus sind 3 cm beim schwarzen Haus.

① Um welchen Körper handelt es sich? Notiere im Heft.

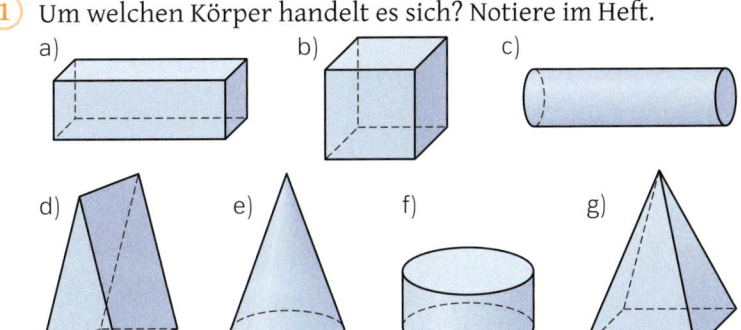

a)   b)   c)

d)   e)   f)   g)

② Beschreibe den Unterschied zwischen einem Quader und einem Würfel.

③ Beschreibe mit Hilfe der Kärtchen die Gemeinsamkeiten und Unterschiede zwischen Zylinder und Kegel.

Kreis		Kegel		2	

| | 0 | | Spitze | | 1 | | Zylinder |

④ a) Vergrößere Figur 1. Zeichne jede Linie doppelt so lang. Gib den Maßstab an.
   b) Verkleinere Figur 2. Zeichne jede Linie halb so lang. Gib den Maßstab an.

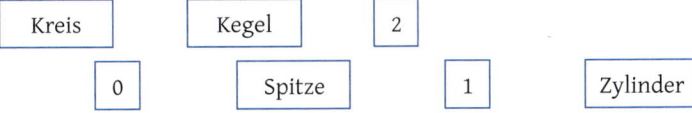

Figur 1   Figur 2

1 cm

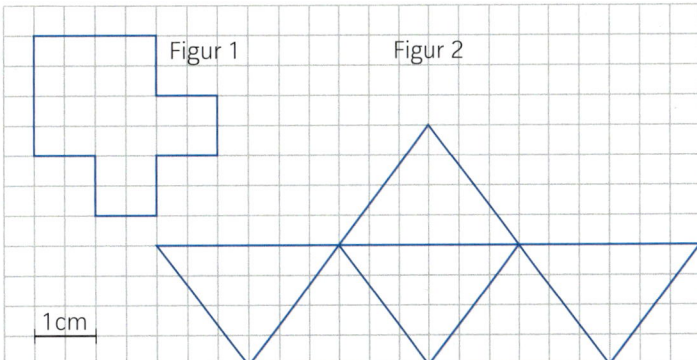

⑤ Wie lang ist das Fahrzeug in Wirklichkeit?
   a) Die Länge des Radladers im Modell beträgt 11 cm. Der Maßstab ist 1:50.

   b) Die Länge des Feuerwehrautos im Modell beträgt 42 cm. Der Maßstab ist 1:16.

Daten auswerten

Von 100 Schülern lesen jeden oder fast jeden Tag
(Mehrfachnennungen möglich)

Wissensbücher · Abenteuer, Fantasy · Zeitung (Sportteil) · Zeitschriften · Comics · gar nicht

In der Schule jährlich verunglückt
(Anzahl in Tausend)

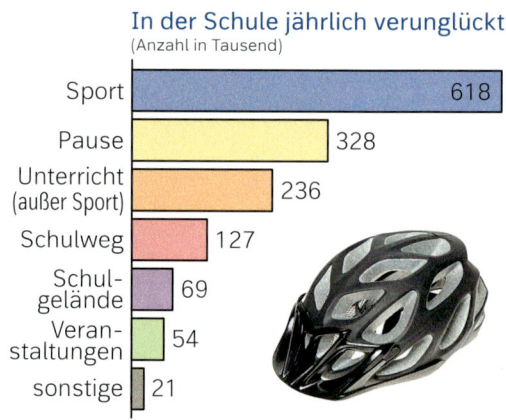

Sport	618
Pause	328
Unterricht (außer Sport)	236
Schulweg	127
Schulgelände	69
Veranstaltungen	54
sonstige	21

Internetnutzung Jugendlicher

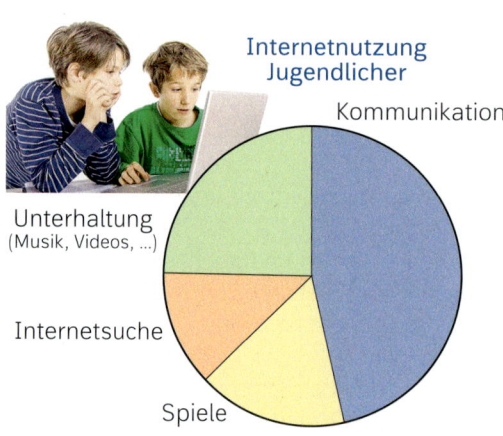

Kommunikation · Unterhaltung (Musik, Videos, …) · Internetsuche · Spiele

Durchschnittsgröße

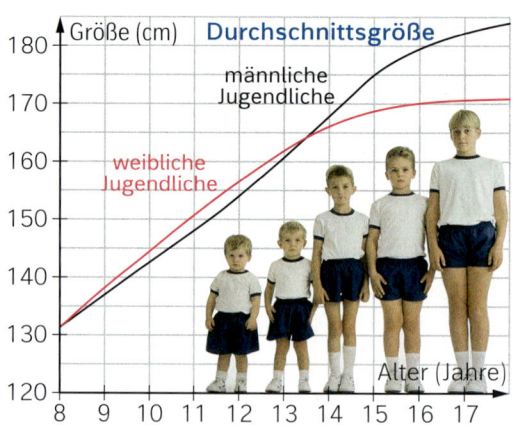

Größe (cm) · männliche Jugendliche · weibliche Jugendliche · Alter (Jahre)

Wozu und für wen werden solche Bilder – auch Diagramme genannt – erstellt?
Woher kommen die Informationen für Diagramme?
Was bedeutet „Mehrfachnennungen möglich"?
Wo findest du solche Diagramme?

1 In den vier Diagrammen auf der vorigen Seite sind viele Informationen enthalten.
a) Wie viele von 100 Schülern lesen Zeitung, wie viele lesen gar nicht?
b) Mädchen über 13 Jahre wachsen langsamer als gleichaltrige Jungen. Stimmt das?
c) Wie viele Kinder verunglücken jährlich auf dem Schulweg?
d) Im ersten Diagramm steht oben: „Von 100 Schülern lesen jeden oder fast jeden Tag".
Kann man daraus folgern, dass genau 100 Schüler befragt wurden? Begründe.
e) Tim meint: Mehr Jugendliche verwenden das Internet zum Spielen, als damit Musik zu hören, Videos abzuspielen, usw. Hat er Recht? Begründe.
f) Welche Informationen kann man aus den vier Diagrammen noch herauslesen?

Diagramme

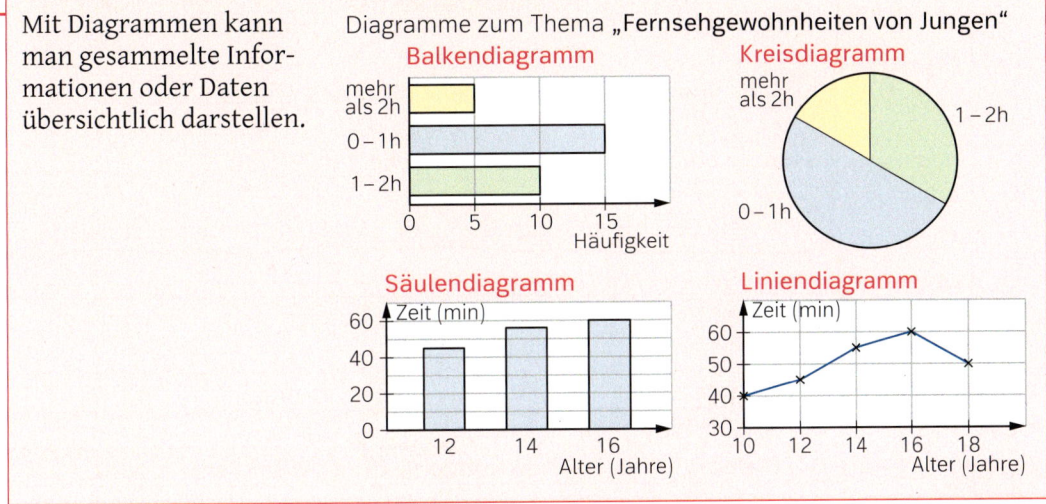

Mit Diagrammen kann man gesammelte Informationen oder Daten übersichtlich darstellen.

Diagramme zum Thema „Fernsehgewohnheiten von Jungen"

Übungen

2 Suche in Zeitungen oder in Zeitschriften nach Diagrammen.
Finde heraus, was sie darstellen.

3 Ordne die Diagramme richtig zu.

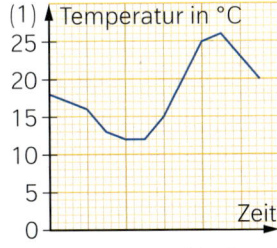
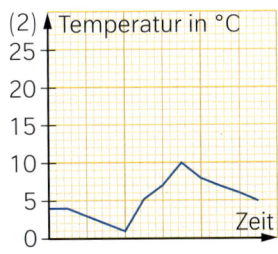
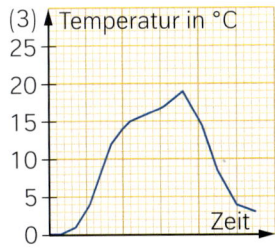

Temperaturverlauf: **A** eines Novembertages **B** eines ganzen Jahres **C** eines Junitages

4 Passen die Aussagen zu den Diagrammen? Begründe.
a) Es fahren mehr als doppelt so viele Schüler mit dem Bus zur Schule als mit dem Fahrrad.
b) Jugendliche benutzen das Internet am häufigsten über den PC oder den Laptop.

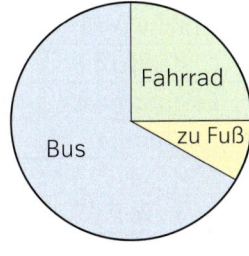
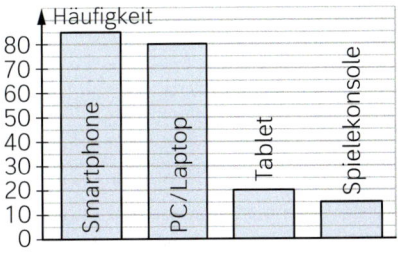

1 Die Schülerinnen und Schüler der Klasse 5a sind neu an der Schule und möchten mehr über sich erfahren. Dazu haben sie einen Fragebogen ausgearbeitet.

Ich habe meinen Fragebogen schon ausgefüllt.

Fragebogen: Name: _Anna_____

Welche Sportart betreibst du am liebsten? _Reiten_____

Hast du ein Haustier? Wenn ja, welches? _Pferd_____

Wie viele Geschwister hast du? __3__ Wie lang ist dein Schulweg? __7 km__

So eine Tabelle nennt man Urliste.

	Name Vorname	Lieblings- sportart	Haustier	Geschwister	Länge des Schulwegs
1	A. Maxi	Fußball	Hund	2	500 m
2	B. Sabrina	Tanzen	Katze	0	2 km
3	B. Betty	Taekwondo	Meerschweinchen	1	1,5 km
4	C. Lea	Fußball	Hund	2	23 km
5	D. Anna	Reiten	Pferd	3	7 km
6	D. Josef	Fußball	–	1	3 km
7	E. Franz	Basketball	Hund	4	2,5 km
8	F. Laura	Reiten	Hase	0	13 km
9	S. Adem	Taekwondo	Katze	1	5 km
10	T. Sophie	Tennis	Taube	3	23 km
11	B. Mirko	Hockey	Hase	2	1 km
12	S. Anne	Reiten	Hase	1	25 km
13	D. Maria	Tennis	Hund	1	19 km
14	F. Nadine	Volleyball	Katze	0	11 km
15	C. Claudio	Fußball	Hund	1	18 km
16	T. Antonia	Reiten	Wellensittich	3	13 km
17	T. Simon	Badminton	Fasan	0	14 km
18	W. Felix	Klettern	Katze	0	11 km
19	Z. David	Taekwondo	Ratte	0	6 km
20	M. Emily	Fußball	Schildkröte	1	10 km
21	S. Johanna	Leichtathletik	Pferd	2	8 km
22	S. Marie	Tennis	Papagei	2	21 km
23	V. Lena	–	Schlange	1	5,5 km
24	Z. Florian	Fußball	-	2	24 km
25	Z. Julia	Taekwondo	Katze	0	800 m

② Für die Auswertung haben die Schüler eine Häufigkeitstabelle angefertigt.

Lieblingssportart		
	Strichliste	Häufigkeit
Fußball	卌 I	6
Reiten	▨	▨
Taekwondo	▨	▨
Tennis	▨	▨
Sonstige Sportarten	卌 II	▨

a) Erkläre, wie die Ergebnisse in der Strichliste zustande kommen.
b) Vervollständige die Strichliste und die Häufigkeitstabelle im Heft.
c) Warum ist die Anzahl der Striche kleiner als die Anzahl der Schüler?
d) Welche Informationen gehen in der Häufigkeitstabelle verloren?
e) Warum gibt es den Bereich „Sonstige Sportarten"?

③ Die Ergebnisse zur Lieblingssportart hat die 5a in einem Balkendiagramm dargestellt.

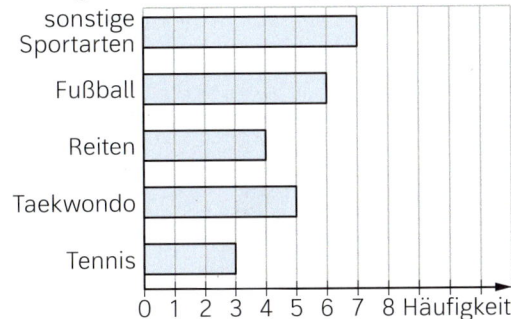

a) Erkläre, wie die Kinder vorgegangen sind. Wo haben sie einen Fehler gemacht?
b) Kann man aus dem Diagramm entnehmen, wie viele Kinder Ballsportarten betreiben? Begründe.
c) Lisa meint: „Das Diagramm zeigt, dass Fußball die beliebteste Sportart ist."
„Das stimmt doch nicht, es gibt im Diagramm einen noch längeren Balken", widerspricht Katharina. Was meinst du?

④ So kannst du zu der Anzahl der Geschwister (Tabelle Seite 14) ein Säulendiagramm zeichnen.

B

(1) Erstelle zunächst eine Häufigkeitstabelle. Trage ein, wie viele Schüler keine, ein, zwei, ... Geschwister haben.

Anzahl der Geschwister	Häufigkeit
0	7
1	8
2	6
3	3
4	1

(2) Die größte Häufigkeit in der Tabelle gibt an, wie viel Platz du nach oben brauchst. Bringe auf dem nach oben laufenden Pfeil z. B. nach jedem Kästchen eine Markierung an. Beschrifte sie mit 1, 2, ..., 8.

(3) Zeichne die Säulen immer gleich breit und im gleichen Abstand. Den Platzbedarf nach oben erkennst du an der größten Häufigkeit. Beschrifte die Säulen mit der Geschwisterzahl.

Wie du ein Kreisdiagramm zeichnen kannst, erfährst du auf Seite 185.

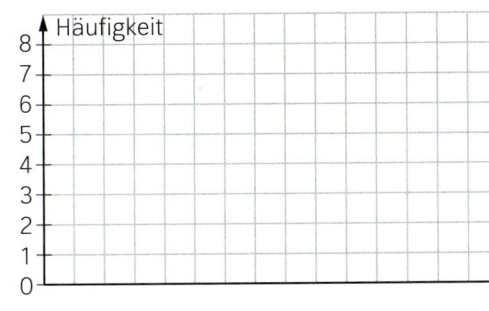

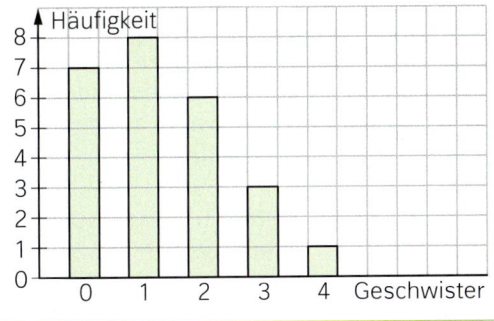

Zeichne für die Haustiere in der Urliste auf Seite 14 ein Diagramm.

Übungen

5 In einer Umfrage wurden 1000 Jugendliche befragt, welches Medium (Fernsehen, Radio, Internet und Tageszeitung) sie am glaubwürdigsten finden.

Medium	Fernsehen	Radio	Internet	Tageszeitung
Häufigkeit	260	200	140	400

Stelle das Ergebnis der Umfrage mit einem geeigneten Diagramm dar.

6 Das Säulendiagramm rechts zeigt die Durchschnittstemperaturen für Würzburg im Jahr 2014.

a) Übertrage die Tabelle in dein Heft. Erweitere sie um die Monate April bis Dezember und ergänze die fehlenden Werte.

Monat	Jan.	Feb.	März	▨
Temperatur in °C	3	5	▨	▨

b)

In Würzburg beträgt der Unterschied zwischen der tiefsten und höchsten Temperatur 17 °C.

Der Temperaturanstieg zwischen Juni und Juli ist größer als der zwischen März und April.

Beurteile die Aussagen von Ben und Susanne.

c) Nenne die Monate, zwischen denen der Temperaturanstieg gleich ist.

d) Wann sank die Temperatur am stärksten?

e) Entnimm dem Diagramm drei weitere Informationen.

7 Die Schüler der Klasse 5a untersuchen in einer Umfrage, was Mädchen und Jungen in der Pause am liebsten essen und trinken. Die Ergebnisse sind im Diagramm rechts dargestellt.

a) Die Klasse hat die Überschrift „Brezen für die Mädchen, Wurst für die Jungs" für das Diagramm gewählt. Begründe.

b) Was sind die Lieblingsspeisen und Lieblingsgetränke der Jungen? Zu welchen Speisen und Getränken greifen lieber die Mädchen?

c) Wie viele Schüler wählen lieber vegetarische Speisen?

d) Bei welcher Speise und bei welchem Getränk ist der Unterschied zwischen Jungen und Mädchen besonders groß oder besonders klein?

e) Kann man aus dem Diagramm die Anzahl der befragten Personen bestimmen? Begründe.

8 In einer Umfrage wurden 500 Schüler nach der Länge ihres Schulwegs befragt. Das Ergebnis ist im Kreisdiagramm dargestellt.

Leonhard behauptet, dass mehr als die Hälfte der Schüler einen Schulweg von höchstens 13 km hat.

Hat er Recht? Begründe.

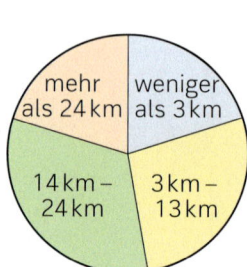

① Nadine, Christoph und Jan haben für das Alter der Schülerinnen und Schüler ihrer Klasse je ein Diagramm gezeichnet.

a) Was sagst du zu den Aussagen von Christoph und Nadine? Wer hat Recht?
b) Hat Jan beim Erstellen seines Diagramms etwas falsch gemacht? Begründe.

Fehler in Diagrammen

Oft werden Aussagen von Diagrammen gezielt verfälscht, um Leser positiv oder auch negativ zu beeinflussen.
Häufig werden dazu Tricks angewandt, zum Beispiel:
• Die Werte beginnen nicht bei Null.
• Die Einteilungen auf den Achsen werden gezielt verändert.
• Die Beschriftungen werden weggelassen.

② Suche in Zeitschriften oder im Internet nach verfälschten Diagrammen und beschreibe deren Wirkung auf die Leser. Suche Gründe für die verfälschte Darstellung.

Übungen

③

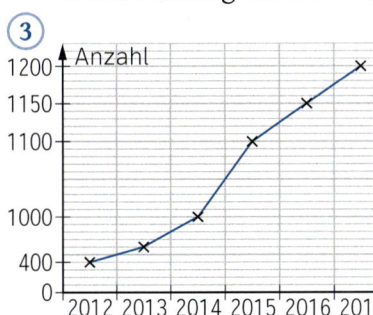

Mit dem Diagramm stellt ein Sportverein die Entwicklung der Mitgliederzahlen von 2012 bis 2017 vor.
a) Welche Eindrücke erzeugt das Diagramm?
b) Ergänze im Heft die fehlenden Werte bis zum Jahr 2017.

Jahr	2012	2013	2014	
Anzahl der Mitglieder				

c) Bestätigen die Zahlen der Tabelle den Eindruck aus a)?
d) Finde die Fehler im Diagramm und zeichne es richtig.

④ Wegen steigender Mietpreise und höherer Kosten für Lebensmittel und Personal muss die Pizzeria „Amico" die Pizzapreise Jahr für Jahr anpassen.
In der Tabelle siehst du den durchschnittlichen Preis für eine Pizza von 2005 bis 2017.

Jahr	2005	2008	2011	2014	2017
Preis in €	4,00	5,50	6,00	7,00	8,50

Der Chef der Pizzeria behauptet fälschlicherweise, dass sich die Pizzapreise kaum geändert hätten. Zeichne ein Säulendiagramm, das diese Behauptung unterstützt.

1 Die Abbildung zeigt die Verteilung der Noten in den ersten beiden Mathematikschulaufgaben der Klasse 5a.
  a) Wie viele Schüler haben in der ersten bzw. zweiten Schulaufgabe die Noten 3 oder besser erreicht?
  b) In einer Schulaufgabe hat ein Schüler nicht mitgeschrieben. Welche Schulaufgabe war das? Begründe.
  c) Welche Schulaufgabe ist deiner Meinung nach besser ausgefallen? Begründe.

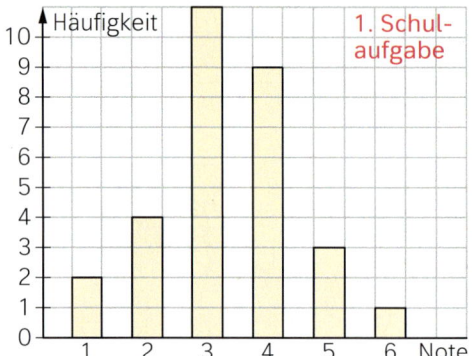

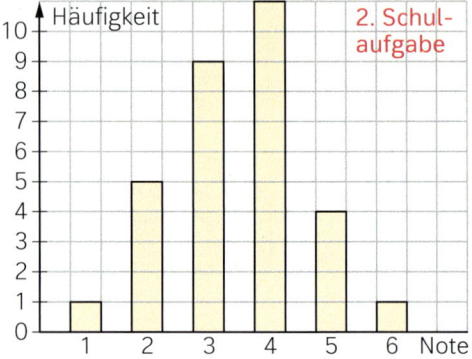

2 Die dritte Schulaufgabe der Klasse 5a ist korrigiert. In der Liste unten links siehst du die von den einzelnen Schülern erreichten Punkte. Daneben findest du den Notenschlüssel.

Anzahl der erreichten Punkte

18	14	21	8	3	17	12	11	10	16
16	15	14	5	6	9	10	19	13	12
12	14	13	23	6	16	7	10	17	18	2

Punkte	Note
23 bis 21	1
20 bis 17	2
16 bis 13	3
12 bis 9	4
8 bis 5	5
4 bis 0	6

  a) Erstelle eine Häufigkeitstabelle für die einzelnen Noten und zeichne dazu ein Säulendiagramm.
  b) In welchen der drei Schulaufgaben gab es mehr bessere (1–3) als schlechtere (4–6) Noten? In welcher Schulaufgabe wurden die meisten Noten 4 und 5 verteilt?
  c) Ergänze in deinem Heft die Häufigkeitstabelle rechts. Was stellst du fest?

Schulaufgabe	1	2	3
Anzahl 5 oder 6			

3 Beim Sportfest wurden 43 Jungen und 57 Mädchen der fünften Klassen befragt: Insgesamt erhielten 25 Kinder eine Ehrenurkunde, davon 11 Jungen.
So kannst du das Ergebnis der Befragung in einer Vierfeldertafel darstellen und weitere Informationen berechnen.

B

Vierfeldertafel

(1) Erstelle eine Tabelle mit vier Feldern.
(2) Beschrifte die Tabelle.
(3) Übertrage die Werte aus dem Text.
(4) Ergänze die fehlenden Werte.

	Ehrenurkunde?		
	ja	nein	Gesamt
Mädchen			57
Jungen	11		43
Gesamt	25		

  a) Übertrage die Vierfeldertafel in dein Heft und ergänze die fehlenden Werte.
  b) Wie viele Mädchen erhielten eine Ehrenurkunde?
  c) Wie viele Schüler haben keine Ehrenurkunde bekommen?

03

Natürliche Zahlen

Was kannst du auf den Autokennzeichen aus Japan, Libyen und Russland lesen, was nicht?

Zahlen sind viel internationaler als Schriftzeichen, aber auch bei den Zahlen gibt es Besonderheiten, vor allem bei den Sprechweisen.

Alle Kinder haben in ihrer Sprache „82" gesagt:

Anna	zweiundachtzig	(zwei und achtzig)
Steven	eighty two	(achtzig zwei)
Jacques	quattre vingt deux	(vier(mal)zwanzig zwei)
Chiara	ottanta due	(achtzig zwei)
Serhan	seksen iki	(achtzig zwei)

Natürlich fällt dir das Zählen und Rechnen in deiner Muttersprache am leichtesten. Schau dir an, wie die Zahlen in den anderen Ländern ausgedrückt werden. Was hältst du davon?

① Die Metzgerei „Schmidt" hat vor der großen Theke ein Gerät aufgestellt, aus dem man sich Nummernkärtchen ziehen kann. Marie war heute die erste Kundin. Sie hat die 409 gezogen, Laura die 419. Stefan, der letzte Kunde, die 529.

a) Wie viele Kunden warten zwischen Marie und Laura?

b) Wie viele Kunden hat die Metzgerei „Schmidt" heute insgesamt bedient?

c) Wozu dienen solche Geräte? Erkläre.

M

Natürliche Zahlen

Mit den Zahlen **1, 2, 3, 4, 5,** ... kann man zählen und ordnen.
Man bezeichnet sie als **natürliche Zahlen.** Es gibt unendlich viele davon.
Jede natürliche Zahl hat einen **Vorgänger** und einen **Nachfolger.**
Die natürlichen Zahlen und die Zahl 0 lassen sich auf dem Zahlenstrahl anordnen.
Der **Zahlenstrahl** hat einen Anfangspunkt (Nullpunkt), aber keinen Endpunkt.
Die Entfernung zwischen den Punkten benachbarter Zahlen ist stets gleich und heißt Längeneinheit (LE). Hier ist die Längeneinheit 1 cm.

Zahlenstrahl

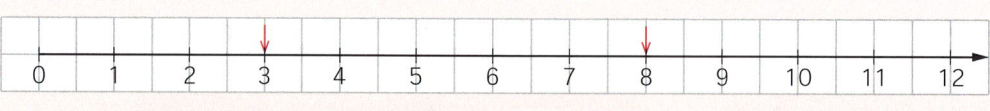

Die Zahl 3 liegt links von der Zahl 8:   Die Zahl 8 liegt rechts von der Zahl 3:
3 **ist kleiner als** 8.   3 < 8   8 **ist größer als** 3.   8 > 3

Übungen

Seite 6

② Übertrage die Tabelle in dein Heft und fülle aus.

a)

Vorgänger	Zahl	Nachfolger
■	859	■
513	■	■
■	■	601

b)

Vorgänger	Zahl	Nachfolger
■	1 000 000	■
298 721	■	■
■	■	2 823 721

③ Setze in deinem Heft das passende Zeichen <, > oder = ein.

a) 1111 ■ 11 111   b) 2220 ■ 22 202   c) 3030 ■ 3003   d) 44 004 ■ 44 400

e) 56 565 ■ 56 656   f) 7080 ■ 7788   g) 9669 ■ 9966   h) 4321 ■ 4123

④ Lies am Zahlenstrahl ab, wie die markierten Zahlen heißen.

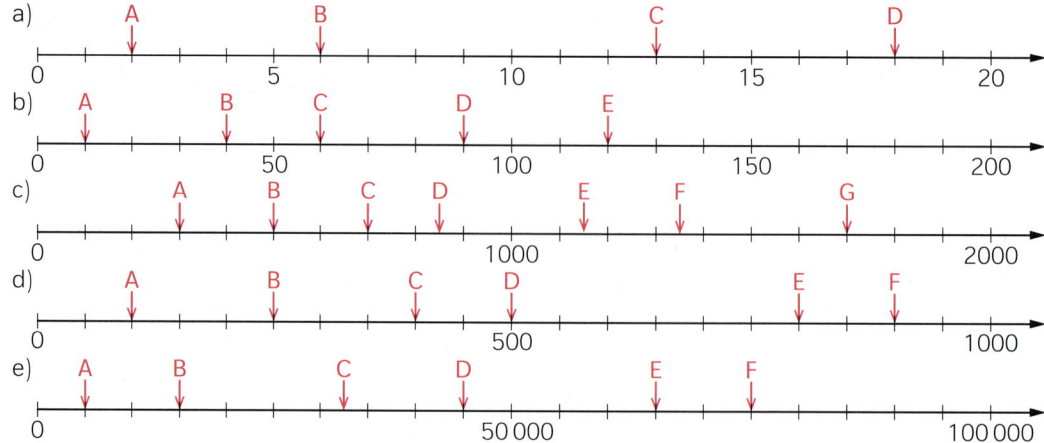

⑤ Nele und Mia veranschaulichen die Zahlen 350 und 200 am Zahlenstrahl.
Nele behauptet Mia habe einen Fehler gemacht. Was meinst du dazu?

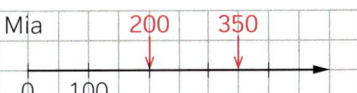

⑥ Zeichne für jede Teilaufgabe einen Zahlenstrahl und trage die Zahlen ein. Wähle geeignete Längeneinheiten.
Ordne die Zahlen in den Teilaufgaben a), c), e) nach der Beziehung „ist kleiner als" und die Zahlen in den Teilaufgaben b), d), f) nach der Beziehung „ist größer als".
Verwende das richtige Zeichen.

a) 0, 12, 3, 5, 9, 6, 7, 11, 13
b) 75, 110, 30, 45, 60, 130, 125
c) 450, 300, 200, 250, 650, 550
d) 3500, 2000, 8000, 8500, 7000
e) 600 000, 750 000, 500 000, 450 000
f) 85 000, 60 000, 25 000, 30 000

⑦ a) Springe auf dem Zahlenstrahl dreimal vorwärts bzw. dreimal rückwärts.
Wo landest du?

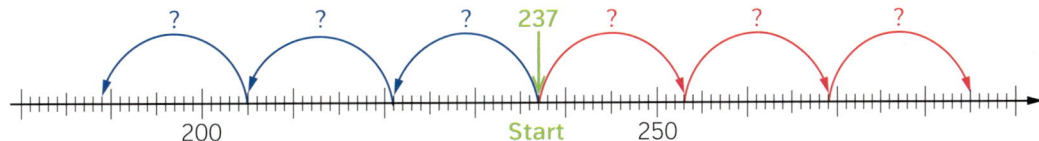

b) Gib eine mögliche Sprungweite für das Bild oben an. Begründe.
c) Start: 237   Sprungweite: 12 (24, 36)
d) Start: 1053   Sprungweite: 23 (46, 69)
e) Erfinde selbst eine Sprungaufgabe und stelle sie deinem Partner.

⑧ Einfache Zahlenbeispiele können dir die Lösung schwieriger Aufgaben erleichtern.
Aufgabe: Wie viele Zahlen liegen zwischen 517 und 679?

Zahlenbeispiele finden

Ⓢ Überlege dir zunächst einfache Zahlenbeispiele und löse sie: Zahlen zwischen...

1 und 5?	30 und 40?	95 und 100?
1 | 2 3 4 | 5	30 | 31 32 33 34 35 36 37 38 39 | 40	95 | 96 97 98 99 | 100
3 Zahlen	9 Zahlen	4 Zahlen
5 − 1 = 4	40 − 30 = 10	100 − 95 = 5

Mit den Beispielen findest du die Regel: „*Von der Differenz muss ich eins abziehen.*"
Nun fällt die Aufgabenlösung leicht:
679 − 517 = 162
162 − 1 = 161   Es liegen 161 Zahlen zwischen 517 und 679.

Die Methode Zahlenbeispiel hilft wieder, aber aufgepasst!

Wie viele Zahlen liegen dazwischen?
a) 34 und 60   b) 307 und 407   c) 6001 und 7000   d) 4144 und 4735

⑨ An der Kasse eines Freibades liegt ein Stapel Eintrittskarten. Sie sind fortlaufend durchnummeriert.
a) Wie viele Karten enthält ein Stapel, dessen erste Karte die Nummer 508 und dessen letzte Karte die Nummer 608 hat?
b) Löse wie in a): (1) 27 und 36   (2) 108 und 273   (3) 1230 und 5630
c) Formuliere eine Regel, wie du die Anzahl der Karten ermitteln kannst, wenn du die erste und die letzte Nummer kennst.

① Im Bild siehst du eine Folge von Figuren, die man mit Hölzchen legen kann.

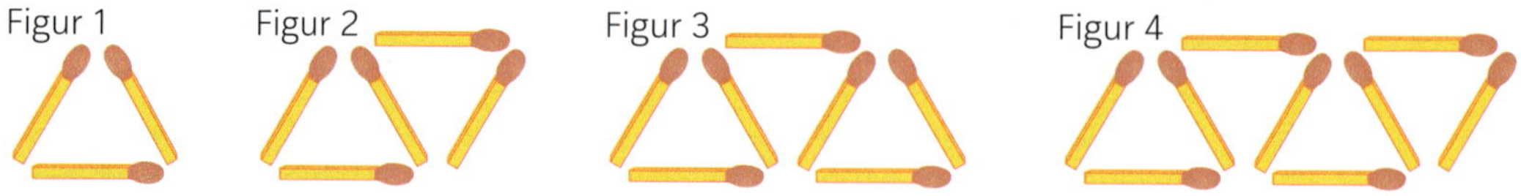

Figur 1 Figur 2 Figur 3 Figur 4

Figur	1	2	3	4	▢	▢
Anzahl der Hölzchen	▢	▢	▢	▢	▢	▢

a) Gib die Anzahl der Hölzchen an, die man für jede der Figuren 1 bis 4 braucht.
   Trage die Werte dazu in die Tabelle in deinem Heft ein.
b) Zeichne die Figur 5 in dein Heft.
c) Versuche die Anzahl der Hölzchen für die Figur 6 anzugeben, ohne die Figur zu zeichnen.

Ⓜ

Menge

Element

$\mathbb{N}$

Durch die Anzahl der Hölzchen in Aufgabe 1 wird eine Folge von Zahlen festgelegt, hier 3, 5, 7, 9, ... Diese Zahlen kann man zu einer **Menge** zusammenfassen.
Mengen bezeichnet man mit Großbuchstaben, z.B. A, B, C, ...
Die einzelnen Zahlen nennt man **Elemente** der Menge. Diese Elemente schreibt man zwischen geschweifte Klammern { }.

$A = \{3; 5; 7; 9; ...\}$ *lies:* A ist die Menge mit den Elementen 3; 5; 7; 9 und so weiter

$5 \in A$ *lies:* 5 ist Element von A
$6 \notin A$ *lies:* 6 ist nicht Element von A

Besondere Zahlenmengen:
$\mathbb{N} = \{1; 2; 3; 4; ...\}$ **Menge der natürlichen Zahlen**
$\mathbb{N}_0 = \{0; 1; 2; 3; 4; ...\}$ **Menge der natürlichen Zahlen einschließlich Null**

Übungen

② Setze für den Platzhalter das richtige Zeichen $\in$ oder $\notin$ im Heft ein.

a) $3 \;▢\; \mathbb{N}$ b) $0 \;▢\; \mathbb{N}$ c) $18 \;▢\; \{1; 3; 5; ...\}$ d) $26 \;▢\; \{3; 7; 11; 15; ...\}$
   $0 \;▢\; \mathbb{N}_0$ $11 \;▢\; \mathbb{N}$ $18 \;▢\; \{2; 4; 6; ...\}$ $32 \;▢\; \{1; 2; 4; 8; 16; ...\}$
   $5 \;▢\; \mathbb{N}_0$ $6 \;▢\; \mathbb{N}$ $28 \;▢\; \{1; 3; 6; 10; ...\}$ $53 \;▢\; \{1; 3; 9; 27; ...\}$

③ a) Betrachte die Figuren. Zeichne die Figur 5 und die Figur 6 in dein Heft.

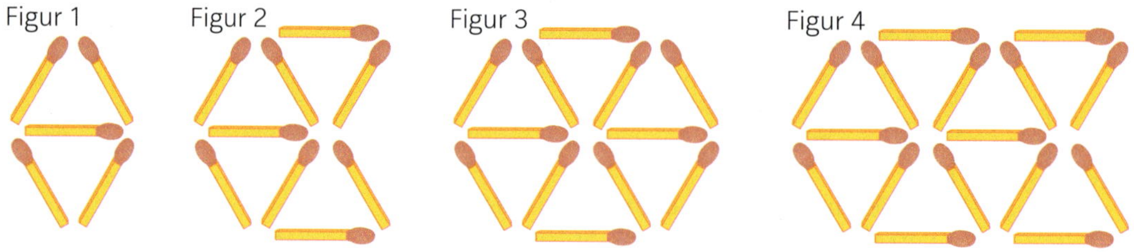

Figur 1 Figur 2 Figur 3 Figur 4

b) Fertige eine Tabelle wie in Aufgabe 1 an. Trage für die Figuren 1 bis 6 die Anzahl der Hölzchen ein.
c) Gibt es eine Figur mit 31 Hölzchen? Begründe.
d) Erfinde selbst eine Zahlenfolge, die du mit Hölzchen darstellen kannst.

So viele Geschwister!
Christinas Freund Marcel hat viele Geschwister. Marcels Eltern haben drei Söhne. Jeder der Söhne hat drei Schwestern. Wie viele Geschwister hat Marcel?

Regeln
erkennen

4 Die Zahlen gehören zu Zahlenfolgen.
Suche die Regel. Ergänze um vier Zahlen
nach rechts.
a) 13, 15, 17, 19, ... b) 15, 21, 28, 36, 45, ...
c) 66, 55, 45, 36, 28, ... d) 8, 16, 18, 36, 38, ...
e) 2, 6, 5, 15, 14, ... f) 8, 6, 24, 22, 88, ...

5 Versuche die Zahlenfolgen in Aufgabe 4 um zwei
Zahlen nach links zu ergänzen.

6 Erfinde selbst eine Zahlenfolge. Lass deinen Nachbarn
die Regel finden.

S Bei vielen Aufgaben gelingt
dir eine Lösung nur dann,
wenn du das zugrunde
liegende Muster oder die
Regel erkennst.

$$\overset{\cdot 4}{\frown}\ \overset{-5}{\frown}\ \overset{\cdot 4}{\frown}\ \overset{-5}{\frown}$$
3 12 7 28 23 ...
Regel: Es wird immer mit 4
multipliziert und dann 5
subtrahiert:
... 23, **92, 87, 348, 343**

7 Durch die Anzahl der Quadrate im Bild unten wird eine Zahlenfolge festgelegt.
a) Zeichne Figur 4.
b) Ergänze die Tabelle in deinem Heft bis zur Figur 6. Suche die dazugehörigen Zahlenfolgen.

	Figur 1	Figur 2
Anzahl der Quadrate insgesamt	3	
Anzahl der blauen Quadrate	0	

8 a) Zeichne Figur 4, die zum Bild unten passt.
b) Schreibe die Anzahl der grünen Quadrate von der ersten bis zur 6. Figur auf.
c) Notiere die Anzahl der blauen Quadrate von der ersten bis zur 6. Figur.
d) Ergänze die Zahlenfolge, die durch die Anzahl der grünen und blauen Quadrate zusammen festgelegt wird.

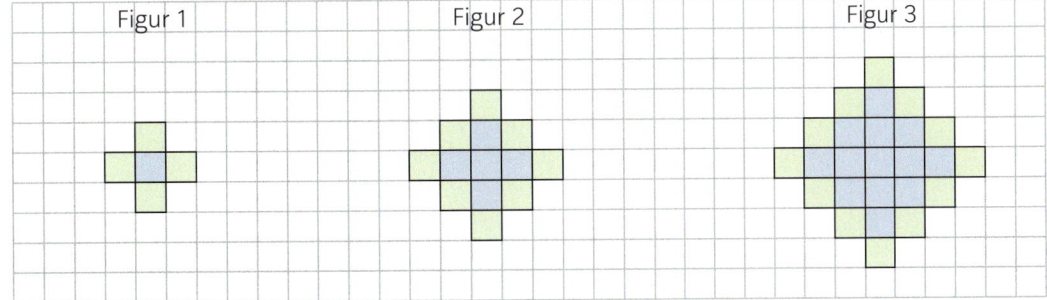

9 Finde zum Bild eine passende Zahlenfolge.

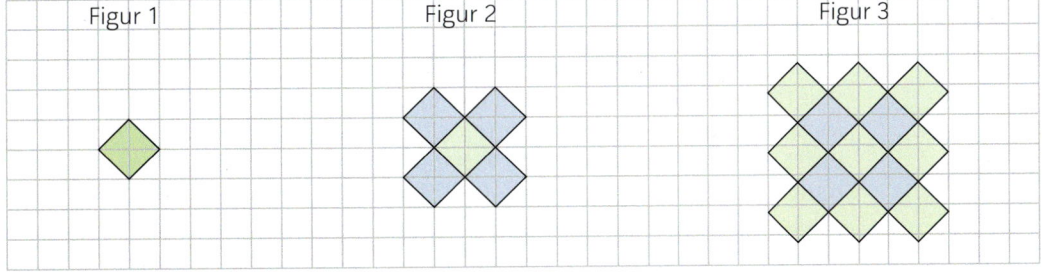

① Das Buch „Der Zahlenteufel" von H. M. Enzensberger handelt von einem Jungen namens Robert. Er hasst alles, was mit Mathematik zu tun hat. Gemeinsam mit dem roten Zahlenteufel, der Robert im Traum erscheint, „rechnet" er sich durch zwölf Nächte.

a) Lies dir den folgenden Auszug aus dem Buch durch.

> „Einer, den ich besonders mag, ist Bonatschi. (...) Er [kam] auf die Idee mit den Bonatschi-Zahlen. Glänzend!
> Wie die meisten guten Ideen fängt seine Erfindung mit der Eins an – du weißt schon. Genauer gesagt mit zwei Einsen.
> 1 + 1 = 2
> Davon nimmt er nun die beiden letzten Zahlen und zählt sie zusammen.
>
> also ...   1 = 1
> und dann ...   1 + 1 = 2
> wieder die   1 + 2 = 3
> beiden letzen: ...   2 + 3 = 5
> und so weiter.   3 + 5 = 8
> – Bis ins Aschgraue.   5 + 8 = 13
>   8 + 13 = 21
>
> Nun fing der Zahlenteufel an, die Bonatschi-Zahlen herunterzuleiern, ja, er verfiel auf seinem Klappstühlchen in eine Art Singsang. Es war die reinste Bonatschi-Oper:
> Einseinszweidreifünfachtdreizehneinundzwanzig ...
> Robert hielt sich die Ohren zu. Ich hör ja schon auf, sagte der Alte. Vielleicht ist es besser, ich schreibe sie dir hin, damit du sie dir merken kannst."
>
> Hans Magnus Enzensberger: Der Zahlenteufel © 1997 Carl Hanser Verlag München

b) Hilf dem Zahlenteufel die nächsten zehn „Bonatschi-Zahlen" zu finden.

② Eigentlich heißen diese Zahlen gar nicht „Bonatschi-Zahlen", sondern Fibonacci-Zahlen.

Ⓖ Fibonacci-Zahlen gehen auf den italienischen Mathematiker Leonardo da Pisa (ca. 1170 – ca. 1240), besser bekannt als Fibonacci, zurück. Die Zahlen gehören zu einer Zahlenfolge, der Fibonacci-Folge. Das ist eine unendliche Folge aus natürlichen Zahlen. Sie beginnt mit zwei Einsen. Durch Zusammenzählen der beiden Vorgänger wird die nachfolgende Zahl gebildet.

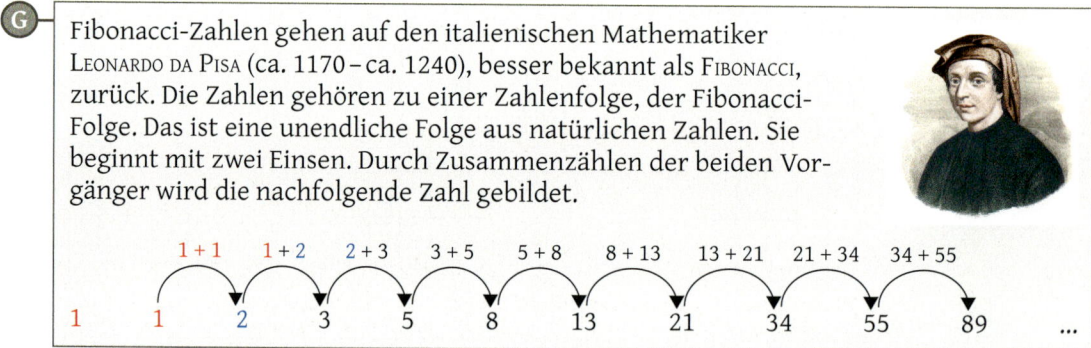

Zähle die ersten fünf (sechs, sieben, acht, neun) Zahlen der Fibonacci-Folge zusammen. Rechne zum Ergebnis immer Eins hinzu. Was fällt dir auf?

③ Fibonacci untersuchte das Wuchsverhalten von Pflanzen. Er betrachtete dabei Pflanzen in verschiedenen Wuchshöhen.
Er ist auf einen erstaunlichen Zusammenhang gekommen. Betrachte das Bild und erkläre.

①

a) Gib an, was die Geräte zählen und überlege, wie weit die Geräte zählen können.

b) Beantworte die Frage a) mit Geräten, die du zu Hause finden kannst.

② In der Abbildung rechts siehst du ein einfaches Zählgerät mit vier Ziffernrädern. Auf allen Rädern befinden sich jeweils die Ziffern 0, 1, ..., 9.

a) Welche Räder drehen sich, wenn um sieben weiter gezählt wird? Gib die Zahl an, die dann angezeigt wird.

b) Beantworte die Frage a), wenn um zehn (hundert) weiter gezählt wird.

c) Das gelbe Rad dreht sich 38 mal um eins weiter. Nenne die Zahl, die auf der Anzeige steht. Beschreibe, wie sich die Räder drehen.

d) Welchen Werten in unserem Zahlensystem entsprechen die einzelnen Räder?

M

Wir stellen die natürlichen Zahlen in einem **Stellenwertsystem** mit den zehn Ziffern 0, 1, 2, ..., 9 dar.

Der Wert einer Ziffer wird durch die Stelle bestimmt, an der sie in der Zahl steht.

Dezimalsystem

H Z E
7 0 2

Diese Ziffer hat an dieser Stelle den Wert $2 \cdot 1 = 2$
$0 \cdot 10 = 0$
$7 \cdot 100 = 700$

Die Zahlen 1, 10, 100, ... nennt man **Stufenzahlen.** Multipliziert man eine Stufenzahl mit 10, so erhält man die nächst größere Stufenzahl.

Deshalb wird unser Zahlensystem als **Dezimalsystem** (Zehnersystem) bezeichnet.

$\cdot 10 \qquad \cdot 10 \qquad \cdot 10 \qquad \cdot 10$

... ← 1000 ← 100 ← 10 ← 1

Stellenwerttafel:

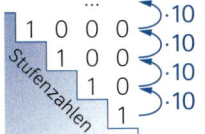

Billionen			Milliarden			Millionen			Tausender					
HBio	ZBio	Bio	HMrd	ZMrd	Mrd	HMio	ZMio	Mio	HT	ZT	T	H	Z	E
				3	0	8	1	0	0	0	2	0	1	5

lies: dreißig Milliarden achthundertzehn Millionen zweitausendfünfzehn

Übungen

Seite 6

3 Zeichne eine Stellenwerttafel und trage ein.
   a) siebentausendeinunddreißig   b) dreizehn Billionen fünfhundertachtundachtzig
      hundertvierzehntausendsechs   hundertacht Milliarden achtundzwanzigtausendelf
      siebzehntausendfünfhundertzwei   sechzehn Millionen neunzehntausendneunzehn

4 Schreibe die angegebenen Zahlen in Worten.
   a) 14 506   b) 12 567 183   c) 1 345 678   d) 567 340
      8062   450 016   780 119   345 555

> Zehnerzahl: 12 346 → 12 350
> Tausenderzahl: 12 346 → 12 000

   e) Finde zu jeder der Zahlen in a) bis d) die am nächsten liegende Zehnerzahl und Tausenderzahl.

5 Mit den Kugeln in den Bechern sollen dreistellige Zahlen dargestellt werden.

> Quersumme von 428:
>
> 4 + 2 + 8 = 14

   a) Nenne die größte Zahl.
   b) Wie heißt die drittkleinste Zahl?
   c) Wie heißt die größte Zahl mit der Quersumme 15?
   d) Gibt es Zahlen mit den Quersummen 12 und 14?
   e) Stimmt die Aussage „Von zwei Zahlen hat die größere Zahl die größere Quersumme"?

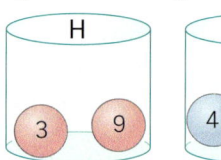
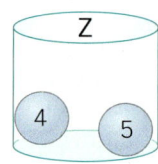
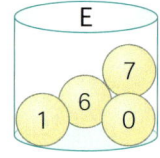

6 a) Welche Zahl ist die kleinste dreistellige, welche die größte?
   b) Welche Zahl ist die kleinste vierstellige, bei der alle Ziffern verschieden sind? Welche ist die größte?
   c) Wie heißt der Nachfolger der größten siebenstelligen Zahl?
   d) Wie viele dreistellige Zahlen mit der Quersumme 3 gibt es? Schreibe sie auf.
   e) Wie heißt der Vorgänger der kleinsten fünfstelligen Zahl?

7 Eren und Mila würfeln mit fünf Würfeln. Aus ihren Würfelergebnissen bilden sie fünfstellige Zahlen. Eren würfelt: 1, 4, 6, 3, 8.   Mila würfelt: 1, 4, 8, 2, 6.
   a) Wie lautet die größte Zahl, die Eren (Mila) bilden kann?
   b) Wie lautet die kleinste gerade und ungerade Zahl, die Eren (Mila) bilden kann?

8 a) Hier siehst du Steckbriefe für Zahlen. Finde die Zahlen.

A
> Meine Zahl besteht aus fünf Ziffern, die vorwärts und rückwärts gelesen die gleiche Zahl ergeben. Sie liegt möglichst nahe bei 60 000.

B
> Meine Zahl hat lauter gleiche Ziffern. Ihre Quersumme ist 15.

C
> Bei meiner Zahl ist jede Ziffer das Doppelte der vorhergehenden. Sie hat mehr als zwei Ziffern.

D
> Meine Zahl hat sechs Stellen. Die Summe aller Ziffern beträgt 20. Die erste und letzte Ziffer ergeben zusammen zwölf.

   b) Erstelle selbst einen Steckbrief einer Zahl für deinen Banknachbarn.

Seite 37

9   Wie viele vierstellige Zahlen mit der Endziffer 5 gibt es?

Stell dir die Aufgabe mit Hilfe eines Ziffernrades vor (s. Seite 25, Aufgabe 2).
Überlege für jede Stelle wie viele Möglichkeiten es gibt.

G In Computern werden Zahlen im Dualsystem (Zweiersystem) dargestellt. Man verwendet nur die Ziffern 0 und 1. Erfinder der Dualzahlen war WILHELM LEIBNIZ (1646 – 1716). Er war ein Universalgenie. Durch die Beschäftigung mit der Religion kam LEIBNIZ zum Dualsystem. Er behauptete: „Ohne Gott ist nichts". Für Gott setzte er die 1 und für das Nichts die 0.

1 Die Zahl 19 lässt sich wie im Bild durch eine Reihe von Teelichtern darstellen. Dabei addiert man alle Zahlen, die bei einem leuchtenden Teelicht stehen.

Anstelle der Teelichter setzt man die Ziffern 0 und 1. Die Ziffer 0 bedeutet „Licht aus", die Ziffer 1 „Licht an".
Stelle weitere natürliche Zahlen dar. Gib die zugehörige Schreibweise mit den Ziffern 1 und 0 an.

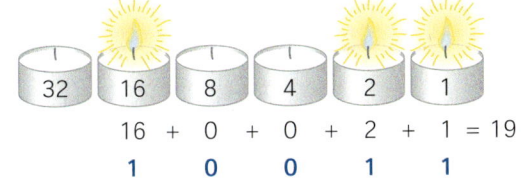

| 32 | 16 | 8 | 4 | 2 | 1 |

16 + 0 + 0 + 2 + 1 = 19

1   0   0   1   1

M Die natürlichen Zahlen können auch mit nur zwei Ziffern (0 und 1) dargestellt werden. Stufenzahlen in diesem System sind die Zahlen **1, 2, 4, 8,** … Man erhält jede Stufenzahl aus der vorhergehenden durch Multiplizieren mit 2. Deshalb heißt dieses Zahlsystem **Dualsystem** (Zweiersystem). Die Zahlen werden **Dualzahlen** genannt.

Dualsystem

$\cdot 2 \quad \cdot 2 \quad \cdot 2 \quad \cdot 2 \quad \cdot 2$

… ← 16 ← 8 ← 4 ← 2 ← 1

64	32	16	8	4	2	1
			1	0	1	0
1	1	0	0	1	0	0

Stellenwerttafel
lies im Zweiersystem:
eins – null – eins – null
eins – eins – null – null – eins – null – null

tiefgestellte 2 heißt: Ich bin im Dualsystem.

Vom **Dualsystem**	zum	**Dezimalsystem**
$1010_2 =$	$1 \cdot 8 + 0 \cdot 4 + 1 \cdot 2 + 0 \cdot 1 =$	10
$1100100_2 =$	$1 \cdot 64 + 1 \cdot 32 + 0 \cdot 16 + 0 \cdot 8 + 1 \cdot 4 + 0 \cdot 2 + 0 \cdot 1 =$	100
Vom **Dezimalsystem**	zum	**Dualsystem**
$15 =$	$1 \cdot 8 + 1 \cdot 4 + 1 \cdot 2 + 1 \cdot 1 =$	1111_2
$16 =$	$1 \cdot 16 + 0 \cdot 8 + 0 \cdot 4 + 0 \cdot 2 + 0 \cdot 1 =$	$10\,000_2$

Übungen

2 a) Übertrage die Zahlen vom Dualsystem ins Dezimalsystem.
(1) 10_2 (2) 11_2 (3) 1110_2 (4) 11001_2 (5) 10111_2 (6) 110100_2
b) Übertrage die Zahlen vom Dezimalsystem ins Dualsystem.
(1) 5   (2) 9   (3) 34   (4) 45   (5) 70   (6) 98

Seite 21

3 Wie kann man an Dualzahlen erkennen, ob sie im Dezimalsystem gerade oder ungerade sind?

4 Setze das passende Zeichen (<, >, =) in dein Heft: 100011_2 ▢ 35.
Nenne einen Vor- und Nachteil des Dualsystems im Vergleich zum Dezimalsystem.

1 Römische Zahlen kannst du an Gebäuden finden. Sie erinnern an den Einfluss der Römer in Europa. Beschreibe die Abbildungen. Welche Zahlen kannst du lesen?

M

Die Römer verwendeten als Zahlzeichen Buchstaben ihres Alphabets.

	Zeichen	Wert	Bedeutung der römischen Zahlzeichen
Grund-zahlen	I	1	Zeichen für einen Finger
	X	10	das Doppelte von V
	C	100	lateinisch centum (100)
	M	1000	lateinisch mille (1000)
Zwischen-zahlen	V	5	Zeichen für eine Hand mit gespreiztem Daumen
	L	50	die Hälfte von C
	D	500	die Hälfte von M

Römische Zahlen

Die **römischen Zahlen** werden nach festen Regeln gebildet:

(1) Gleiche Ziffern nebeneinander werden addiert. Es dürfen höchstens drei **Grundzahlen** nebeneinander stehen.

III = 3

(2) Kleinere Ziffern rechts von größeren werden addiert, links von größeren subtrahiert.

XI = 11
IX = 9

   Zwischenzahlen dürfen nicht subtrahiert werden.

XLV = 45

(3) Die Grundzahlen I, X, C dürfen nur von der nächsthöheren Zwischen- oder Grundzahl subtrahiert werden.

CD = 400
CM = 900

Übungen

2 Die Zahlen sind in römischen Zahlzeichen dargestellt. Finde die richtige Lösung.
a) **24**   A XXIIII   B XXIV   C XXVI   D IVXX
b) **19**   A IXX   B XIX   C XVIV   D XVIIII
c) **49**   A XLVIIII   B IL   C XLIX   D XXXXIX

3 Übersetze.
a) X   b) XXXVIII   c) XXII   d) CCXC   e) MMMDCLX
   IV   LXXXII   LII   MMMCCCXXIII   MDLXVI

4 Übertrage in römische Zahlzeichen.
a) 38   b) 550   c) 1900   d) 1971   e) dein
   66   940   1956   1985   Geburtsjahr

5 Ergänze die Zahlenfolge um drei Zahlen nach rechts.
a) I, II, IV, VIII, ...   b) I, VII, XIV, ...   c) LX, LXX, LXXX, ...
d) CXC, CC, CCX, ...   e) XIII, XV, XVII, ...   f) XXIV, XXVIII, XXXII, ...

6 Numerius rechnet CII + XCVIII. Anna rechnet 102 + 98. Vergleiche die Rechnungen.

1 a) Hilf Klara die Aufgabe der Westermann-Quiz-App zu lösen.
   b) Betrachte die richtigen Rundungen. Welche Rundung hältst du für sinnvoll? Begründe.

Westermann-Quiz-App

Die Stadt München hat 1 487 836 Einwohner. Welche Rundung ist falsch?

A	B
1 487 840	1 500 000
C	**D**
1 000 000	1 480 000

M Oft ist es nicht sinnvoll Zahlen exakt anzugeben. Sie werden deshalb gerundet.
Runde auf Tausender.

T
72 **4** 69 ≈ 72 000

Diese Ziffer gibt an, dass abgerundet wird.

Auf diese Stelle soll gerundet werden.

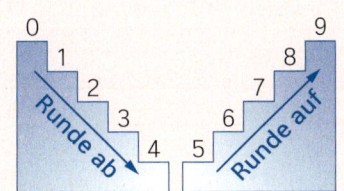

T
72 **5** 69 ≈ 73 000

Diese Ziffer gibt an, dass aufgerundet wird.

Auf diese Stelle soll gerundet werden.

Beim Abrunden bleibt die Ziffer der Stelle, auf die gerundet werden soll, erhalten. Beim Aufrunden wird die Ziffer der Stelle, auf die gerundet werden soll, um eins erhöht. Alle Stellen rechts von der zu rundenden Stelle erhalten die Ziffer Null.

Übungen

2 Überlege, wo du runden darfst. Falls ja, dann runde sinnvoll.
   a) Herr Gerner ist 12 458 m gewandert. Seine Postleitzahl beträgt 83512.
   b) Nürnberg hat 501 072 Einwohner. Die Telefonvorwahlnummer ist 0911.
   c) Herr Bergmaier ist 1,82 m groß. Sein Autokennzeichen ist M – SW 569.
   d) 22 Spieler kämpfen im mit 66 375 Zuschauern ausverkauften Stadion.
   e) Suche weitere Beispiele, bei denen man runden oder bei denen man nicht runden darf.

3 Runde auf die angegebene Stelle.
   a) 542 (Z)   b) 1553 (H)   c) 43 951 (T)   d) 637 (Z)
   e) 56 399 (T)   f) 9 654 923 (ZT)   g) 44 (Z)   h) 2999 (Z)

4 Erkläre, wie gerundet wurde. Manchmal gibt es mehrere Möglichkeiten.

1357 ≈ 1400
Hier wurde auf **H** aufgerundet.

   a) 594 ≈ 590
      594 ≈ 600
   c) 60 946 ≈ 60 950
      60 946 ≈ 61 000

   b) 8370 ≈ 8000
      8370 ≈ 8400
   d) 5799 ≈ 5800
      12 999 ≈ 13 000

5 In welchem Bereich kann der genaue Zahlenwert der Zahl gewesen sein?

2400 (auf **H** gerundet) von 2350 – 2449 möglich

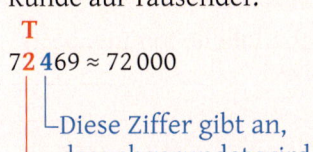

Seite 23

   a) 13 000 (auf T gerundet)
      1300   (auf H gerundet)
   c) 10   (auf Z gerundet)
      1000   (auf T gerundet)

   b) 370   (auf Z gerundet)
      3700 (auf H gerundet)
   d) 900   (auf H gerundet)
      90 000 (auf ZT gerundet)

① Die Tabelle rechts zeigt die Einwohnerzahl der nach München fünf größten Städte in Bayern.

Stadt	Einwohner
Nürnberg	501 072
Augsburg	281 776
Regensburg	142 292
Ingolstadt	131 544
Würzburg	124 219

a) Pia und Robert wollen ein Säulendiagramm zu den Einwohnerzahlen zeichnen. Was meinst du zu ihren Überlegungen?

Für ein Säulendiagramm würde ich zunächst auf Zehntausend runden.

Weißt du, wie hoch dann die Säule für Nürnberg wird?

b) Die Abbildung zeigt ein Säulendiagramm zur Tabelle in Aufgabe a). Betrachte es. Was würdest du anders machen?

Das kenn ich schon von Seite 13.

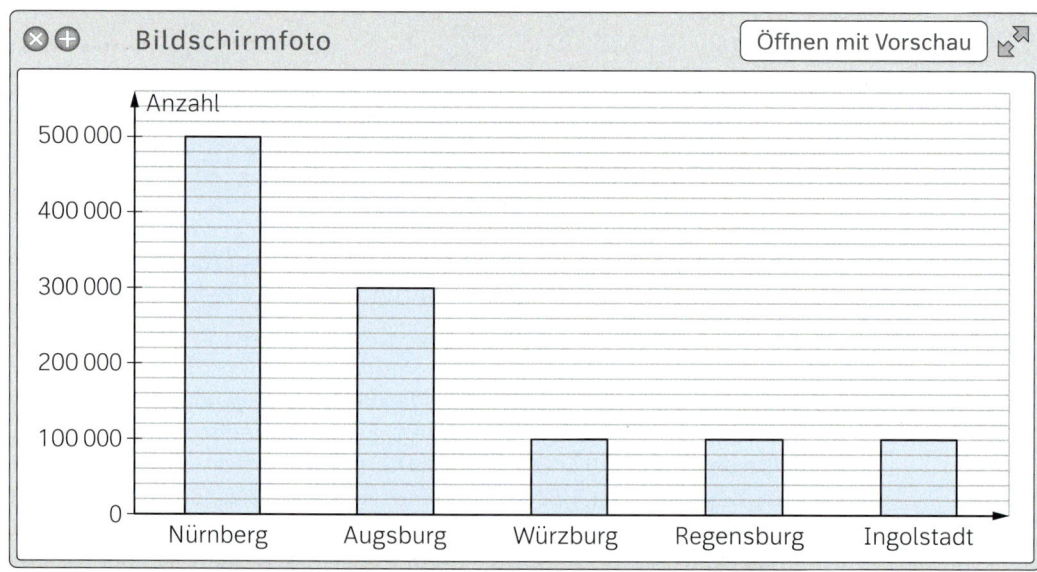

c) Zeichne das Säulendiagramm zu den Einwohnerzahlen richtig.

②
Regierungsbezirk	Hauptstadt	Fläche in km²	Einwohner
Oberbayern		17 530	4 519 979
Niederbayern		10 330	1 197 558
Oberpfalz		9691	1 082 761
Oberfranken		7231	1 055 955
Mittelfranken		7245	1 715 195
Unterfranken		8531	1 298 849
Schwaben		9992	1 812 271

Suche im Atlas eine Karte der Regierungsbezirke.

a) Schreibe die Hauptstädte der Regierungsbezirke in dein Heft.

b) Stelle in einem Säulendiagramm die Einwohnerzahlen der einzelnen Regierungsbezirke dar.

c) Stelle die Flächen der einzelnen Regierungsbezirke in einem Diagramm dar.

a) Betrachte das Bild. Schätze, wie viele Perlen auf dem Bild zu erkennen sind.

b) Tausche dich mit deinen Klassenkameraden aus.
   Erstellt eine Klassenliste eurer Schätzungen.

c) Vielleicht hast du dich ganz schön verschätzt. Das könnte daran liegen, dass du geraten hast. Ist eine große Anzahl an Dingen abzuschätzen, muss weder mühsam abgezählt noch geraten werden.
   So kannst du abschätzen, wie viele Perlen auf dem Bild zu erkennen sind.

B | Teile das Bild mit Hilfe eines Zählgitters in Felder ein.
Zähle die Perlen in einem Feld aus und multipliziere mit der Anzahl der Felder.

In einem Feld sind ungefähr 90 Perlen.
In jedem der neun Felder ist die Anzahl der Perlen in etwa gleich, wenn man in Gedanken die Perlen außerhalb des Gitters in die „leereren" Felder gibt.
Insgesamt sind also etwa 90 · ▢ = ▢ Perlen auf dem Bild zu erkennen.

Ergänze die Platzhalter in deinem Heft.

Du kannst leicht ein Zählgitter aus Folie herstellen.

a) Schätze, wie viele Vergissmeinnicht auf dem Bild oben links zu erkennen sind.

b) Auch die Polizei nutzt eine Art Zählgitter um bei Menschenansammlungen die Anzahl von Menschen zu schätzen. Sie erfasst die Anzahl der Menschen, die sich auf einem Quadratmeter befindet und rechnet diesen Wert auf die gesamte Fläche hoch.
   Machmal helfen dabei Aufnahmen von einem Hochhaus oder auch der Einsatz kleiner Flugdrohnen, die mit Kameras ausgerüstet sind.
   Schätze, wie viele Menschen auf dem Bild oben rechts zu erkennen sind.

c) Bringe selbst solche Bilder in die Schule mit. Lass deinen Partner schätzen.

Seite 37

1 Mit den Kugeln in den vier Bechern lassen sich Zahlen darstellen.

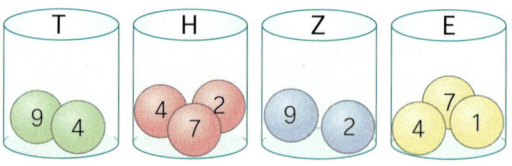

a) Nenne die kleinste (größte) vierstellige Zahl, die möglich ist.

b) Wie heißt die größte (kleinste) vierstellige Zahl mit der Quersumme 21?

c) Nenne die Zahl, die am nächsten an 5000 liegt.

d) Überprüfe: Die Dualzahl 11000_2 ist die drittkleinste zweistellige Zahl, die man mit den Kugeln darstellen kann.

e) Lege zusätzlich eine Kugel in einen Becher deiner Wahl. Finde passende Aufgaben und stelle sie deinem Partner.

2 Wenn du die Zahlenkärtchen nebeneinanderlegst, ergeben sich wieder neue Zahlen.

| 96 | 990 | 99 | 909 | 9 |

a) Schreibe die größte Zahl mit Ziffern und mit Worten, die du mit allen Kärtchen legen kannst.

b) Lege einige Kärtchen so, dass sich eine Zahl möglichst nahe bei einer Million ergibt.

c) Lege eine Zahl mit der Quersumme 36, die möglichst groß, und eine, die möglichst klein ist.

d) Stelle die Kärtchen auf den Kopf. Führe wieder die Aufgaben a) bis c) durch.

Seite 121

3 In der Stellenwerttafel sind Zahlen durch Plättchen dargestellt, oben die fünfstellige Zahl 41 321. Durch Wegnehmen eines Plättchens an der Zehntausenderstelle entsteht die neue Zahl 31 321.

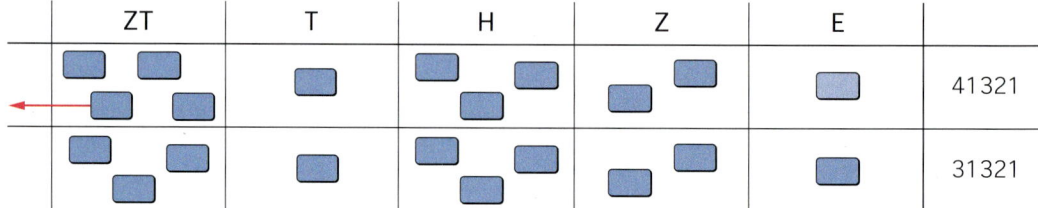

Wähle eine eigene fünfstellige Zahl.

a) Wie viele neue Zahlen findest du, wenn du ein Plättchen wegnimmst? Begründe. Schreibe alle neuen Zahlen der Größe nach geordnet auf.

b) Wie viele Zahlen kannst du neu bilden, wenn du ein Plättchen dazulegst?

c) Es werden zwei neue Plättchen hinzugelegt. Untersuche wieder.

d) Ein Zehntausender wird auf die Einerstelle verschoben. Wie ändert sich der Wert der Zahl?

4 Das Säulendiagramm zeigt die Besucherzahlen im örtlichen Hallenbad in einer Woche. Die Werte sind auf Zehner gerundet.

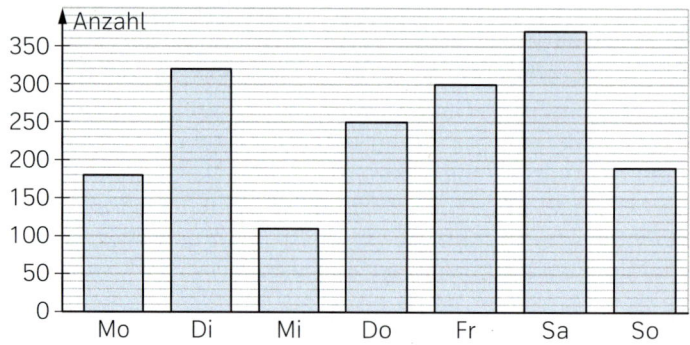

a) Wie viele Besucher können es am Dienstag minimal und maximal gewesen sein?

b) Pia sagt: „In der Woche können es maximal 1748 Besucher gewesen sein." Was meinst du dazu?

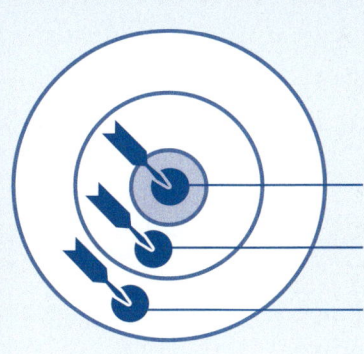

Löse die Aufgaben.
Schätze Dich mit Hilfe der **Zielscheibe** selbst ein.
Die Lösungen findest Du auf Seite 211.
→ zeigt Hilfen zu jeder Aufgabe.

— **Das kann ich.**

— Da bin ich mir **nicht ganz sicher**.

— Das muss ich **unbedingt üben**.

Aufgabe	Du kannst ...
1, 2, 5	natürliche Zahlen anordnen.
3	Zahlenfolgen fortsetzen.
4	das Dezimalsystem als Stellenwertsystem nutzen.
4 c)	Zahlen ins Dualsystem übertragen.
6, 7	natürliche Zahlen runden.

→ Seite 20
Merkkasten

1

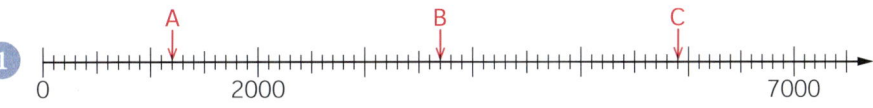

a) Lies am Zahlenstrahl ab, wie die markierten Zahlen heißen.
b) Übertrage den Zahlenstrahl in dein Heft und trage ein: D = 6800, E = 5200, F = 2600.

→ Seite 21
Aufgabe 6

2 Ordne die Zahlen nach der Beziehung „ist größer als".

77 777, 70 777, 7777, 77 778, 70 770

→ Seite 23

3 Setze die Zahlenfolge nach rechts und links um zwei Zahlen fort: ... 8, 5, 12, 9, 16, 13, 20, ...

→ Seite 25
Merkkasten
→ Seite 26
→ Seite 27

4 a) Wie heißt die zweitkleinste vierstellige Zahl mit den Ziffern 3, 6, 7 und 8?
b) Schreibe alle dreistelligen Zahlen mit der Quersumme 3 auf.
c) Schreibe den Vorgänger der drittgrößten zweistelligen Zahl auf.
Übertrage die Zahl anschließend ins Dualsystem.

→ Seite 21
Aufgabe 9

5 a) Julia und ihre Freundinnen gehen ins Kino. An der Kinokasse erhalten sie Karten mit fortlaufenden Nummern, Julia als erste die Nummer 32 und Fabienne als letzte die Nummer 38. Wie viele Mädchen gehen ins Kino?
b) An der Kinokasse werden 187 Karten mit fortlaufenden Nummern ausgegeben. Die erste Karte hat die Nummer 20. Welche Nummer hat die letzte Karte?
c) An der Kasse werden fortlaufend die Nummern von 49 bis 249 ausgegeben. Welche Nummer befindet sich genau in der Mitte zwischen 49 und 249?
A 100   **B** 149   **C** 150   **D** 151

→ Seite 29
Merkkasten

6 a) Runde die Zahl 64185 auf Tausender, auf Hunderter, auf Zehner.
b) Jona sagt: „Auf Zehner gerundet bekomme ich 10 € Taschengeld." Welches ist der größte (kleinste) Betrag, wenn Jonas Taschengeld in ganzen Euro bezahlt wird?

→ Seite 29
Merkkasten

7 a) In einem Zeitungsbericht steht, dass in einem Park ungefähr 6300 Bäume angepflanzt worden sind. Die Zahl wurde auf Hunderter gerundet. Welche der folgenden Zahlen kommt als die tatsächliche Anzahl der gepflanzten Bäume in Frage?
A 6199   **B** 6248   **C** 6351   **D** 6269
b) In welchem Bereich kann der genaue Zahlenwert der geplanten Bäume liegen?

1

Auf einem Millimeterpapier steht ein kleines Quadrat für die Zahl 1.

a) Welche Zahl ist im Bild rechts dargestellt?

b) Färbe auf einem Millimeterpapier die Darstellung der Zahl 750 ein.
Wie lange brauchst du in etwa dazu? Wie lange würdest du zum Zählen brauchen?

c) Kannst du auf einer Seite die Zahl 10 000 einfärben? Begründe.

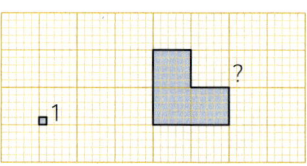

2

Ein QR-Code (**q**uick **r**esponse: „schnelle Antwort") besteht aus weißen und schwarzen Quadraten, die nach einem festgelegten Muster aufgebaut sind. Der zu verschlüsselnde Text wird mit Hilfe von Zeichensätzen codiert.

Dezimalzahl	Zeichen
97	a
98	b
99	c
100	d
101	e
102	f
103	g
104	h
105	i

Man kann mehrere kleine weiße und schwarze Quadrate zu einem „Achterpaket", einer sogenannten 8-Bit-Einheit, zusammenfassen. Ein kleines schwarzes Quadrat steht für eine Eins und ein weißes Quadrat für eine Null.

Links siehst du eine 8-Bit-Einheit, hinter der sich eine Dualzahl versteckt. Sie ergibt sich in der Reihenfolge der Pfeile:

$01100101_2 = 1100101_2$.

Rechne die Dualzahl ins Dezimalsystem um. Nun kannst du mit Hilfe der Tabelle oben einen Buchstaben zuordnen:

$1100101_2 = 101$, also Buchstabe e

a) Welche Buchstaben passen zu den folgenden 8-Bit-Einheiten?

(1) 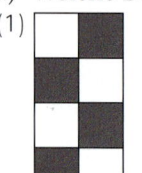 (2) 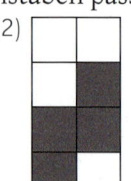 (3) 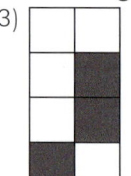 (4) 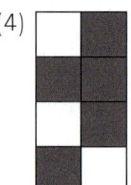 (5) 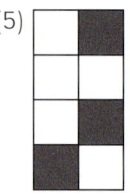 (6)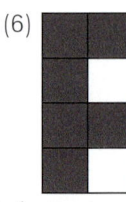

b) Erweitere die Codierungstabelle. Codiere deinen Vornamen als 8-Bit-Einheiten. Verwende für ö = oe, ü = ue, ...

c) Den links abgebildeten QR-Code kannst du vielleicht mit deinem Smartphone übersetzen.

4

„Wir sind zum Bersten voll", klagt die Leiterin des Tierheims. „Urlaubszeit heißt für viele Tiere Leidenszeit: Wer Glück hat, wird nach den Urlaubswochen wieder abgeholt, ein Großteil fristet künftig sein Dasein im Tierheim".

a) Nenne Gründe, warum im August besonders viele Tiere ausgesetzt werden.

b) Wie viele Hunde, wie viele Katzen sind in jeden Monat im Tierheim?

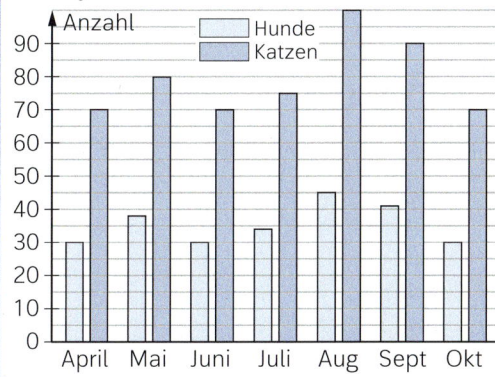

c) Das Tierheim hat Platz für 32 Hunde. Deshalb müssen Tiere bei tierfreundlichen Privatleuten untergebracht werden. In welchen Monaten ist dies der Fall?

d) Für die täglichen Unterbringungs- und Futterkosten rechnet das Tierheim bei Hunden mit 20 € und bei Katzen mit 10 €. Zusätzlich entstehen pro Tier bei der Erstaufnahme ca. 300 € Kosten für die Untersuchung durch den Tierarzt. Berechne, um wie viel die Kosten im August höher sind als im Juni.

3

Superdetektiv Knödlmeier fahndet nach dem Komplizen des Einbrechers Knattermann. Dessen Name beginnt ebenfalls mit K. Die weiteren Buchstaben sind in dem Kreis versteckt.

Das rote Kästchen gibt die Stelle an, auf die gerundet werden soll.

Im Startfeld siehst du innen die Zahl 7 **6** 9 1 0. Die dazu passende gerundete Zahl 7 7 0 0 0 findest du genau gegenüber im grünen Feld außen. Das **L** im selben Feld ist der nächste Buchstabe im Lösungswort. Weiter geht es nun mit der Zahl darunter, der 7 6 **4** 4 3.

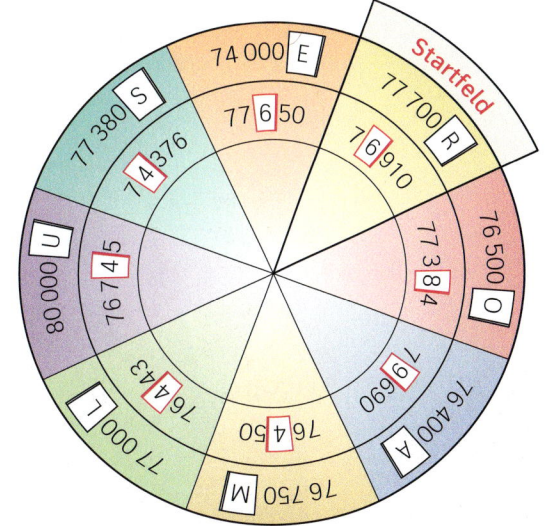

Lösung: K

Rechnen in ℕ

In einem magischen Quadrat ist die Summe der Zahlen in jeder Zeile, Spalte oder Diagonale gleich groß. Die beiden Zauberlehrlinge Magi und Hexi haben ein solches magische Quadrat erstellt. Sie haben aber zwei Zahlen vertauscht.

8	1	6
7	5	3
4	9	2

Nachdem sie den Fehler gefunden haben, versuchen sie sich an einem größeren Quadrat. Aber sie bringen die Zahlen 21, 22, 23, 24, 25 nicht mehr unter.

9	2		18	11
3		19	12	10
	20	13	6	4
16	14	7	5	
15	8	1		17

① a) Übertrage die vierstöckigen Additionsmauern in dein Heft und fülle sie aus.

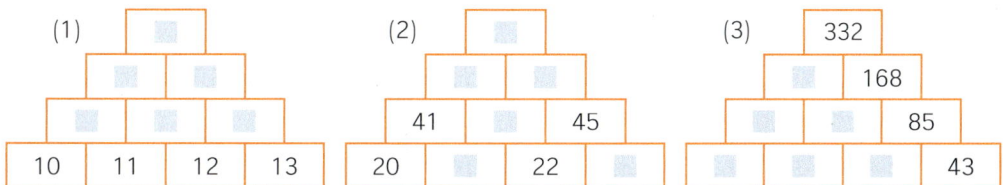

(1)

10	11	12	13

(2)

	41		45
20		22	

(3)

332			
		168	
		85	
			43

b) Welche Gemeinsamkeiten haben die drei Zahlenmauern? Vergleiche dazu jede Reihe der Zahlenmauern miteinander.

c) Erkläre deine Feststellungen.

Probieren mit System

② Untersuche dreistöckige Zahlenmauern. In den drei Grundsteinen stehen die Zahlen 3, 7 und 11.

a) Überlege, wie viele Zahlenmauern es gibt und schreibe sie auf. Was fällt dir auf? Vergleiche dazu jede Reihe der Mauern miteinander.

b) Wie kannst du aus den Zahlen in den Grundsteinen die Zahl im Deckstein vorhersagen? *Tipp:* Schreibe nicht das Ergebnis in jeden Stein, sondern die Rechnung.

c) Überprüfe deine Vermutung aus b) mit einer eigenen dreistöckigen Zahlenmauer.

d) Wie ändert sich die Zahl im Deckstein, wenn du die Zahl im mittleren (rechten, linken) Grundstein um drei vergrößerst?

e) Wie ändert sich die Zahl im Deckstein, wenn du die Zahl im mittleren (rechten, linken) Grundstein um zwei verkleinerst?

S — Eine systematische Vorgehensweise hilft dir bei vielen Aufgaben. Auf wie viele Weisen kannst du die Zahlen 3, 7 und 11 anordnen?

3 7 11   3 11 7 ...

Was mache ich nur, damit ich keine Zahlenmauer vergesse?

③ Hier stimmt etwas nicht!

④ Die Zahl im obersten Stein der vierstöckigen Zahlenmauer soll immer 75 sein.

a) Finde solche Zahlenmauern.

b) Finde Zahlenmauern, bei denen zwei Zahlen der Grundsteine gleich groß sind.

c) Wie kannst du nur mit Hilfe der Zahlen in den Grundsteinen die Zahl im obersten Stein vorhersagen? Hinweis: Schreibe nicht das Ergebnis in jeden Stein, sondern die Rechnung.

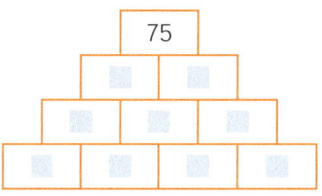

75		

① Aus der Grundschule kennst du die folgende Darstellung.

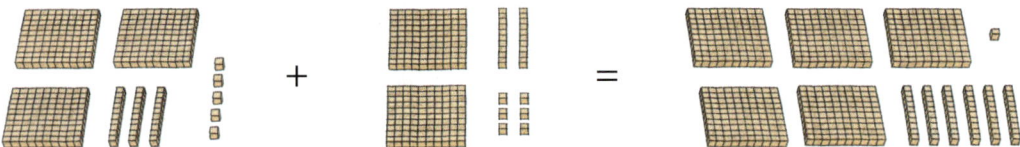

Schreibe die zugehörige Rechnung in dein Heft. Erkläre, wie gerechnet wird.

Summe

M

Summe

$$24 \quad + \quad 63 \quad = \quad 87$$

1. Summand + 2. Summand = **Summenwert**

Addiere zur Zahl 24 die Zahl 63 und berechne den Summenwert.

Übungen

② Kontrolliere, ob die Aufgabe richtig berechnet ist. Korrigiere, wenn nötig, und übertrage die richtige Rechnung in dein Heft. Ergänze die Fachbegriffe.
  a) 85 + 75 = 170 b) 432 + 345 = 777 c) 357 + 468 = 725

Denke an das Zerlegen.

③ Berechne.
  a) 25 + 15 b) 81 + 72 c) 350 + 260 d) 125 + 88 e) 2417 + 764

④

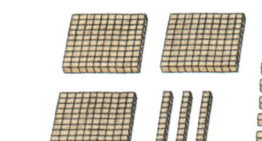 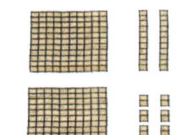 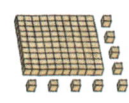

Schreibe die zugehörige Rechnung in dein Heft. Erkläre, wie gerechnet wird.

Differenz

M

Differenz

$$79 \quad - \quad 23 \quad = \quad 56$$

Minuend − Subtrahend = **Differenzwert**

Subtrahiere von der Zahl 79 die Zahl 23 und berechne den Differenzwert.

Übungen

⑤ Kontrolliere, ob die Aufgabe richtig berechnet ist. Korrigiere, wenn nötig und übertrage die richtige Rechnung in dein Heft. Ergänze die Fachbegriffe.
  a) 85 − 75 = 10 b) 432 − 345 = 187 c) 357 − 268 = 89

⑥ Berechne und vergleiche.
  a) 17 + 28; 45 − 28 b) 444 + 777; 1221 − 777 c) 5672 + 1328; 7000 − 1328

M

Addition und Subtraktion sind Umkehrungen voneinander.
  14 + 3 = 17   17 − 3 = 14

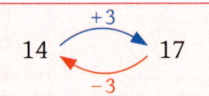

⑦ Berechne die Aufgabe in deinem Heft und ergänze eine Umkehraufgabe.
  a) 545 + 434 b) 666 − 567 c) 656 + 767 d) 3333 + 909

8 Fülle in deinem Heft die Platzhalter aus. Schreibe auf, wie du gerechnet hast.

a) ▩ + 56 = 199 b) ▩ − 125 = 275 c) 159 − ▩ = 88 d) 1185 − ▩ = 886

▩ − 38 = 83 170 + ▩ = 334 ▩ − 102 = 574 6700 − ▩ = 3410

77 + ▩ = 141 680 − ▩ = 532 148 + ▩ = 267 ▩ + 255 = 1665

▩ − 62 = 58 245 + ▩ = 777 1450 − ▩ = 225 ▩ + 4650 = 29 750

Lösungen: 400, 676, 1410, 143, 164, 119, 25 100, 71, 298, 3290, 121, 148, 1225, 64, 532, 120, 299

9 Der erste Summand ist 178. Der zweite Summand ist um 31 größer als der erste Summand, der dritte Summand ist um 49 kleiner als der erste Summand.

a) Erkläre, wie du den zweiten und dritten Summanden bestimmst.

b) Berechne den Summenwert.

c) Finde selbst eine ähnliche Aufgabe mit drei Summanden.

10 Stelle fünf mögliche Rechnungen zusammen.
Hier hilft dir eine Überschlagsrechnung:

387 − 57 = ▩
Überschlag: 400 − 60 = 340

11 a) Der Minuend ist 125, der Subtrahend ist 36. Wie groß ist der Differenzwert?

b) Welche Zahl muss man von 360 subtrahieren, um den Differenzwert 115 zu erhalten?

c) Der erste Summand ist 580, der zweite Summand ist um 120 größer. Berechne den Summenwert.

d) Die Summe aus drei Summanden hat den Wert 1000. Der erste Summand ist 120, der dritte Summand ist 750. Wie heißt der zweite Summand?

e) Formuliere selbst eine solche Aufgabe.

f) Begründe: Wenn ich bei Aufgabe a) statt 125 die Zahl 135 nehme, muss der Subtrahend 46 sein, damit das Ergebnis gleich bleibt.

g) Finde andere Zahlen für Aufgabe a) sodass der Differenzwert gleich bleibt.

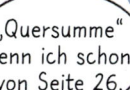
Seite 37

12 Schreibe zu folgenden Rechenausdrücken einen Text und berechne.

a) 560 − 170 b) 82 + ▩ + 361 = 1000 c) 241 + 159 − 64

715 + 691 965 − 453 − ▩ = 200 523 − 420 + 98

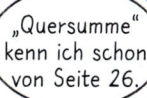
„Quersumme"
kenn ich schon
von Seite 26.

13 a) Subtrahiere vom Vorgänger der Zahl 1042 den Nachfolger der Zahl 1040.

b) Addiere zur größten dreistelligen Zahl den Nachfolger von 1000.

c) Der erste Summand ist 138, der dritte Summand ist der Nachfolger von 201. Der Summenwert beträgt 800. Wie groß ist der zweite Summand?

d) Addiere den Nachfolger von 1009 zum Vorgänger von 191.

e) Addiere zur zweitgrößten zweistelligen Zahl die kleinste dreistellige Zahl mit der Quersumme 8.

f) Welche Ziffern können an der Hunderterstelle der oberen Zahl stehen?

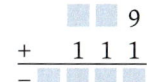

1 Bastle dir Ziffernkarten von 1 bis 9. Lege mit den Ziffernkarten 1 bis 8 zwei vierstellige Zahlen untereinander.

| 5 | 8 | 6 | 2 |
| 4 | 1 | 7 | 3 |

a) Addiere die beiden Zahlen.
b) Subtrahiere die beiden Zahlen.
c) Bilde eine Aufgabe mit einem möglichst großen (kleinen) Ergebnis.
d) Bilde eine Additionsaufgabe mit einem Ergebnis möglichst nahe an 10 000.
e) **9** Ersetze eine Ziffernkarte durch die 9, so dass du eine Aufgabe mit dem Ergebnis
10 000 erhältst. Welche Ziffer hast du ersetzt?

Seite 37

2 Berechne
a) 28 + 689   b) 421 – 86   c) 5132 + 939   d) 6543 – 567

 Beim **schriftlichen Addieren** und **Subtrahieren** werden die Einer, Zehner, Hunderter, …
jeweils untereinander geschrieben. Beginne immer beim Einer.

Schriftliches Addieren

Addition:

	T	H	Z	E
		8	6	2
	1	0	3	4
+	1	7	5	1
		1	1	
	3	6	4	7

Schriftliches Subtrahieren

Subtraktion:

ZT	T	H	Z	E
3	9	6	4	3
		1		1
–		7	8	2	6
	3	1	8	1	7

Übungen

3 Ordne die Ergebnisse der Größe nach, dann erhältst du das Lösungswort.

309	2036	1012	498	1618	1087	1301	1207
+ 92	+ 88	+ 209	+ 730	+ 64	+ 2306	+ 1290	+ 493
+ 105	+ 447	+ 320	+ 74	+ 492	+ 1724	+ 1066	+ 2008
C	U	M	O	P	R	T	E

Seite 7

4 Berechne.
a)   825   b)   3512   c)   121 212   d)   4987   e)   681 725   f)   567 324
    – 647   – 2896   – 97 683   – 2443   – 350 424   – 345 210

5 Ersetze im Heft die Kästchen durch eine Ziffer, dass die Rechnung richtig ist.
a)   8 ▪ 4 ▪ 6   b)   7 6 2 ▪ 3   c)   5 4 ▪ 1 3   d)   3 5 7 ▪
    – 4 6 ▪ 1 ▪   – ▪ 9 ▪ 7 6   – ▪ 4 ▪ 9   + 8 ▪ 4 2
    = ▪ 3 2 2 3   = 2 ▪ 4 0 ▪   = ▪ 8 3 8 ▪   = 1 ▪ 2 ▪ 1

PIPPI-Zahlen sind fünfstellige Zahlen,
die wie mein Name PIPPI aufgebaut sind.
Also zum Beispiel: 67 667, 83 883 oder 14 114.
Ist das nicht toll?

6 Pippi Langstrumpf hat
auf ihrer Schiffsreise nach
Taka-Tuka-Land entdeckt,
dass sie mit ihrem Namen
besondere Zahlen bilden
kann: PIPPI-Zahlen.

a) Bilde zu einer PIPPI-Zahl die andere PIPPI-Zahl mit den gleichen Ziffern,
z.B. 14 114 und 41 441. Subtrahiere die kleinere von der größeren.
b) Schreibe vier solcher Aufgaben auf und rechne sie aus. Welche Ergebnisse hast du gefunden? Vergleiche mit deinem Nachbarn.
c) Tragt alle möglichen Ergebnisse in der Klasse zusammen. Sortiert die
Ergebnisse der Größe nach. Was fällt euch auf?

⑦ Onkel Justus ist etwas seltsam und fürchterlich reich. Am liebsten zählt er sein Geld.

a) Onkel Justus schreibt die Einzelbeträge sorgfältig in ein großes Buch:
293 568 + 1 398 576 + 590 048 + 2 408 733 + ...

Onkel Justus rechnet also:
$\overset{2}{}$
293 568 + 1 398 576 + 590 048 + 2 408 733 + 689 900 + 6 266 100 = ... 2 5

Erkläre, wie Onkel Justus vorgeht, damit er wirklich die Einer, Zehner usw. addiert?
b) Übertrage die Rechnung in dein Heft und führe sie zu Ende.
c) Onkel Justus behauptet, dass auch das Subtrahieren geht, wenn man die Zahlen nebeneinander schreibt. Probiere es doch einmal für 3512 – 2896 aus. Erkläre, wie du dabei vorgegangen bist.

⑧ So kannst du die Zahlen auch nebeneinander addieren oder subtrahieren. Achte darauf, dass du immer stellenweise vorgehst. Markiere dir die Stelle mit einem Punkt.

B

$\overset{1\ 1}{8\ 6\ 2 + 1\ 0\ 3\ 4 + 1\ 7\ 5\ 1 = 3\ 6\ 4\ 7}$

$3\ 9\ 6\ 4\ 3 - 7\ 8\ 2\ 6 = 3\ 1\ 8\ 1\ 7$

a) 569 + 965   b) 753 + 573   c) 8642 – 3579   d) 5656 + 6565

⑨ Rechne nebeneinander. Was fällt dir auf?
a) 66 632 + 56 824
   28 513 + 94 943
   13 892 + 109 564
   74 661 + 48 795

b) 16 342 – 16 330
   6589 – 6466
   48 957 – 47 723
   24 513 – 12 168

c) 5682 + 45 + 84 273
   46 524 + 5698 + 27 778
   28 645 + 36 485 + 4870
   49 + 36 370 + 23 581

d) 27 954 – 27 621
   8670 – 5337
   48 274 – 14 941
   416 266 – 82 933

e) 1307 – 1295
   56 913 – 56 889
   7121 – 7073
   10 057 – 9961

f) 7692 + 3721 – 10 192
   5184 + 3523 – 5154
   63 917 + 8325 – 64 795
   7812 + 33 561 – 31 704

① Subtrahiere von 75 die Differenz aus 18 und 8. Simon und Emma haben diese Aufgabe verschieden gelöst. Sie erhalten unterschiedliche Ergebnisse.
  a) Überprüfe die Rechnungen. Wer hat die Aufgabe richtig gelöst? Begründe.
  b) Formuliere einen Text zur anderen Rechnung.

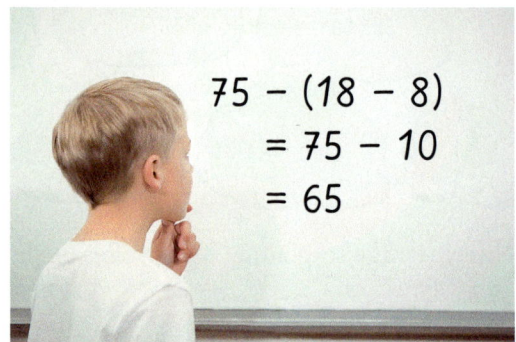

$$75 - (18 - 8)$$
$$= 75 - 10$$
$$= 65$$

$$75 - 18 - 8$$
$$= 57 - 8$$
$$= 49$$

Klammern

Ⓜ Du rechnest immer von links nach rechts.
Sind **Klammern** vorhanden, musst du diese zuerst berechnen.

Übungen

② Paul hat folgende Aufgaben berechnet. Welche Ergebnisse sind sicher falsch? Begründe.
  a) $(81 - 54) + 73 = 100$ b) $95 + (64 - 38) = 111$
  c) $53 + 22 - (41 + 14) = 48$ d) $82 - (55 - 27) = 0$

③ (1) Addiere die Differenz von 67 und 28 zur Zahl 93.
  (2) Addiere die Summe von 67 und 28 zur Zahl 93.
  (3) Subtrahiere die Differenz von 67 und 28 von der Zahl 93.
  (4) Subtrahiere 67 von der Differenz der Zahlen 93 und 28.
  a) Schreibe jeweils einen passenden Rechenausdruck mit Klammern und berechne.
  b) Sind bei jedem Rechenausdruck Klammern notwendig?

④ Berechne.
  a) $(33 + 45) - 28$ b) $49 + (99 - 68)$ c) $(25 + 46) - (81 - 65)$
     $100 - 19 + 21$ $23 + 54 - 55 + 18$ $78 + (99 - 41) - 26$
     $(136 - 52) - 14$ $153 + 222 - (141 - 106)$ $(139 + 28) - 39 + 92$
  Lösungen: 40, 50, 55, 70, 80, 101, 102, 110, 220, 340

⑤ Bei einigen Rechnungen fehlen die Klammern. Setze sie so, dass das Ergebnis stimmt.
  a) $24 + 31 - 14 = 41$ b) $45 - 25 - 8 = 28$ c) $73 - 18 + 35 = 90$
     $55 - 25 - 18 = 12$ $64 - 34 - 20 = 50$ $67 - 43 - 24 = 48$
     $80 - 30 + 20 = 30$ $73 - 23 + 13 = 63$ $80 - 35 - 45 = 0$

⑥ Berechne.
  a) $5456 + (5461 - 3409) - (6312 + 987)$ b) $(897 - 243) + 8567 - (653 + 367)$
  c) $666 + (333 + 777) - (4444 - 3333)$ d) $(2233 - 864) - (123 + 234) - (3311 - 2299)$

Seite 121

⑦ Einer der Sätze passt nicht zu den anderen. Begründe.
  A Subtrahiere die Summe von 33 und 44 von der Differenz der Zahlen 88 und 11.
  B Die Summe von 33 und 44 wird von der Differenz der Zahlen 88 und 11 subtrahiert.
  C Subtrahiere die Differenz der Zahlen 88 und 11 von der Summe der Zahlen 33 und 44.
  D Bilde die Differenz der Zahlen 88 und 11. Subtrahiere davon die Summe von 33 und 44.

1 Lina und Finn haben dieselbe Aufgabe gerechnet. Hier siehst du, wie sie angefangen haben.
 a) Übertrage die Anfänge in dein Heft und rechne zu Ende.
 b) Vergleiche die beiden Rechenwege. Was stellst du fest?
 c) Würdest du wie Lina oder wie Finn rechnen? Begründe deine Antwort.

```
  47 + 96 + 53
= 47 + 53 + 96
= 100 +
```

```
  47 + 96 + 53
= 143 +
```

2 Berechne. Was fällt dir auf?
 a) $(18 + 24) + 31$ b) $(36 + 52) + 6$ c) $158 + (21 + 78)$
  $18 + (24 + 31)$ $36 + (52 + 6)$ $(158 + 21) + 78$

M Wenn du mehrere Zahlen addieren sollst, kannst du dir durch geschicktes Rechnen Vorteile verschaffen.

geschicktes Rechnen
$7\,5 + 4\,4 + 2\,5 + 6\,6$
$= (7\,5 + 2\,5) + (4\,4 + 6\,6)$
$= 1\,0\,0 + 1\,1\,0$
$= 2\,1\,0$

Rechnen von links nach rechts
$7\,5 + 4\,4 + 2\,5 + 6\,6$
$= 1\,1\,9 + 2\,5 + 6\,6$
$= 1\,4\,4 + 6\,6$
$= 2\,1\,0$

Kommutativ-gesetz

Assoziativ-gesetz

Bei der Addition darfst du die Reihenfolge der Summanden beliebig vertauschen. Das Ergebnis ändert sich dabei nicht. (**Kommutativgesetz der Addition**)
Bei der Addition darfst du beliebig Klammern setzen oder weglassen. Das Ergebnis ändert sich dabei nicht. (**Assoziativgesetz der Addition**)

Übungen

3 Vertausche die Zahlen und setze die Klammern so, dass du vorteilhaft rechnen kannst.
 a) $46 + \ 73 + 64$ b) $47 + 35 + 33 + 65$ c) $63 + 23 + 57 + 27$
  $32 + \ 84 + 68$ $56 + 12 + 28 + 14$ $88 + 32 + 12 + 68$
  $51 + 111 + 39$ $19 + 87 + 13 + 71$ $78 + 96 + 62 + 14$
  $93 + 123 + 77$ $35 + 44 + 25 + 66$ $99 + 88 + 12 + 11$

Lösungen: 110, 170, 170, 180, 183, 184, 190, 200, 201, 210, 250, 293

Denke an die Überschlags-rechnung!

4 Gilt das Kommutativgesetz und das Assoziativgesetz auch für die Subtraktion? Suche dir jeweils zwei Zahlenbeispiele.

5 Bilde aus den Zahlen mehrere Aufgaben. Das Ergebnis soll möglichst nahe an 1000 liegen.

514 3725 227 2666 132 93 6395 411 308 4729 7860 260

6 Wenn du geschickt rechnest, kannst du alle Aufgaben im Kopf lösen.
 a) $83 + 25 + 17$ b) $112 - 24 + 12$ c) $495 - 117 - 295$
  $93 + 35 + \ 7$ $102 - 14 + 12$ $465 - 117 - 265$
  $63 + 37 + 35$ $142 - 14 + 22$ $595 - 217 - \ 95$
  $67 + 35 + 13$ $164 + 42 - 66$ $595 - 195 - 117$

1 Die Zahlen in den Drachen von zwei Geschwistern ergeben zusammen 1234.
Erkläre wie du vorgehst, um wenig rechnen zu müssen.
Welches Kind hat weder einen Bruder noch eine Schwester?

2 Ben soll 99 + 74 berechnen.   Mia soll 170 – 98 berechnen.

	9	9	+	7	4	
=	1	0	0	+	7	4	–	1
=	1	7	4	–	1	=	1	7	3

	1	7	0	–	9	8
=	1	7	0	–	1	0	0	+	2
=	7	0	+	2	=	7	2

a) Erkläre, wie Ben und Mia gerechnet haben.
b) Rechne so geschickt wie die beiden und schreibe die Rechnungen in dein Heft.

    (1) 99 + 26   (2) 387 – 99   (3) 199 + 216   (4) 461 – 199   (5) 4687 – 999
        18 + 99   236 – 98   38 + 102   934 – 298   999 + 238
        99 + 443   529 – 101   101 + 458   714 – 201   8550 – 1998

3 Ein Parkhaus hat 1352 Plätze. Während der
Nacht waren 25 Autos im Parkhaus abge-
stellt. Im Laufe des Vormittags fahren 1579
Autos hinein und 428 Autos heraus. Stimmt
die Anzeige im Bild?

4 Du hast folgende Ziffernkärtchen zur Verfügung. Lege sie wie die Platzhalter.

   4   **6**   **8**   **9**

  +  =

a) Das Ergebnis soll möglichst groß (klein) sein.
b) Das Ergebnis soll 37 betragen.
c) Das Ergebnis soll 144 betragen.

  –   =

5 Setze + oder – in die Platzhalter ein, damit die Aufgabe richtig ist.

a) 50 ⬜ 130 ⬜ 90 ⬜ 10 = 100   b) 31 ⬜ 104 ⬜ 67 ⬜ 36 ⬜ 4 = 100
    85 ⬜ 40 ⬜ 25 ⬜ 60 ⬜ 30 = 100   350 ⬜ 180 ⬜ 360 ⬜ 15 ⬜ 92 ⬜ 7 = 100
    63 ⬜ 37 ⬜ 24 ⬜ 62 ⬜ 12 = 100   280 ⬜ 210 ⬜ 170 ⬜ 36 ⬜ 50 ⬜ 54 = 100
    85 ⬜ 17 ⬜ 23 ⬜ 64 ⬜ 39 = 100   122 ⬜ 233 ⬜ 332 ⬜ 78 ⬜ 19 ⬜ 20 = 100

6

37 + 6   32 + 11

42 + 1   27 + 16

95 − 8   101 − 14

98 − 11   104 − 17

a) Rechne die Aufgaben von Ismael und Derya im Kopf. Was fällt dir auf?
b) Beschreibe, wie die Aufgaben zusammengesetzt sind.

7

Ismael, schaue dir die Aufgabe an! Wie soll ich die denn lösen, wenn ich keine Zahlen habe, mit denen ich rechnen kann?

Wie ändert sich der Differenzwert, wenn man den Minuenden um 4 verkleinert und gleichzeitig den Subtrahenden um 3 vergrößert?

Ich rechne einfach mit Beispielzahlen.

Zahlen-
beispiele
finden

S Die Methode Zahlenbeispiel hilft auch hier: Wenn du eine Aufgabe nicht sofort lösen kannst, suche dir einfache Zahlen, mit denen du leicht rechnen kannst.

Beispielzahlen: 20 und 6
Der Minuend 20 wird um 4 verkleinert, d. h. der neue Minuend ist 16. Der Subtrahend wird um 3 vergrößert, d. h. der neue Subtrahend ist 9.

$$20 - 6 = 14$$
$$\downarrow{-4} \quad \downarrow{+3} \quad \downarrow{-7}$$
$$16 - 9 = 7$$

Der Differenzwert wird um 7 kleiner.

a) Löse die Aufgabe mit einem anderen Zahlenbeispiel. Erhältst du dasselbe Ergebnis?
b) Wie ändert sich der Differenzwert, wenn man den Minuenden um 14 vergrößert und gleichzeitig den Subtrahenden um 6 verkleinert?
c) Vom Summenwert zweier Zahlen wird der erste Summand wieder subtrahiert. Wie groß ist nun der neue Wert?
d) Zum Differenzwert zweier Zahlen wird der Subtrahend wieder addiert. Wie groß ist der neue Wert?
e) Erfinde selbst solche Aufgaben und stelle sie deinem Nachbarn.

8 Lehrer Trick sagt zu seinen Schülern: „Ich kann in die Zukunft schauen. Wenn ihr mit mir abwechselnd Zahlen aufschreibt und wir alle Zahlen addieren, kann ich euch jetzt schon den Summenwert sagen. Wir verwenden nur dreistellige Zahlen, die erste Ziffer darf nicht 9 sein."

a) Auf Lehrer Tricks Zettel steht 2685. Überprüfe, ob das stimmt.
b) Kommst du Lehrer Trick auf die Schliche? Teste den Trick bei deinen Mitschülern.

Herr Trick beginnt:	687
Lea notiert:	+ 473
Herr Trick ergänzt:	+ 526
Stefan schreibt:	+ 401
Herr Trick setzt darunter:	+ 598

9 Überlege, welcher Ausdruck die kleinere Zahl beschreibt. Begründe.
Überprüfe durch Berechnung.
A 170 vermindert um die Differenz von 125 und 13.
B Die Summe aus 85 und 124 vermindert um 93.

10 Rechne geschickt.
a) 99 + 53 b) 101 + 187 c) 236 + 299 d) 459 − 399 e) 998 + 646
   150 − 90   36 + 98   783 − 299   573 − 402   153 + 399
   374 − 101   853 − 302   27 + 198   402 + 667   1540 − 999

11 Berechne.

> 43 + (31 − 19) + 26
> = 43 + 12 + 26
> = 81

a) 18 + (54 − 13 + 21) b) 43 + (51 − 16) + 78 c) 94 − (11 + 15 + 34)
   46 + (24 + 78) − 62   (27 + 72) − 15 + 23   (82 − 16 − 26) + 75
   (72 − 15 + 32) − 51   80 − (14 + 29) − 17   75 − (33 + 28) + 77
   (25 + 46) − (81 − 69)   36 + (99 − 41) − 26   23 + 54 − 55 + 18
Lösungen: 20, 34, 38, 40, 59, 68, 80, 86, 91, 107, 115, 156

12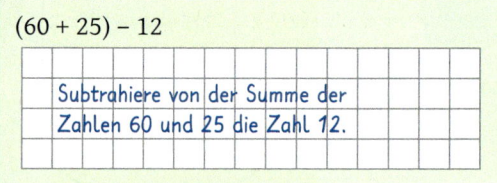

20 + (50 − 10)
Addiere zur Zahl 20 die Differenz der Zahlen 50 und 10.

(60 + 25) − 12
Subtrahiere von der Summe der Zahlen 60 und 25 die Zahl 12.

Schreibe zu den Rechenausdrücken einen Text wie in den Beispielen oben.
a) 40 + (60 − 20) b) (50 + 30) − 25 c) 98 − (62 − 15)
d) (88 + 20) + (45 − 30) e) (101 − 71) + (35 + 58) f) 79 − 47 − (15 + 17)

13 Berechne die Summe und die Differenz aus der größten und der kleinsten Zahl, die man
aus den gegebenen Ziffern bilden kann.
a) 2, 4, 6 b) 1, 7, 5 c) 3, 8, 4, 9 d) 9, 2, 5, 7, 3

14 Rechne zuerst die innere (runde) Klammer aus, dann die äußere [eckige] Klammer.
a) 76 + [84 − (19 + 27)] b) (121 − 11) − [(15 + 36) − 18]
c) [138 − (64 − 19)] − 11 d) [(28 + 39) − 16] + [46 − (19 + 16)]
e) [(63 − 17) − 13] + [(88 + 47) − 40] f) [125 − (126 − 26)] + [(125 − 26) + 126]
Lösungen: 62, 77, 128, 82, 114, 250

15 Du musst zwischen die Ziffernkarten das Plus- und Minuszeichen setzen. Die Reihenfolge
der Ziffern darf dabei nicht vertauscht werden.

3 4 5 6 7 8 9   +

a) Wo musst du das Plus- und Minuszeichen setzen, damit das Ergebnis 367 ist?
b) Kann das Ergebnis größer als 35 000 werden? Erkläre.
c) Wie lautet das kleinste Ergebnis?

16 Wer findet die Zahl? Halte dich genau an folgende Anweisungen:
Wähle vier verschiedene Ziffern. Bilde daraus die größte und die kleinste Zahl.
Subtrahiere und bilde aus den Ziffern des Ergebnisses die größte und die kleinste Zahl.
Subtrahiere wieder.
Führe diese Schritte achtmal durch. Vielleicht findest du auch schon vorher eine bestimmte Zahl.
Merke dir die Zahl und überrasche damit auf der nächsten Feier deine Freunde.

1 a) Wie heißt die magische Zahl jedes dieser 4x4-Zahlenquadrate?

2	3	4	1
3	2	1	4
1	4	3	2
4	1	2	3

8	12	16	4
12	8	4	16
4	16	12	8
16	4	8	12

28	27	26	29
27	28	29	26
29	26	27	28
26	29	28	27

36	39	42	33
39	36	33	42
33	42	39	36
42	33	36	39

b) Bei diesen Zahlenquadraten findest du die magische Zahl nicht nur als Summe der Zeilen, Spalten und Diagonalen. Suche weitere Wege, um die magische Zahl zu finden.

c) Was fällt dir noch bei diesen magischen Quadraten auf? Schreibe deine Beobachtungen auf.

d) Zeichne ein leeres 4x4-Zahlenquadrat in dein Heft und fülle es so mit den Zahlen 3, 6, 9 und 12 nach obigem Muster aus, dass es ein magisches Quadrat wird.

e) Erfinde ein 4x4-Zahlenquadrat mit der magischen Zahl 18.

2 In Goethes „Faust" wird beschrieben, wie man ein magisches 3x3-Zahlenquadrat anfertigt. Beim Brauen eines Zaubertranks sagt eine Hexe das Hexeneinmaleins auf:

Du musst verstehn!
Aus Eins mach Zehn
und Zwei lass gehn
und Drei mach gleich
so bist du reich!
Verlier die Vier!
Aus Fünf und Sechs
so sagt die Hex
mach Sieben und Acht:
Dann ist's vollbracht.
Und Neun ist Eins
und Zehn ist keins.
Das ist das Hexen-Einmaleins!

Wir übersetzen jetzt das Hexeneinmaleins und machen aus einem Zahlenquadrat mit den Zahlen Eins bis Neun ein magisches Quadrat.

Originaltext	Übersetzung	Quadrat
Du musst verstehn! *Aus Eins mach Zehn*	Wir sollen in das erste Feld unseres Zahlenquadrats eine 10 schreiben. Die 1 bleibt übrig.	10 → (X 2 3 / 4 5 6 / 7 8 9)
und Zwei lass gehn *und Drei mach gleich –* *so bist du reich!*	Wir sollen die 2 einen Platz weiter schieben und mit der 3 das Gleiche machen. Alle anderen Zahlen wandern dann ebenfalls um einen Platz weiter. Die 1 ist immer noch übrig, dazu 9.	(10 _ 2 / 3 4 5 / 6 7 8)
Verlier die Vier! *Aus Fünf und Sechs –* *so sagt die Hex –* *mach Sieben und Acht:*	Die 4 sollen wir einfach streichen. Statt 5 sollen wir 7 und statt der 6 die 8 schreiben. Nun sind die 1, 4, 5, 6 und 9 übrig.	(10 _ 2 / 3 _ 7 / 8 _ _)
Dann ist's vollbracht. *Und Neun ist Eins* *und Zehn ist keins.* *Das ist das Hexen-Einmaleins!*	Die 9 soll in das erste freie Feld geschrieben werden und die 10 wird gestrichen. Es bleiben die 1, 4, 5 und 6 übrig.	(_ 9 2 / 3 _ 7 / 8 _ _)

Jetzt musst du die übrig gebliebenen Zahlen noch so in dein Zahlenquadrat verteilen, dass ein magisches Quadrat entsteht.

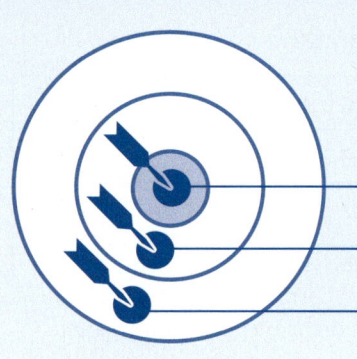

Löse die Aufgaben.
Schätze Dich mit Hilfe der **Zielscheibe** selbst ein.
Die Lösungen findest Du auf Seite 211.
→ zeigt Hilfen zu jeder Aufgabe.

Das kann ich.

Da bin ich mir **nicht ganz sicher**.

Das muss ich **unbedingt üben**.

Aufgabe	Du kannst ...
1, 3	schriftlich addieren und subtrahieren.
2	vorteilhaft rechnen.
3	mit Klammern rechnen.
4, 5	Fachbegriffe der Addition und Subtraktion verwenden.
6	Sachaufgaben lösen.

→ Seite 40, 41

1 Berechne schriftlich.
a) 357 980 + 6278 + 938 649
b) 555 678 − 8675 + 986 475 − 748
c) 6 432 840 − 71 064 − 509 867
d) 3 167 524 − 56 872 + 8135 − 600 360

→ Seite 43 Merkkasten

2 Berechne geschickt. Welche Rechengesetze verwendest du?
a) 69 + 137 + 31 + 23
b) 198 + 76 + 24 + 102
c) 234 + 147 + 132 + 233

→ Seite 42

3 Berechne.
a) 24 646 − (5826 − 2057) + 110
b) 365 008 − (8247 + 3812) − 85

→ Seite 38

4 Subtrahiere von der Summe der Zahlen 79 548 und 54 818 die Differenz der Zahlen 3509 und 955.

→ Seite 38
→ Seite 45
Aufgabe 7

5 a) Wie verändert sich der Differenzwert, wenn Minuend und Subtrahend um 10 verringert werden?
b) Wie ändert sich der Wert einer Summe, wenn beide Summanden um 10 verkleinert werden?

6 658 Schülerinnen und Schüler besuchen die Kaiser-Realschule. Am Ende des Jahres verlassen 95 Schülerinnen und Schüler die Schule. Nach den Sommerferien kommen 127 Kinder neu in die fünfte Jahrgangsstufe.
Wie viele Schülerinnen und Schüler hat die Schule jetzt?

1

Steile Wanderwege sind oft mit Drahtseilen gesichert. Die Drahtseile bestehen aus mehreren einzelnen Drähten.

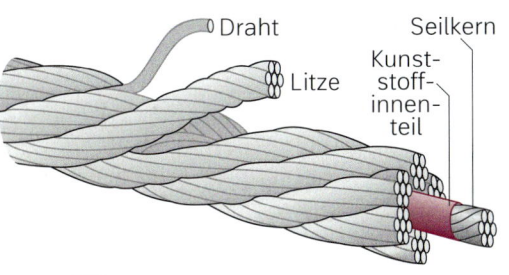

a) Rechts siehst du den Querschnitt eines Drahtseils. Aus wie vielen Drähten besteht dieses Seil?

b) Wie kannst du die Anzahl der Drähte berechnen?
Schreibe die zugehörige Rechnung auf.

Querschnitt eines Drahtseils

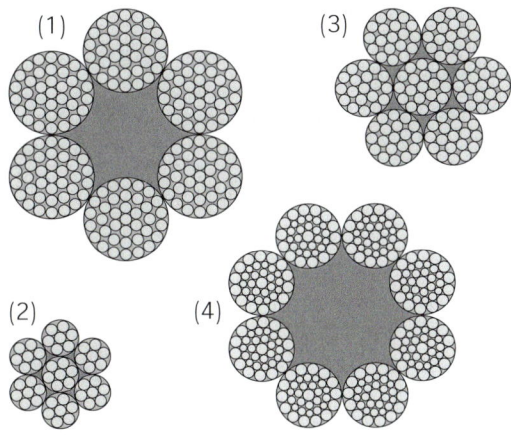

c) Drahtseile werden auch beim Brückenbau verwendet oder beim Heben von schweren Lasten. Deswegen gibt es ganz unterschiedliche Drahtseile. Links siehst du vier Querschnitte. Ordne jedem Querschnitt die richtige Rechnung unten zu!
Berechne anschließend die Anzahl der Drähte.

$37 \cdot 6$ $16 \cdot 7$ $19 \cdot 7$ $7 \cdot 7$ $36 \cdot 8$

d) Das rechts abgebildete Drahtseil besteht aus 133 einzelnen Drähten. Wie viele Drähte verlaufen in einer Litze?

M

Produkt

Multiplikationsaufgabe: Multipliziere 9 mit 17 und berechne den Produktwert

Produkt

9	$\cdot$	17	=	153
1. Faktor	**$\cdot$**	**2. Faktor**	**=**	**Produktwert**

Divisionsaufgabe: Dividiere 36 durch 4 und berechne den Quotientenwert.

Quotient

Quotient

36	:	4	=	9
Dividend	**:**	**Divisor**	**=**	**Quotientenwert**

Übungen

2 Hüpf in der Reihe. Beginne oben, dein Ergebnis sagt dir, welche Aufgabe du als nächstes rechnen musst. Die Zielzahl findest du im Dach.

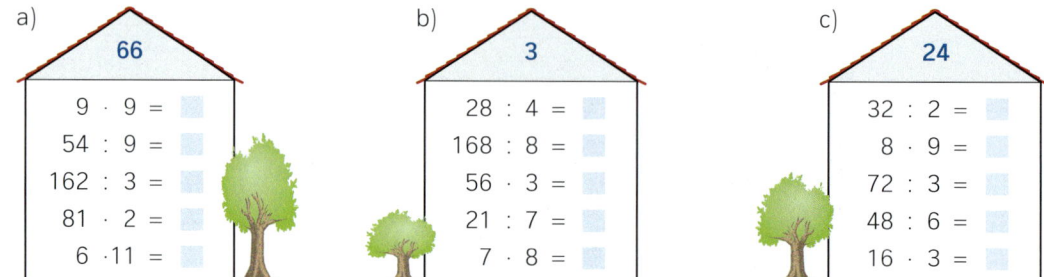

a)

66

9 · 9 = ☐
54 : 9 = ☐
162 : 3 = ☐
81 · 2 = ☐
6 ·11 = ☐

b)

3

28 : 4 = ☐
168 : 8 = ☐
56 · 3 = ☐
21 : 7 = ☐
7 · 8 = ☐

c)

24

32 : 2 = ☐
8 · 9 = ☐
72 : 3 = ☐
48 : 6 = ☐
16 · 3 = ☐

Produkt, Faktor, Quotient – ganz schön verwirrend!

3 Erstelle einen Rechenausdruck. Berechne anschließend.
a) Erstelle den Produktwert aus 14 und 5.
b) Bilde den Quotienten aus 108 und 12.
c) Verdopple das Produkt von 5 und 18.
d) Multipliziere die beiden Zahlen 12 und 9 und halbiere den Produktwert.
e) Dividiere das Produkt aus 15 und 8 durch 12.
f) Multipliziere die Zahl 50 mit dem Quotienten aus 100 und 5.

Rückwärts arbeiten

4 a) Ich multipliziere 4 mit einem zweiten Faktor und erhalte den Produktwert 48.
b) Dividiere ich die Zahl durch 9, so erhalte ich 9 (7, 8, 11, 20).
c) Multipliziere ich die Zahl mit sich selbst, so erhalte ich 49 (81, 100, 121).
d) Multipliziere ich die Zahl mit 7, so erhalte ich 56 (77, 280, 350, 4200).

S Die Lösung gelingt mit der Umkehraufgabe.
Du arbeitest dabei rückwärts:
4 · ☐ = 48 → rückwärts arbeiten
48 : ☐ = ☐

5 Setze für die Platzhalter passende Zahlen ein. Berechne zuerst die runde und dann die eckige Klammer.

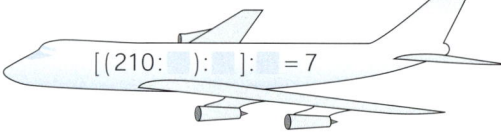

[[(210 : ☐) : ☐] : ☐ = 7

Solche Aufgaben kenne ich doch von Seite 45.

6 a) Wie ändert sich der Produktwert, wenn der erste Faktor verdoppelt wird und der zweite Faktor gleichzeitig verdreifacht wird?
b) Wie ändert sich der Quotientenwert, wenn der Dividend vervierfacht und gleichzeitig der Divisor halbiert wird?
c) Wie ändert sich der Produktwert, wenn der erste Faktor verdreifacht wird und der zweite Faktor gleichzeitig vervierfacht wird?
d) Der Produktwert soll sich genau so ändern wie in Aufgabe c). Wie kannst du die Faktoren auch ändern?
e) Erfinde selbst solche Aufgaben und löse sie. Stelle deine Aufgaben dann deinem Nachbarn.

Seite 37

7 Du hast die vier Ziffernkarten zur Verfügung.
a) Bilde zwei zweistellige Zahlen, so dass der Produktwert möglichst groß ist. Begründe deine Wahl.
b) Bilde zwei zweistellige Zahlen, so dass der Produktwert möglichst klein ist.

5 **6** **1** **3**

8 In der Wolke sind mehrere Produktwerte. Schreibe zu jedem Produktwert zwei passende Faktoren. Finde jeweils mehrere Möglichkeiten.

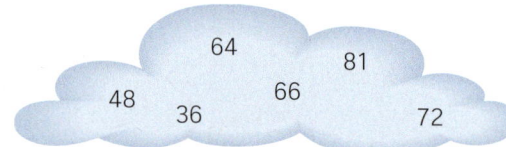

64
81
48
36
66
72

9 Lass die Schlange die Zahl 36, 48 und 12 schlucken und notiere das Ergebnis.
Was fällt dir auf?

10 Setze für den Platzhalter richtig ein.

a) ▢ · 6 = 0   b) 2000 · ▢ = 0   c) 24 · 0 = ▢   d) ▢ · 0 = 0

Beim Rechnen mit Null muss ich aufpassen.

11 a) Dividiere 0 durch verschiedene Zahlen.
b) Michaela probiert, ob man auch durch Null dividieren kann. Deshalb schreibt sie zu
jeder Aufgabe die Umkehraufgabe.

1	2	:	0	=	0

Umkehraufgabe:

0	·	0	=	1	2	(falsch)

1	2	:	0	=	1	2

Umkehraufgabe:

1	2	·	0	=	1	2	(falsch)

Begründe, warum man durch Null nicht dividieren darf.

M

Multiplikation und Division sind Umkehrungen voneinander.

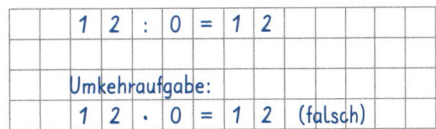

$12 \cdot 8 = 96$ $96 : 8 = 12$ $0 \cdot 8 = 0$ $0 : 8 = 0$

Durch Null darfst du nicht dividieren. Wird die Zahl Null geteilt, so erhältst du immer
Null.

12 Bestimme den Platzhalter. Formuliere anschließend eine Regel für die Multiplikation und
Division mit Stufenzahlen.

a) $5 \cdot 10 = ▢$
▢ $\cdot 21 = 210$
$9200 : ▢ = 92$

b) ▢ $: 1000 = 19\,000$
$100 \cdot 52 = ▢$
$470 \cdot ▢ = 4700$

c) $1000 : 10 = ▢$
$600 : ▢ = 6$
▢ $\cdot 13 = 1300$

13 a) $36\,000 : 900$
$8400 \cdot 20$
$4800 : 400$
$9000 : 1000$
$300 \cdot 8000$
$56 \cdot 200$

b) $45\,000 : 9000$
$100 \cdot 120$
$66 \cdot 2000$
$54\,000 : 600$
$8000 : 20$
$1000 \cdot 110$

c) $2400 : 60$
$250\,000 : 5000$
$6000 \cdot 800$
$300 \cdot 37$
$720\,000 : 24\,000$
$5200 : 40$

$70 \cdot 500$
$= 7 \cdot 5 \cdot 10 \cdot 100$
$= 35\,000$

$350\not0 : 7\not0$
$= 350 : 7$
$= 50$

Lösungen: 5, 9, 12, 30, 40, 40, 50, 90, 130, 400, 4000, 11\,100,
11\,200, 12\,000, 132\,000, 110\,000, 168\,000, 2\,400\,000, 4\,800\,000

14 Philipp hat insgesamt sechs Fehler gemacht. Finde sie heraus.
Schreibe die Aufgaben dann richtig in dein Heft.

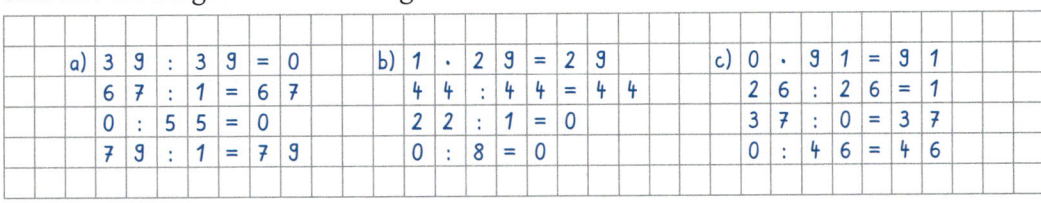

1 a) Schreibe mindestens drei Rechenwege in dein Heft, die zum Ergebnis führen.
    b) Vergleiche die Rechenwege. Bei welchen Rechenwegen hast du dir durch geschicktes Rechnen Vorteile verschafft?

2 Berechne. Was fällt dir auf?

a) $(25 \cdot 8) \cdot 3$ b) $(5 \cdot 12) \cdot 7$ c) $(4 \cdot 25) \cdot 6$ d) $(40 \cdot 5) \cdot 17$ e) $(200 \cdot 5) \cdot 8$
    $25 \cdot (8 \cdot 3)$ $5 \cdot (12 \cdot 7)$ $4 \cdot (25 \cdot 6)$ $40 \cdot (5 \cdot 17)$ $200 \cdot (5 \cdot 8)$

3 Bei der Addition und Subtraktion hast du gelernt, wie du vorteilhaft rechnen kannst.
    a) Schreibe in deinem Heft auf, wie du bei der Addition geschickt rechnen kannst.
    b) Vergleiche mit deinen Entdeckungen aus Aufgabe 1 und 2.

Wenn du mehrere Zahlen multiplizieren sollst, kannst du dir durch **geschicktes Rechnen** Vorteile verschaffen.

Geschicktes Rechnen	*Rechnen von links nach rechts*
$4 \cdot 2 \cdot 15 \cdot 25$	$4 \cdot 2 \cdot 15 \cdot 25$
$= 4 \cdot 25 \cdot 2 \cdot 15$	$= (4 \cdot 2) \cdot 15 \cdot 25$
$= (4 \cdot 25) \cdot (2 \cdot 15)$	$= (8 \cdot 15) \cdot 25$
$= 100 \cdot 30$	$= 120 \cdot 25$
$= 3000$	$= 3000$

Kommutativgesetz

Bei der Multiplikation darfst du die Reihenfolge der Faktoren beliebig vertauschen. Das Ergebnis ändert sich dabei nicht. (**Kommutativgesetz der Multiplikation**)

Assoziativgesetz

Bei der Multiplikation darfst du beliebig Klammern setzen oder weglassen. Das Ergebnis ändert sich dabei nicht. (**Assoziativgesetz der Multiplikation**)

Übung

4 Rechne vorteilhaft.

a) $27 \cdot 2 \cdot 5$ b) $25 \cdot 8 \cdot 7$ c) $10 \cdot 19 \cdot 2 \cdot 5$ d) $9 \cdot 20 \cdot 5 \cdot 7$
    $10 \cdot 64 \cdot 2$ $11 \cdot 125 \cdot 4$ $7 \cdot 4 \cdot 5 \cdot 4$ $4 \cdot 3 \cdot 7 \cdot 25$
    $25 \cdot 9 \cdot 4$ $19 \cdot 18 \cdot 0$ $2 \cdot 43 \cdot 125 \cdot 8$ $45 \cdot 5 \cdot 2 \cdot 2$

Lösungen: 1400, 900, 0, 1280, 6300, 270, 900, 86 000, 2100, 560, 1900, 5500

① Die Anzahl der Saftflaschen auf den beiden Fotos kann man auf verschiedene Weise berechnen.

(1) $4 + 6 \cdot 2$
(2) $4 \cdot 2 + 6 \cdot 2$
(3) $(4 + 6) \cdot 2$

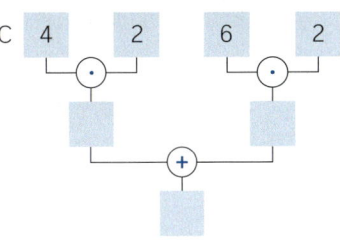

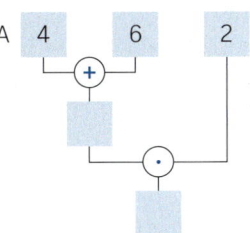

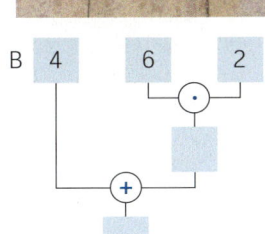

A 4 6 2

B 4 6 2

C 4 2 6 2

Punkt vor Strich, sonst wird's fürchterlich!

a) Welches Foto gehört zu welchem Rechenausdruck?
b) Ordne Rechenausdrücke und Rechenbäume richtig zu.
c) Beschreibe für den Rechenausdruck (1) und (3), welche Rechnungen du nacheinander ausführst, um auf das richtige Ergebnis zu kommen.
Woran erkennst du das am Rechenbaum?
d) Vergleiche die Rechenausdrücke (2) und (3). Was fällt dir auf?

M

Enthält eine Aufgabe Punkt und Strichrechnung, dann gilt:
Punktrechnung (· und :) kommt vor Strichrechnung (+ und –).
$20 + 12 : 3 = 20 + 4 = 24$ $80 - 4 \cdot 12 = 80 - 48 = 32$

Enthält eine Aufgabe Klammern, dann gibt es folgende zwei Möglichkeiten:
Die Klammer zuerst berechnen.
$(30 + 6) \cdot 8 = 36 \cdot 8 = 288$ $(80 + 16) : 8 = 96 : 8 = 12$

Distributiv-
gesetz

Das Distributivgesetz anwenden, d.h. jeden Summanden in der Klammer mit der Zahl außerhalb der Klammer multiplizieren oder durch die Zahl außerhalb der Klammer dividieren. **Ausnahme:** Der Divisor darf keine Summe sein.
$(30 + 6) \cdot 8 = 30 \cdot 8 + 6 \cdot 8$ $(80 + 16) : 8 = 80 : 8 + 16 : 8$ $80 : (16 + 8) \neq 80 : 16 + 80 : 8$
$\qquad = 240 + 48 = 288$ $\qquad = 10 + 2 = 12$

Übungen

② Zeichne den dazugehörigen Rechenbaum und berechne anschließend.
a) $60 - 80 : 4$ b) $(70 - 63) : 7$ c) $1000 - 80 \cdot 9$ d) $32 + 80 : 8$ e) $15 - 6 : 3$
$\quad (20 + 30) \cdot 5$ $14 + 5 \cdot 3$ $(420 + 42) : 6$ $(12 + 9) \cdot 3$ $20 + 4 \cdot 9$
$\quad 25 \cdot 8 - 16$ $51 \cdot 5 - 41$ $810 : 9 - 47$ $96 : 6 + 26$ $(67 - 12) \cdot 4$

③ Berechne - wenn möglich - mit dem Distributivgesetz. Begründe, wenn dies nicht erlaubt ist.
a) $60 : (18 - 12)$ b) $4 \cdot (20 + 6)$ c) $9 \cdot 16 + 9 \cdot 24$ d) $84 : 12 - 84 : 4$
$\quad (50 - 1) \cdot 7$ $(37 - 27) \cdot 11$ $9 \cdot (8 \cdot 3)$ $43 \cdot 25 - 13 \cdot 25$
$\quad (19 + 7) : 2$ $88 : (8 - 4)$ $16 \cdot 13 - 6 \cdot 13$ $156 : 12 + 84 : 12$

④ Welche Rechenausdrücke ergeben den gleichen Wert? Begründe.
A $113 \cdot (325 + 645)$ **B** $113 \cdot (324 + 646)$ **C** $113 \cdot (325 + 605)$
D $113 \cdot (325 + 605 + 40)$ **E** $(325 + 645) \cdot 113$ **F** $113 \cdot 325 + 113 \cdot 645$

5 So kannst du mit dem Malkreuz eine Multiplikationsaufgabe durch geschicktes Zerlegen der Faktoren berechnen.

B Multiplikationsaufgabe: $17 \cdot 23 = (10 + 7) \cdot (20 + 3)$

(1) Malkreuz anlegen

·	20	3	
10			
7			

(2) Alle Produkte berechnen und eintragen

·	20	3	
10	200	30	
7	140	21	

(3) Zeile für Zeile addieren

·	20	3	
10	200	30	230
7	140	21	161

(4) Summenwerte addieren

·	20	3	
10	200	30	230
7	140	21	161
			391

(5) Zur Kontrolle Spalte für Spalte addieren

·	20	3	
10	200	30	230
7	140	21	161
	340	51	391

6 Welche Multiplikationsaufgabe wird hier mit dem Malkreuz berechnet? Übertrage das Malkreuz in dein Heft und fülle es vollständig aus.

a)

·	50	6	
20	▪	▪	▪
1	▪	▪	▪
	▪	▪	▪

b)

·	600	10	5	
10	▪	▪	▪	▪
3	▪	▪	▪	▪
	▪	▪	▪	▪

c)

·	200	20	2	
7	▪	▪	▪	▪
	▪	▪	▪	▪

7 Löse folgende Multiplikationsaufgaben mit dem Malkreuz.
a) $14 \cdot 28$ b) $9 \cdot 16$ c) $110 \cdot 19$ d) $42 \cdot 21$ e) $311 \cdot 56$

1 Denke an die Regeln: Punktrechnung vor Strichrechnung. Klammern zuerst berechnen.

a) $27 + 3 \cdot 80$
$180 - 17 \cdot 2$
$(88 + 12) \cdot 34$

b) $14 - (3 + 5)$
$20 + 60 : 5$
$(13 + 31) : 11$

c) $(3 + 8) \cdot (16 - 9)$
$3 \cdot 21 - 2 \cdot 14$
$6 \cdot 11 + 4 \cdot 15$

d) $42 : 7 + 3 \cdot 6$
$6 \cdot 5 + 9 \cdot 6$
$320 : 4 + 180 : 6$

2 a) $4 \cdot 12 + 13 \cdot 2$
$64 : 8 + 72 : 9$

b) $120 : 3 - 2 \cdot 16$
$4 \cdot 9 + 28 : 2$

c) $(90 - 36) : 3$
$90 - 36 : 3$

d) $75 : 5 + 144 : 2$
$8 \cdot 12 - 7 \cdot 13$

Lösungen zu 1 und 2: 4, 5, 6, 8, 16, 18, 24, 30, 32, 35, 44, 50, 74, 77, 78, 84, 87, 1
10, 126, 146, 267, 400, 583, 3400

3 Ordne den Aufgaben die richtigen Ergebnisse zu. Du erhältst ein Lösungswort.

a) $(4 + 6) \cdot (5 + 10)$
$4 + 6 \cdot 5 + 10$
$(4 + 6) \cdot 5 + 10$
$4 + 6 \cdot (5 + 10)$

b) $(16 + 4) \cdot (6 + 14)$
$16 + 4 \cdot 6 + 14$
$(16 + 4) \cdot 6 + 14$
$16 + 4 \cdot (6 + 14)$

c) $(240 + 80) : (8 - 6)$
$240 + 80 : 8 - 6$
$(240 + 80) : 8 - 6$
$240 + 80 : (8 - 6)$

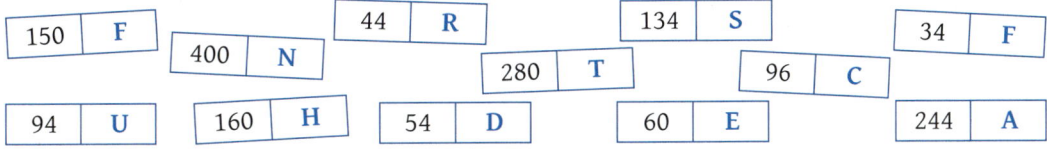

150 F	44 R	134 S	34 F
400 N	280 T	96 C	
94 U	160 H	54 D	60 E	244 A

4 Bei richtiger Zuordnung erhältst du ein Lösungswort.

a) $(60 - 36) : (6 - 2)$
$60 - 36 : 6 - 2$
$(60 - 36) : 6 - 2$
$60 - 36 : (6 - 2)$

b) $(10 \cdot 4 + 3) \cdot 5$
$10 \cdot 4 + 3 \cdot 5$
$10 \cdot (4 + 3) \cdot 5$
$10 \cdot (4 + 3 \cdot 5)$

c) $(5 \cdot 6 - 2) \cdot 3$
$5 \cdot 6 - 2 \cdot 3$
$5 \cdot (6 - 2) \cdot 3$
$5 \cdot (6 - 2 \cdot 3)$

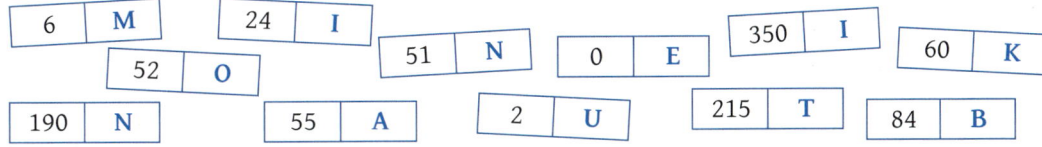

6 M	24 I	51 N	0 E	350 I	60 K
	52 O				
190 N	55 A	2 U	215 T	84 B

5 Matteo hat die Felder auf dem „Mensch ärgere dich nicht" gezählt. Er kommt auf 72.

a) Prüfe nach.
b) Julian schreibt auf: $4 \cdot 4 + 2 \cdot (15 + 8) + 2 \cdot 5$
Wie hat er gezählt? Welches Ergebnis erhält er?
c) Wie würdest du zählen? Schreibe einen dazu passenden Rechenausdruck.
d) Emma meint: „Es gibt von jeder der vier Farben 9 Punkte und außerdem 4mal 9 weiße Punkte." Stimmt das? Schreibe einen Rechenausdruck, der dazu passt.

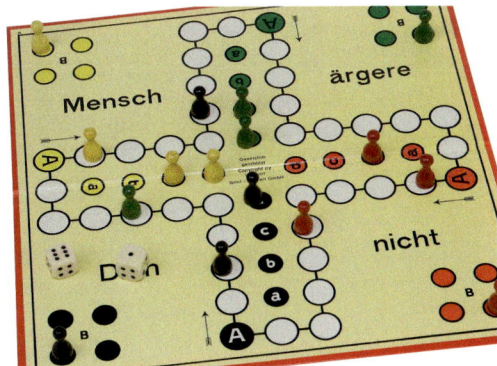

Seite 37

6

| 3 | 5 | 8 | 2 |

Bilde mit den vier Zahlen einen Rechenausdruck. Du musst Klammern und Rechenzeichen (genau einmal) verwenden.

a) Das Ergebnis soll möglichst klein sein.
b) Das Ergebnis soll möglichst groß sein.

Die meisten Artikel sind heute mit einem Strichcode versehen, der von Kassen gelesen werden kann. Am gebräuchlichsten ist der EAN-Code.

EAN 13 – Code
(Europäische Artikel Nummerierung)
Durch eine Abfolge von verschieden breiten Balken und Lücken wird die Zahl darunter codiert, damit sie von einem Scanner gelesen werden kann.

Die Grafik zeigt die Zusammensetzung des EAN-Codes.
Bei defektem Balkencode kann die 13-stellige Codezahl auch von Hand eingegeben werden. Die sogenannte **Prüfziffer** dient der Überprüfung der Eingabe und wird rechnerisch aus den ersten 12 Ziffern des Codes ermittelt. Stimmt die errechnete Prüfziffer nicht mit der Prüfziffer in der Artikeldatei überein, wird eine Fehlermeldung ausgegeben.

Länderkennziffern	
30–37	Frankreich
40–44	Deutschland
80–83	Italien
84	Spanien
90–91	Österreich
94	Neuseeland

Berechnung der Prüfziffer
Multipliziere die einzelnen Ziffern abwechselnd mit 1 und 3.
Addiere die Produktwerte und bilde die Differenz zur nächsthöheren Zehnerzahl.

EAN	4	0	3	4	5	6	7	8	9	0	1	2	
multipliziert mit	1	3	1	3	1	3	1	3	1	3	1	3	
=	4	0	3	12	5	18	7	24	9	0	1	6	

Summe $4 +0 +3 +12 +5 +18 +7 +24 +9 +0 +1 +6 = 89$

Prüfziffer: $90 - 89 = 1$

② a) Sammle Gegenstände mit EAN-Codes, notiere den Code und „überprüfe" die Prüfziffer.

   b) Berechne die Prüfziffer für die nebenstehenden Strichcodes:

   Eine Tabelle wie oben kann dir dabei helfen.

4 0 34545 34862 ▢
4 0 54432 76442 ▢
4 0 22345 76771 ▢
9 0 87694 23323 ▢
8 0 14207 00013 ▢

③ Lina mag die Arbeit mit der Tabelle nicht. Sie berechnet das Beispiel der Aufgabe 1 so:
$(4 + 3 + 5 + 7 + 9 + 1) + 3 \cdot (0 + 4 + 6 + 8 + 0 + 2) = 29 + 3 \cdot 20 = 29 + 60 = 89$
$90 - 89 = 1$
   a) Erkläre, wie Lina vorgegangen ist.
   b) Bestimme die Prüfziffern der Aufgabe 2b) ebenso.

④ Herr Bertram, der Kassierer, gibt die Codezahl von Hand ein und macht einen Fehler.

a) Begründe, warum der Fehler sofort nach der Eingabe vom Computersystem bemerkt wird.

Eingabe per Hand: 4 0 12345 98665 2

b) Ein anderes Mal macht Herr Bertram folgenden Fehler:

    EAN richtig: 4213852710034

    EAN falsch: 4218352710034

Warum erhält er keine Fehlermeldung?

c) Erforsche, ob es Codes gibt, in denen die Ziffern 3 und 8 nebeneinander vorkommen.

d) Findest du andere „Zahlendreher", die nicht erkannt werden?

⑤ Zu Zahlencodes und Prüfziffern gibt es viel zu entdecken.

a) Kannst du die fehlenden Ziffern ermitteln?

(1)

(2)

b) Bringe eine Verpackung mit EAN-Code mit, mache eine Ziffer unlesbar und lass sie von deinem Nachbarn bestimmen.

c) Für kleine Artikel wie Schokoriegel gibt es eine verkürzte EAN. Wird die Prüfziffer genauso berechnet?

⑥ Wo findest du überall Zahlencodes? Wie wird die Prüfziffer berechnet?

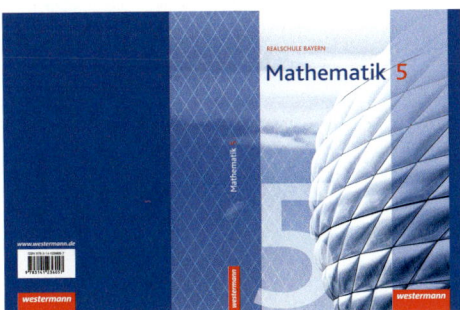

1

Pst, pst!
Zahlen kann man als Rechnung schreiben. Dann sind sie nur noch für Spezialisten aufzuspüren.

Als Spielregel gilt:
Bei jeder neuen Tarnung setzt du ein weiteres Klammerpaar.

		Zahl
	40	Zahl
=	$(4 \cdot 10)$	einfache Tarnung
=	$(4 \cdot (8 + 2))$	zweifache Tarnung
=	$(4 \cdot ((20 - 12) + 2))$	dreifache Tarnung
=	$(4 \cdot ((20 - (24 : 2)) + 2))$	vierfache Tarnung

a) Erkläre die einzelnen Tarnungen im Beispiel. Hinweis: Achte auf die Farben.
b) Ergänze das Beispiel mit einer fünffachen Tarnung der Zahl 40.

2 Tarne die Zahl 80 jeweils dreifach. Verwende Farben.

a) 80
$(100 - 20)$

b) 80
$(5 \cdot 16)$

c) 80
$(2400 : 30)$

3 Wähle eine dreistellige Zahl. Führe für deine Zahl eine vierfache Tarnung durch. Dein Nachbar soll deine Zahl enttarnen.

4 Welche Zahl wurde getarnt? Wie oft wurde sie getarnt?

a) $(5 \cdot (13 - 2))$ b) $(13 + ((200 - 192) + 7))$ c) $(3 \cdot ((20 - (36 : 2)) + 5))$

5 Zur besseren Übersicht kann man auch runde und eckige Klammern verwenden. Welche Zahl wurde getarnt?

a) $100 - [200 - (80 + 11) - 99] \cdot 3$
b) $[140 - (27 - 15) \cdot 5] + 114$
c) $204 + [38 + (100 - 91) + 29] \cdot 2$
d) $(635 - 125) - [(25 + 35) - 30 : 5]$
e) $[800 - (1000 - 250) - (40 - 11)] + 56$
f) $[(8 \cdot 7 + 44) : 10 + (64 - 4 \cdot 16)] - (88 - 79)$
g) $24 + [(720 - 580) - (980 - 850)] + 42 \cdot 3$
h) $[(36 - 4 \cdot 6) + 84] + [(88 + 47) - 50] + 26$
i) $88 - [240 - (360 - 190)] + 210 : 5$
k) $3 \cdot [(112 - 98) : 2 + (22 + 38) : 5]$

Lösungen: 456, 1, 70, 60, 207, 194, 160, 77, 57, 356

6 Hier wurden bei der Tarnung die Klammern vergessen. Setze sie so, dass die Rechnung stimmt.

a) $37 + 3 \cdot 5 = 200$
b) $18 + 11 \cdot 2 : 10 = 4$
c) $109 - 10 + 3 : 6 = 16$
d) $111 + 32 - 4 \cdot 20 - 8 = 95$
e) $18 - 6 + 2 \cdot 12 = 168$
f) $4 + 36 : 6 \cdot 100 = 1000$

7

Wenn du vier „Fünfen" geschickt mit Rechenzeichen und Klammern verknüpfst, erhältst du die Zahl 3!

Ich kann das!
$3 = 5 - (5 + 5) : 5$

Welche Zahlen von 0 bis 10 schaffst du so mit den vier „Fünfen" zu tarnen?

1 In früheren Zeiten wurden beim schriftlichen Rechnen ganz andere Verfahren verwendet als heute. In Ägypten wurde eine Methode entwickelt, bei der man nur verdoppeln, halbieren und addieren können musste. In Russland war dieses Verfahren bis in die Neuzeit besonders bei Bauern gebräuchlich.

Aufgabe: 38 · 69

(1) Der größere Faktor wird immer verdoppelt und gleichzeitig der kleinere halbiert. Bleibt beim Halbieren ein Rest, wird er einfach weggelassen.

~~38~~ · ~~69~~
19 · 138
9 · 276
~~4~~ · ~~552~~
~~2~~ · ~~1104~~
1 · 2208
2622

(2) Die Produkte, bei denen der kleinere Faktor eine gerade Zahl ist, werden gestrichen.

(3) Die Summe der größeren Faktoren ist das Ergebnis der Multiplikation.

a) Erkläre deinem Banknachbarn, wie 38 · 69 berechnet wurde.
b) Berechne die Produkte 71 · 17 und 55 · 24 nach dieser Methode.

Seite 8

Wenn du willst, kannst du mit Nullen auffüllen.

2 So hat Johannes schriftlich multipliziert.

Erläutere die Rechenschritte.

B

	2	3	3	2	·	2	1	3	=					
Überschlag:	2	3	0	0	·	2	0	0	=	4	6	0	0	0	0
	2	3	3	2	·	2	1	3						
		4	6	6	4	0	0							
			2	3	3	2	0							
				6	9	9	6							
		4	9	6	7	1	6							

3 Berechne.

a) 232 · 12
343 · 22
222 · 44

b) 5234 · 12
4343 · 31
111 · 88

c) 4563 · 21
723 · 331
369 · 669

d) 3042 · 77
16 103 · 66
4051 · 445

e) 1212 · 343
3232 · 44
5656 · 555

Lösungen: 2784, 7546, 9768, 9768, 239 313, 246 861, 415 716, 62 808, 95 823, 134 633, 142 208, 1 802 695, 234 234, 3 138 080, 1 062 798

Seite 8

4 a) Vergleiche beide Rechenwege miteinander. Welchen würdest du wählen? Begründe.
b) Rechne geschickt.
9 · 23 068   12 · 8945
66 · 7076   2464 · 133

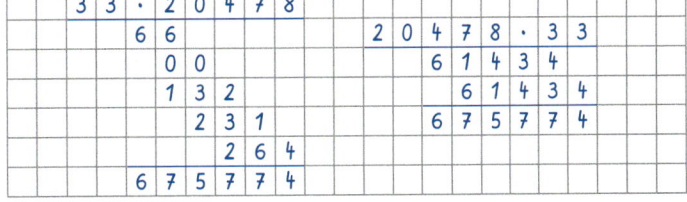

Übungen

⑤ Löse die Aufgaben möglichst vorteilhaft.
Du erhältst bei jeder Aufgabe ein Lösungswort, wenn du beim Ergebnis die Ziffern
durch die angegebenen Buchstaben ersetzt.

0	1	2	3	4	5	6	7	8	9
N	I	B	T	D	R	E	A	S	F

a) 4 · 67 079
20 · 28 003
6 · 145 351

b) 118 957 · 80
623 739 · 90
2 089 049 · 40

c) 4645 · 18
54 · 6667
17 605 · 32

d) 26 173 · 320
3869 · 216
240 · 239

e) 2339 · 240
2681 · 360
180 · 3122

⑥ Linda hat diese fünf Ziffernkarten und bildet das Produkt aus einer zwei- und einer dreistelligen Zahl.

Seite 37

1 **8** **9** **4** **3**

a) Linda legt das Produkt 319 · 48 und behauptet, dass sie ein sehr großes Produkt gelegt
hat. Was meinst du zu Lindas Behauptung?
b) Vertausche die Kärtchen so, dass das Ergebnis möglichst groß ist. Wie bist du dabei
vorgegangen? Berechne.
c) Wie kannst du die Ziffernkärtchen legen, damit das Ergebnis möglichst klein ist?
Berechne.

⑦ a) 425 · 37
812 · 46
348 · 29

b) 1007 · 749
6034 · 205
5108 · 134

c) 220 · 9407
746 · 453
6204 · 246

d) 3287 · 3006
4386 · 315
796 · 4008

e) 743 · 809
4682 · 453
6678 · 329

Lösungen: 10092, 15 725, 37 352, 337 938, 601 087, 684 472, 754 243, 1 236 970,
1 381 590, 1 526 184, 2 069 540, 2 120 946, 2 197 062, 3 190 368, 9 880 722

Wenn der
zweite Faktor
kürzer ist, spare
ich Platz.

⑧ a) 1364 · 125
7342 · 244
34 132 · 279

b) 81 · 2043
9008 · 567
4070 · 679

c) 909 · 718
280 · 976
480 · 1058

d) 3636 · 2507
1818 · 2065
5454 · 9003

e) 345 · 7724
676 · 887
824 · 987

Lösungen: 165 483, 170 500, 273 280, 507 840, 599 612, 652 662, 813 288, 1 791 448,
2 664 780, 2 763 530, 3 754 170, 5 107 536, 9 115 452, 9 522 828, 49 102 362

⑨ Übertrage in dein Heft und suche die fehlenden Ziffern.

a) 2 1 1 9 · 3 ▪
▪▪▪▪
8 ▪▪▪
▪▪▪▪▪

b) 8 6 3 · ▪▪
▪▪▪ 1
▪▪▪▪
▪▪▪▪ 4

c) ▪ 4 · 8 ▪
7 ▪
6 ▪
▪ 8

d) 5 3 · ▪▪
▪▪▪
▪ 1
1 9 ▪ 8

e) ▪ 7 5 · ▪ 6
1 ▪▪▪
4 0 ▪▪
▪▪▪▪ 5

⑩ 1 · 1
11 · 11
111 · 111
1111 · 1111
11111 · 11111

a) Wie viele Stellen haben die Ergebnisse?
b) Berechne. Was fällt dir auf?
c) Gib das Ergebnis des Produkts
111 111 111 · 111 111 111 an ohne zu rechnen.

⑪ Wähle eine dreistellige Zahl. Multipliziere deine Zahl mit 7, das Produkt anschließend
mit 11. Jetzt musst du dein Ergebnis nur noch mit 13 multiplizieren. Was stellst du fest?
Überprüfe deine Feststellung noch an zwei anderen dreistelligen Zahlen. Wer findet das
Geheimnis?

1 Acht Panzerknacker haben Onkel Dagoberts Geldspeicher ausgeraubt. Sie wollen ihre Beute gerecht aufteilen. Sie haben zweiundachtzig 100-€-Scheine, neun 10-€-Scheine und acht 1-€-Münzen erbeutet.

Seite 8

a) Wie viel Geld erhält jeder Panzerknacker?

b) Können die Panzerknacker ihre Beute mit den erbeuteten Scheinen und Münzen aufteilen? Begründe.

2 Beim nächsten Raubzug erbeuten die Panzerknacker 9383 €. Sie wurden diesmal aber von einigen Helfern unterstützt und müssen die Beute auf 11 Personen aufteilen.
So kannst du 9383 durch 11 teilen.

B

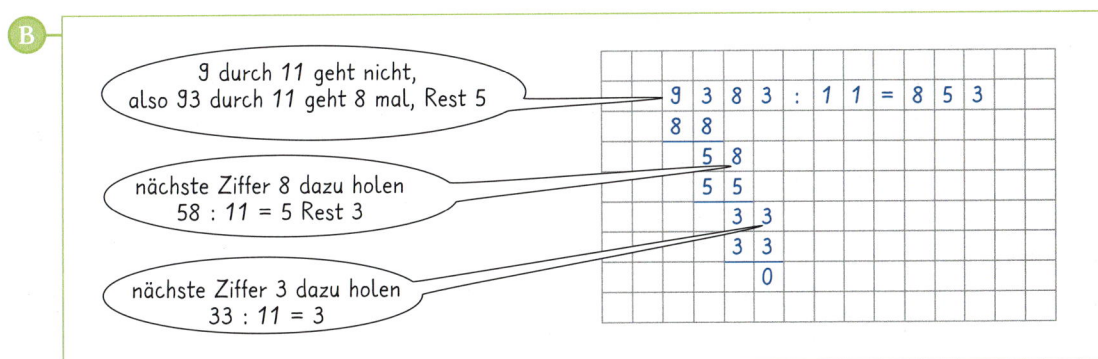

9 durch 11 geht nicht, also 93 durch 11 geht 8 mal, Rest 5

nächste Ziffer 8 dazu holen
58 : 11 = 5 Rest 3

nächste Ziffer 3 dazu holen
33 : 11 = 3

$$9\ 3\ 8\ 3 : 1\ 1 = 8\ 5\ 3$$

Berechne ebenso.

a) 8489 : 13   b) 5355 : 21   c) 15 444 : 66   d) 16 095 : 111

Übungen

Seite 8

3 Berechne die Quotientenwerte.

a)	b)	c)	d)	e)
924 : 6	888 : 6	945 : 15	4900 : 25	39 396 : 6
702 : 6	931 : 7	2299 : 19	6300 : 28	41 736 : 47
816 : 6	992 : 8	3724 : 28	17 395 : 49	107 748 : 123

4 Achte auf die Null in den Ergebnissen

a)	b)	c)	d)	e)
4900 : 5	5120 : 8	14 602 : 7	1 924 800 : 80	2 117 500 : 50
6840 : 9	4572 : 9	15 276 : 19	595 680 : 85	5 171 200 : 64
5621 : 7	6504 : 6	17 052 : 28	289 680 : 71	6 381 090 : 90

Lösungen: 508, 640, 760, 803, 804, 980, 1084, 2086, 609, 508, 7008, 24 060, 4080, 42 350, 70 901, 80 800

5

a)	b)	c)
121 : 11	169 : 13	225 : 15
1221 : 111	1703 : 131	2265 : 15
12 221 : 11	17 303 : 13	23 265 : 1551

6

a)	b)	c)	d)	e)
2068 : 11	3732 : 12	1665 : 15	4242 : 21	3276 : 14
6105 : 11	3060 : 12	1722 : 14	4914 : 21	4995 : 15
2808 : 12	1469 : 13	6480 : 15	3379 : 31	4316 : 13

Lösungen: 109, 111, 113, 123, 188, 202, 234, 234, 234, 255, 311, 332, 333, 432, 555

(7) Welche Aufgabe gehört zu welchem Ergebnis? Überschlage zunächst.

(1) 64 468 : 71   (2) 46 184 : 23   (3) 28 482 : 202   (4) 70 633 : 37   (5) 194 526 : 642

A 141   B 303   C 908   D 1909   E 2008

Manchmal geht die Division nicht auf und es bleibt ein Rest übrig!

(8) Die Panzerknacker haben wieder zugeschlagen und 480 519 € erbeutet. Wegen des schwierigen Beutezuges waren sie diesmal 13 Personen. Wie viel Geld erhält jeder, wenn sie gerecht teilen?

(9) a) Dividiere 1 088 640 durch alle Zahlen von 2 bis 9.
b) Dividiere 1 088 641 durch alle Zahlen von 2 bis 9. Welchen Rest erhältst du jeweils?
c) Welchen Rest erhältst du, wenn du 1 088 643 (1 088 647) durch alle Zahlen von 2 bis 9 dividierst? Beantworte die Frage, ohne zu rechnen.

(10) Zu jedem Rest gehört ein Buchstabe. Die Buchstaben ergeben in der Reihenfolge der Aufgaben einen Satz mit drei Wörtern.

E = 7	L = 5
I = 6	R = 3
A = 4	T = 10
H = 11	S = 2
C = 9	W = 8
D = 1	

a) 1660 : 7   b) 9 048 : 20   c) 8288 : 11   d) 4 692 : 21
5890 : 9   7 984 : 20   3103 : 12   17 464 : 31
3650 : 8   10 593 : 30   7221 : 13   13 836 : 62

Seite 50

(11) Bestimme die fehlenden Ziffern.

a)   4 6 9 : ▢ = ▢▢
    − 4 2
      ▢▢
    − ▢▢
       0

b)   7 3 2 : ▢▢ = 6 ▢
    − ▢▢
      ▢▢
    − ▢▢
       0

c)   ▢▢▢ : 4 2 = 2 ▢
    − ▢▢
      1 2 ▢
    − ▢▢▢
       0

Seite 37

(12) Setze die Ziffern 3, 6, 9 für die Platzhalter in ▢ ▢ : ▢ so ein, dass
a) der Wert des Quotienten möglichst klein ist.
b) der Wert des Quotienten möglichst groß ist.

(13) Schaffst du das auch?
a) 11 111 111 : 11   b) 26 262 626 : 13   c) 770 077 : 77   d) 7 999 992 : 888

(G) Vor rund 3750 Jahren wurde in Ägypten vom Schreiber AHMOSE ein Papyrus verfasst, in dem er eine damals übliche Art der Division erklärte.
Man muss nur verdoppeln und addieren.
204 : 12 = 17

1	12	Verdopplung des Divisors
2	24	
4	48	
8	96	
16	**192**	Stopp! Nicht größer als der Dividend.

Der Dividend 204 ist die Summe aus der ersten und letzten Zahl in der rechten Spalte:
204 = 12 + 192
Das Rechenergebnis ist die Summe aus der ersten und letzten Zahl in der linken Spalte:
1 + 16 = 17

(1) Nimm das Blatt einer Tageszeitung. Untersuche, wie viele Lagen man beim Falten erhält. Anschließend werden die Blätter noch mit einem Locher gelocht.

a) Falte dein Blatt und notiere die Anzahl der Lagen in einer Tabelle.

Anzahl der Faltungen	1	2	3	4	▨
Anzahl der Lagen	2	$2 \cdot 2 = 4$	▨	▨	▨
Anzahl der Löcher	$2 \cdot 2$	$2 \cdot 2 \cdot 2 = 8$	▨	▨	▨

b) Wie oft kannst du falten? Wie viele Lagen erhältst du?
c) Notiere eine Regel für die Anzahl der Lagen.
d) Wie oft müsstest du für über 500 [2000] Lagen falten?
e) Wenn du ein gefaltetes Blatt lochst, erhältst du vier Löcher, bei einem zweifach gefalteten Blatt sind es acht Löcher. Ergänze die Tabelle.
f) Welcher Zusammenhang besteht zwischen der Anzahl der Lagen und der Anzahl der Löcher in deinem Blatt?

Potenz

Quadratzahl

Zehner-potenzen

M

5 gleiche Faktoren

Anstelle des Produkts $2 \cdot 2 \cdot 2 \cdot 2 \cdot 2$ schreibt man

$$2^5$$

$5 \leftarrow$ Exponent (Hochzahl)

Basis $\rightarrow$ (Grundzahl)

lies: 2 hoch 5

Potenz

Ist der Exponent eine 2, spricht man von **Quadratzahlen,** z. B. $2^2 = 4$; $11^2 = 121$.
Potenzen mit dem Exponenten 3 nennt man auch **Kubikzahlen,** z. B. $2^3 = 8$; $3^3 = 27$.
Die Zahlen 10^1, 10^2, 10^3 ... heißen **Zehnerpotenzen,** z. B. $100\,000 = 10 \cdot 10 \cdot 10 \cdot 10 \cdot 10 = 10^5$

Übungen

(2) Schreibe als Produkt und berechne.

a) 2^5 b) 7^2 c) 4^4 d) 10^5 e) 2^6 f) 10^4 g) 0^{10} h) 12^2
    5^3 1^{13} 17^1 5^4 11^2 3^4 6^3 3^5

(3) Richtig oder falsch? Begründe deine Antwort.

a) $5^3 = 125$ b) $4^4 = 246$ c) $7^3 = 7 \cdot 7 \cdot 7$ d) $10^5 = 100\,000$ e) $1^{18} = 1$
    $16^1 = 16$ $2^6 = 64$ $2^7 = 128$ $3^3 = 9$ $1^{10} = 10$

(4) a) Berechne die Quadratzahlen 1^2, 2^2, 3^2, ..., 20^2. Lerne sie auswendig.
   b) Berechne die Kubikzahlen 1^3, 2^3, 3^3 bis 10^3
   c) Schreibe als Quadrat- oder Kubikzahl: 81, 27, 144, 289, 64, 361, 196, 1000000, 1000, 625.

(5) Wird ein Potenzwert größer oder kleiner, wenn du die Basis und den Exponenten vertauschst? Setze < oder > oder = ein.

a) 4^2 ▨ 2^4 b) 2^3 ▨ 3^2 c) 1^7 ▨ 7^1 d) 5^1 ▨ 1^5
e) 6^3 ▨ 3^6 f) 2^6 ▨ 6^2 g) 10^2 ▨ 2^{10} h) 4^3 ▨ 3^4

(6) Schreibe mit Zehnerpotenzen. Welche Besonderheit stellst du fest?
a) 100   b) 10 000   c) 1 000 000   d) 10 000 000 000   e) 10   f) 1000

(7) So kannst du 340 000 mit Hilfe von Zehnerpotenzen schreiben.

| Zerlege in ein Produkt mit einer Stufenzahl | $34 \cdot 10\,000$ |
| Schreibe die Stufenzahl als Zehnerpotenz | $34 \cdot 10^4$ |

a) 800 8000 80 000
b) 600 000 50 000 4000
c) 67 000 7 700 000
870 000 000

(8) In der Tabelle sind die Entfernungen der Planeten zur Sonne dargestellt. Notiere die Entfernungen in deinem Heft ohne Zehnerpotenzen.

Planet	Merkur	Venus	Erde	Mars	Jupiter	Saturn	Uranus	Neptun
Entfernung zur Sonne in km	$58 \cdot 10^6$	$11 \cdot 10^7$	$15 \cdot 10^7$	$23 \cdot 10^7$	$78 \cdot 10^7$	$14 \cdot 10^8$	$29 \cdot 10^8$	$45 \cdot 10^8$

(9) Berechne. Schreibe das Ergebnis wieder mit Zehnerpotenzen.
   a) $15 \cdot 10^3 + 8 \cdot 10^3$ b) $5 \cdot 10^2 + 8 \cdot 10^3$ c) $22 \cdot 10^3 + 2 \cdot 104$

(10) a) Bestimme den Exponenten: $4^{\blacksquare} = 64$ $3^{\blacksquare} = 81$ $2^{\blacksquare} = 256$ $5^{\blacksquare} = 625$
    b) Bestimme die Basis: $\blacksquare^4 = 16$ $\blacksquare^2 = 9$ $\blacksquare^3 = 64$ $\blacksquare^3 = 125$

Seite 23

(11) Stimmen die Rechnungen? Überprüfe und ergänze jeweils zwei weitere Aufgaben.
   a) $9 \cdot 11 = 10 \cdot 10 - 1$ b) $2^2 - 1^2 = 3$ c) $50^2 - 40^2 = 900$
       $19 \cdot 21 = 20 \cdot 20 - 1$ $3^2 - 2^2 = 5$ $60^2 - 50^2 = 1100$
       $29 \cdot 31 = 30 \cdot 30 - 1$ $4^2 - 3^2 = 7$ $70^2 - 60^2 = 1300$

(12) $(1 + 2)^2 = 1^3 + 2^3$ $(1 + 2 + 3)^2 = 1^3 + 2^3 + 3^3$ $(1 + 2 + 3 + 4)^2 = 1^3 + 2^3 + 3^3 + 4^3$
   a) Überprüfe die Rechnungen oben.
   b) Beschreibe in Worten, wie die Rechnungen aufgebaut sind.
   c) Angenommen, die Rechnungen stimmen immer, wenn du sie beliebig fortsetzt.
      Welches Ergebnis hat dann die Summe der Kubikzahlen von 1 bis 10?

(13) Nach der Befruchtung teilt sich die menschliche Eizelle. Bei der 1. Zellteilung werden aus einer zwei Zellen, bei der 2. Teilung aus zwei Zellen vier, später aus vier acht usw. Aus wie vielen Zellen besteht der menschliche Keim nach der 7. Zellteilung?

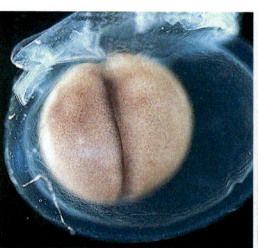

(14) a) Wie viele Eltern, Großeltern, Urgroßeltern, Ururgroßeltern hast du?
    b) Wie viele Vorfahren waren es vor 10 Generationen?
    c) Vor wie vielen Jahren sind deine Ururgroßeltern ungefähr geboren, wenn zwischen der Geburt der Eltern und der Kinder immer etwa 30 Jahre liegen?

Seite 23

(15) Untersuche folgende Rechenausdrücke.
    (1) $1 \cdot 2 \cdot 3 \cdot 4 + 1$ (2) $2 \cdot 3 \cdot 4 \cdot 5 + 1$ (3) $3 \cdot 4 \cdot 5 \cdot 6 + 1$ (4) $4 \cdot 5 \cdot 6 \cdot 7 + 1$
    a) Berechne die vier Rechenausdrücke. Was stellst du fest?
    b) Stelle die nächsten drei passenden Rechenausdrücke auf. Berechne deren Wert.
    d) Überprüfe, ob deine Überlegungen aus a) auch für die Rechenausdrücke aus b) gelten.

(16) Eine Geschichte erzählt von einem seltsamen Herrscher, der jede Woche einen Gefangenen frei ließ. Er ging dabei so vor:
Alle Gefangenen mussten sich in einem Kreis aufstellen. Dann schritt der Herrscher immer im Kreis und schickte jeden zweiten Gefangenen in die Zelle zurück, so lange, bis nur noch einer übrig blieb. Dieser war frei und konnte gehen.

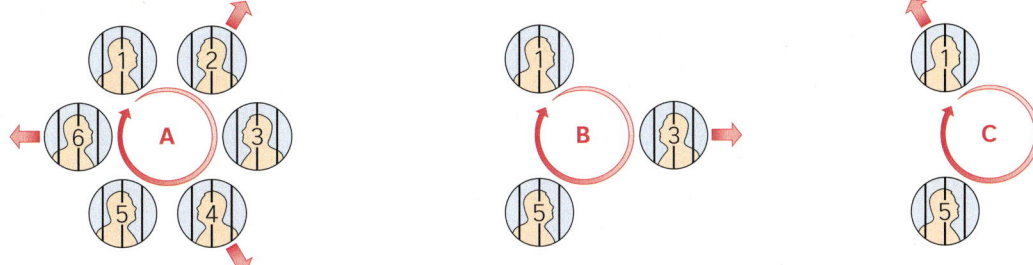

a) Die Zeichnungen A, B und C zeigen, wer bei sechs Gefangenen frei kommt. Spielt die Situation in der Klasse nach.
b) Spielt die Situation mit sieben Gefangenen in der Klasse nach. Wer kommt frei?
c) An welcher Position möchtest du bei acht Gefangenen stehen? Begründe.
d) Finde für unterschiedlich viele Gefangene heraus, welche Positionen zur Freilassung führen. Übertrage dazu die Tabelle in dein Heft und ergänze sie.

Anzahl	2	3	4	5	6	7	8	9	10	11	12	13	14	15	16
Position, die zur Freilassung führt	1				5										

e) Untersuche die Tabelle nach Gesetzmäßigkeiten.
f) Gib nun die Position an, bei der man bei 32 Gefangenen frei kommt.
   Versuche die Lösung ohne Abzählen zu ermitteln.
g) Gib weitere Anzahlen von Gefangenen an, bei denen man auf Position 1 stehen muss, um frei zu kommen. Nenne einen Zusammenhang zwischen diesen Zahlen.

(17)

Ich kann das Quadrat jeder zweistelligen Zahl mit der Endziffer 5 im Kopf berechnen.

Das kann ich auch!

Marina: Ich multipliziere die Zehnerziffer mit der um eins größeren Zahl, schreibe das Ergebnis auf und setze dahinter die Zahl 25.

Fabian: Ich multipliziere die Zehnerziffer mit der um eins größeren Zahl, anschließend das Ergebnis mit 100. Zum Schluss addiere ich 25.

a) Überprüfe die Vorschläge von Marina und Fabian. Wähle dazu eigene zweistellige Zahlen mit der Endziffer 5.
b) Ein Mathematiker behauptet: Zwischen den Rechenwegen von Marina und Fabian ist kein Unterschied. Hat er Recht? Begründe.

Eine Horrorraupe in einem Versuchslabor frisst so viel, dass sie jede Stunde ihr Volumen verdoppeln kann. Nach 6 Stunden ist das Versuchsglas voll. Nach wie viel Stunden war es nur halb voll?

1 a) Subtrahiere den Quotienten der Zahlen 2184 und 12 vom Produkt der Zahlen 27 und 9.

   b) Multipliziere das 11fache der Differenz der Zahlen 99 und 16 mit der Summe der Zahlen 14 und 37.

   c) Dividiere die Summe aus der Zahl 7 und dem Produkt der Zahlen 23 und 67 durch die Differenz der Zahlen 59 und 41.

2 Welche Zahlen verstecken sich hinter diesen Rechenausdrücken? Berechne.

   a) $1 + 2 \cdot 2^2 + 56 : 14$

   b) $13 \cdot (24 - 3 \cdot 7)$ **Lösungen (a) bis e)):** 9477, 13, 767 637, 39,

   c) $(5^2 \cdot 6 - 11 \cdot 3) \cdot 87 : 29$ 663, 351

   d) $(8 \cdot 32 - 434 : 2) \cdot (173 + 70)$

   e) $60\,000 - 2690 : 5 + 615\,293 + (50\,000 - 3559) \cdot 2$

   f) Welcher Zusammenhang besteht zwischen den einzelnen Ergebnissen a) bis e)?

3 Rechne zuerst die innere (runde) Klammer aus, dann die äußere [eckige] Klammer.

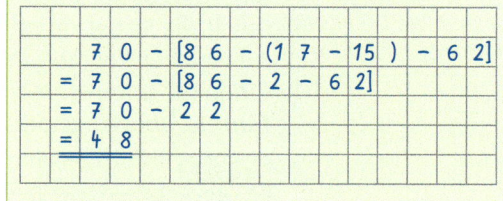

> Berechne zuerst die Potenzen. Achte aber auf Klammern.

$[(48 - 3 \cdot 5) + 3^3] + 16$
$= [33 + 3^3] + 16$
$= 60 + 16$
$= 76$

$70 - [86 - (17 - 15) - 62]$
$= 70 - [86 - 2 - 62]$
$= 70 - 22$
$= 48$

   a) $[370 - (80 + 2 \cdot 10^2) + 130] \cdot 4$ b) $49 - [5 \cdot (90 + 22) - 540] + 33$

   c) $[25\,975 + (181 + 12^2) \cdot 26] : 459$ d) $235 \cdot [15\,394 : (94 + 85) + 8^2]$

   e) $[(5 \cdot 6 + 19) : 7 + 63 - (38 + 21)] + 52$ f) $[1700 - (340 + 1200) - (39 - 28)^2] + (286 - 19)$

   g) $17 \cdot 3 + [(570 - 390) - (80 + 38)] + 28$ h) $390 - 9 \cdot [48 - (27 - 15)] + [(3^2 - 2^3) + 77] + 9$

   i) $2 \cdot [(5^3 - 83) : 3 + (79 - 14) : 5] + 62$ k) $342 : 3^2 - [270 - (386 - 151)] - (23 - 3 \cdot 7)$

Lösungen: 1, 62, 63, 75, 116, 141, 153, 306, 880, 35 250

4 Setze Klammern so, dass die Rechnung stimmt.

   a) $275 : 16 + 9 + 1 = 12$ b) $169 : 2^3 + 5 + 7 = 20$

   c) $379 \cdot 975 + 25 = 379\,000$ d) $780\,000 : 98 + 102 + 9800 = 78$

   e) $2^6 - 48 - 24 : 2 = 52$ f) $45 : 15 \cdot 17 + 79 + 4 = 300$

5 Die Stellenwerte des Dualsystems sind 1, 2, 4, …

> Das Dualsystem hast du auf Seite 27 kennengelernt.

   a) Stelle alle Werte als Potenzen mit der Basis 2 dar.

   b) Überlege, warum in der EDV gilt: 1 Kilobyte = 1024 Byte. Wie viele Kilobyte hat dann ein Gigabyte?

6 Wähle eine beliebige dreistellige Zahl und drehe die Reihenfolge der Ziffern um (z. B. 123 und 321). Subtrahiere dann die kleinere von der größeren Zahl und teile das Ergebnis durch 9. Mache mindestens fünf Beispiele.

   a) Welche Ergebnisse erhältst du?

   b) Betrachte deine gewählten Zahlen und das Ergebnis. Kannst du aus der gewählten Zahl das Ergebnis „vorhersagen"?

   c) Finde Zahlenbeispiele mit dem Ergebnis 44 (88; 33).

7 Die Summe von drei aufeinander folgenden Zahlen ist zum Beispiel 13 + 14 + 15 = 42.

   a) Wähle vier weitere solche Beispiele und berechne. Was fällt dir auf?

   b) Lea meint: „Meine Ergebnisse sind alle durch drei teilbar, also ist das bei drei Zahlen immer so." Erweitere diese Aussage so, dass die Begründung stimmt.

8 Berechne.
a) Addiere die Zahlen von 1 bis 19.
b) Berechne den Summenwert der geraden Zahlen von 5694 bis 5706.
c) Berechne die Summe 6 + 12 + 18 + … + 54.

G CARL FRIEDRICH GAUSS (1777–1855) wurde als Fürst der Mathematiker bezeichnet. Er war aber auch Astronom und Physiker. Der in Braunschweig geborene Carl Friedrich stammte aus ärmlichen Verhältnissen. Sein Vater war Gärtner und seine Mutter eine Magd. Bereits als Dreijähriger soll er seinen Vater auf Fehler bei Lohnabrechnungen hingewiesen haben.
In der Grundschule glaubte sein Lehrer, ihn mit folgender Aufgabe längere Zeit beschäftigen zu können:
Berechne den Summenwert aller Zahlen von 1 bis 100.
Nach wenigen Minuten hatte Carl Friedrich die Lösung.
Auf seiner Tafel stand:
$1 + 2 + 3 + … + 99 + 100 = (1 + 100) + (2 + 99) + (3 + 98) + … + (50 + 51) = …$

d) Führe seine Rechnung zu Ende und gib den Summenwert an.
e) Du kannst die Summe der Zahlen von 1 bis 100 auch noch auf eine andere Art geschickt zusammenfassen. Berechne.
f) Führe die Rechnungen a) bis c) nochmals durch. Fasse dieses Mal geschickt zusammen.

9 Berechne durch geschicktes Zerlegen.

a) $4 \cdot 26$ b) $4 \cdot 78$ c) $78 \cdot 7$ d) $309 \cdot 6$
$6 \cdot 69$ $3 \cdot 34$ $6 \cdot 99$ $4 \cdot 398$
$4 \cdot 82$ $48 \cdot 7$ $5 \cdot 53$ $198 \cdot 5$
$5 \cdot 37$ $61 \cdot 4$ $29 \cdot 3$ $201 \cdot 8$

$7 \cdot 98$	$23 \cdot 5$
$= 7 \cdot (100 - 2)$	$= (20 + 3) \cdot 5$
$= 7 \cdot 100 - 7 \cdot 2$	$= 20 \cdot 5 + 3 \cdot 5$
$= 700 - 14$	$= 100 + 15$
$= 686$	$= 115$

10 Im letzten Kapitel hast du PIPPI-Zahlen kennengelernt. Es gibt noch andere besondere Zahlen, z. B. die ANNA-Zahlen.
a) Begründe, warum man Zahlen der Form 3113 oder 6556 ANNA-Zahlen nennt. Finde einen weiteren passenden Namen.
b) Du kannst bei den ANNA – Zahlen die beiden mittleren Ziffern mit den beiden äußeren Ziffern tauschen und die Differenz dieser beiden Zahlen bilden.
Berechne für fünf unterschiedliche Beispiele den Differenzwert.

$3113 - 1331 =$ ▢

c) Vergleiche die Differenzwerte mit der Zahl 891. Was stellst du fest?

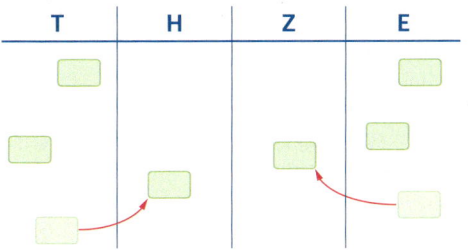

d) In der Abbildung links ist die Zahl 3113 mit Hilfe von Plättchen dargestellt.
Um welchen Wert ändert sich die Zahl, wenn ein Plättchen vom Tausenderfeld in das Hunderterfeld verschoben wird? Begründe.
Wie ändert sich der Zahlenwert beim Verschieben des Plättchens vom Einer- ins Zehnerfeld? Begründe.

e) Wie ändert sich der Zahlenwert, wenn beide Plättchen gleichzeitig in Pfeilrichtung verschoben werden?
f) Begründe mit Hilfe des Ergebnisses in e) die Differenzwerte in c).

(1) Bäckerei Schrot beliefert täglich drei Hotels gegenüber dem Hauptbahnhof mit Semmeln. Die Tabelle zeigt, wie viele Semmeln die Hotels in dieser Woche erhalten haben.

	MO	DI	MI	DO	FR	SA	SO
Hotel Taube	90	90	90	90	90	65	70
Hotel Eisenbahn	85	85	85	85	85	85	80
Hotel Zum Zug	35	95	95	95	95	100	105

a) Erstelle eine passende Grafik.
b) An welchem Tag ist beim Gasthof „Zum Zug" nur das Hotel geöffnet? Begründe.
c) Berechne die Gesamtzahl aller ausgelieferten Semmeln. Schreibe dazu mindestens zwei verschiedene Wege auf.
d) Welches Hotel ist der beste Kunde von der Bäckerei Schrot?
e) Wie viele Übernachtungen könnte das Hotel Eisenbahn in etwa in der Woche haben? Begründe.
f) Nächste Woche soll an das Hotel Eisenbahn wieder dieselbe Anzahl Semmeln wie in dieser Woche geliefert werden, allerdings jeden Tag gleich viele.
g) Finde weitere Aufgaben zu der obigen Tabelle.

(2)

Den größten Eisenbahnhof der Welt in New York (USA) Grand Central Terminal befahren im Durchschnitt 16 500 Züge im Monat und 5 400 000 Fahrgäste benutzen ihn monatlich. Wie viele Züge und wie viele Fahrgäste sind es im Durchschnitt pro Tag?

(3)

Strecken, Gleise, Haltestellen

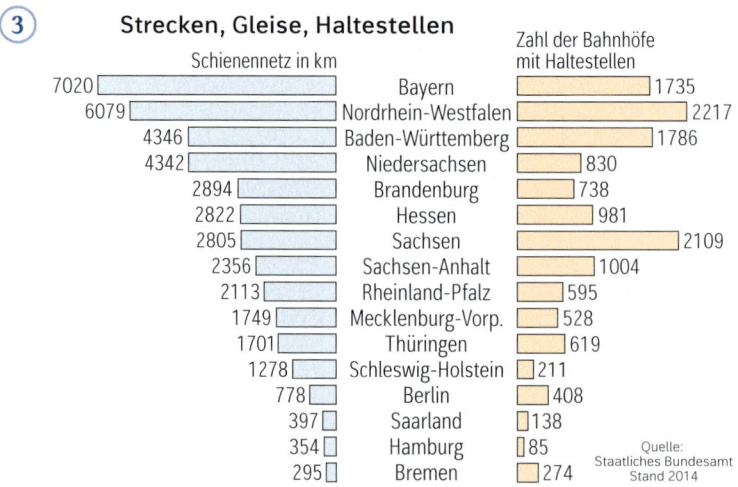

Schienennetz in km / Zahl der Bahnhöfe mit Haltestellen

Schienennetz in km	Bundesland	Zahl der Bahnhöfe mit Haltestellen
7020	Bayern	1735
6079	Nordrhein-Westfalen	2217
4346	Baden-Württemberg	1786
4342	Niedersachsen	830
2894	Brandenburg	738
2822	Hessen	981
2805	Sachsen	2109
2356	Sachsen-Anhalt	1004
2113	Rheinland-Pfalz	595
1749	Mecklenburg-Vorp.	528
1701	Thüringen	619
1278	Schleswig-Holstein	211
778	Berlin	408
397	Saarland	138
354	Hamburg	85
295	Bremen	274

Quelle: Staatliches Bundesamt Stand 2014

In der Graphik siehst du Angaben über das deutsche Schienennetz.
a) Wie groß ist seine gesamte Länge? Begründe.
   A ca. 37 000 km
   B ca. 39 000 km
   C ca. 41 000 km
   D ca. 43 000 km
b) Wie viele Bahnhöfe gibt es in Deutschland?
c) Wie weit sind zwei Bahnhöfe im Durchschnitt voneinander entfernt?

1 Die Klasse 5b bastelt als Faschingsschmuck bunte Girlanden. Sie haben blaues, rotes und grünes Papier, das gefaltet und aneinandergeklebt wird.

Wir wollen möglichst viele verschiedene Farbkombinationen bilden!

Baumdiagramm

a) Besorge dir drei verschieden farbige Papierstreifen und lege mit deinem Nachbarn die Farben in unterschiedlichen Reihenfolgen auf den Tisch. Wie viele Möglichkeiten findet ihr?

b) Übertrage das Baumdiagramm in dein Heft und vervollständige es.

c) Wie ändert sich die Anzahl der Möglichkeiten, wenn du eine vierte Farbe dazu nimmst? Erstelle auch hierzu ein Baumdiagramm.

S Verschaffe dir mit einer Darstellung einen Überblick über die verschiedenen Möglichkeiten. Diese Darstellung heißt Baumdiagramm.

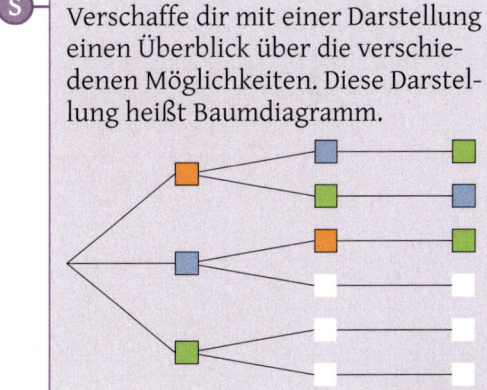

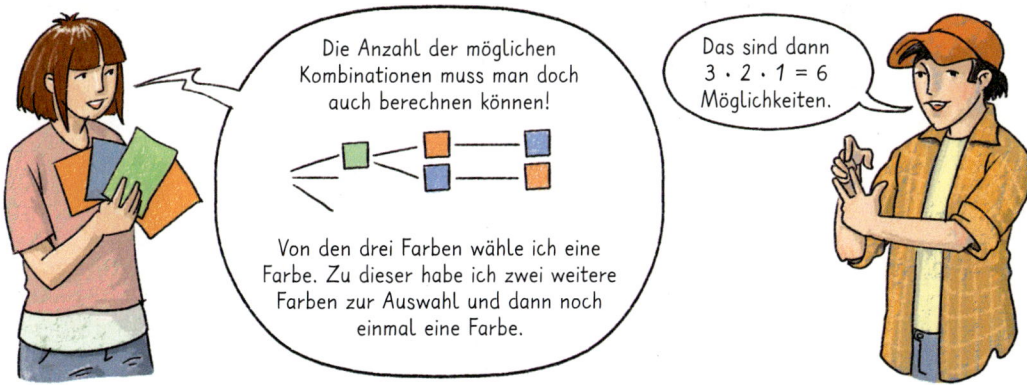

Die Anzahl der möglichen Kombinationen muss man doch auch berechnen können!

Von den drei Farben wähle ich eine Farbe. Zu dieser habe ich zwei weitere Farben zur Auswahl und dann noch einmal eine Farbe.

Das sind dann
$3 \cdot 2 \cdot 1 = 6$
Möglichkeiten.

Überpüfe die Idee von Susi und Luca für vier Farben.

2 Isabell lernt Querflöte spielen. Die ersten vier erlernten Töne sind g, a, h, c.

a) Wie viele Möglichkeiten hat sie, eine Tonfolge mit diesen Tönen zu spielen, ohne einen Ton zweimal zu verwenden?

b) Wie viele Töne müssen hinzugefügt werden, damit in einer Klasse mit 35 Schülerinnen und Schülern jeder eine andere Tonfolge „komponieren" kann, ohne einen Ton doppelt zu spielen? Veranschauliche, indem du ein erstes Stück des zugehörigen Baumdiagramms zeichnest. Spielt die schönsten Tonfolgen.

3

Jakob und Lukas sind Zwillinge. Sie sind beide begeisterte Sportler und zum Glück gleich gut in vielen Disziplinen. Ihre Freunde verwechseln sie oft, vor allem, wenn sie ständig ihre Sportkleidung vertauschen und neu kombinieren!

a) Wie viele Kombinationsmöglichkeiten hat jeder Zwilling, Hose und Hemd zu kombinieren? Löse mit Hilfe eines Baumdiagramms.

b)

Wenn ich nur die blauen und roten Kleidungsstücke kombiniere, bekomme ich dann 2 · 2 · 2 oder 3 · 3 Möglichkeiten?

Das zeichnen wir am besten auf!

Seite 69

Hier bleibt ja anders als auf Seite 69 bei jeder Auswahl die Anzahl gleich!

c) Nimmt man alle Kleidungsstücke in den drei Farben, ergeben sich mehr Kombinationsmöglichkeiten. Vervollständige in deinem Heft das Baumdiagramm.

d) Jonas behauptet: das sind ja $3 \cdot 3 \cdot 3 = 3^3$ Möglichkeiten. Erkläre.

e) Schreibe auch die Anzahl der Hemd-Kombinationen und der Hose-Hemd-Kombinationen in Potenzschreibweise auf.

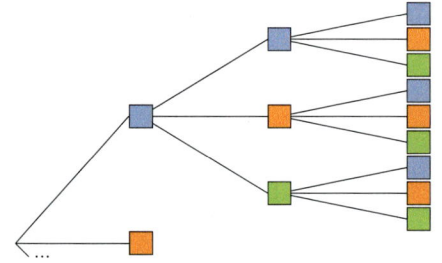

4 In diesem Jahr haben Jakob und Lukas auch die gleiche Schuhgröße.

a) Wie viele Kombinationsmöglichkeiten hat jeder Zwilling, wenn sie zusammen drei Paar Turnschuhe haben? Begründe.

b) Stelle Teile einer Sportbekleidung zusammen mit 2^4 Kombinationsmöglichkeiten.

5 In der Sportpause kaufen Tom und seine 7 Freunde Müsliriegel und Getränke. Es gibt Schoko, Erdbeer, Banane und Nuss, bei den Getränken Wasser, Limo, Fanta und Apfelsaft.

a) Kann jeder der acht Jungen eine andere Müsli-Getränke-Kombination wählen? Begründe deine Antwort.

b) Es kann auch Steckerleis gekauft werden, sodass es insgesamt 32 Kombinationsmöglichkeiten für Müsli, Getränk und Eis gibt. Wie viele Eissorten werden angeboten?

c) Mit wie vielen Eissorten hätte es 4^3 Kombinationsmöglichkeiten gegeben?

1 Marie, Lena, Anna und Julia steigen jeden Morgen an der ersten Haltestelle in den Schulbus ein. Deshalb schaffen sie es, immer die beiden Doppelsitze ganz vorne zu belegen.

   a) Marie setzt sich immer auf den gleichen Platz vorne links. Die anderen drei Mädchen wechseln jeden Tag ihre Plätze.

Lena meint: „Wenn wir drei uns jeden Tag anders setzen, brauchen wir mehr als eine Schulwoche für die verschiedenen Sitzmöglichkeiten."

Überprüfe Lenas Behauptung. Fertige dazu eine geeignete Skizze an.

   b) „Wenn Marie ebenfalls ihren Platz wechselt, haben wir noch viel mehr Möglichkeiten, uns jeden Tag anders zusammen zu setzen", ist Julia überzeugt. „Ein Monat hat etwa 20 Schultage. Das wird dann vielleicht reichen!" ergänzt Anna.

Untersuche die Behauptung der beiden Mädchen.

2 Neben den vier Mädchen steigen an der ersten Haltestelle die fünf Jungen Maxi, Alexander, Claudio, David und Tobias zu. Sie bevorzugen die fünf hinteren Plätze auf der Rückbank im Bus.

   a) „Es dauert einige Monate, bis wir alle verschiedenen Sitzmöglichkeiten durchprobiert haben", vermutet Claudio. Entscheide, ob die Behauptung zutrifft.

Eine Zeichnung kann dir helfen.

   b) Maxi und Alexander sitzen immer nebeneinander. Claudio, David und Tobias können sich nur noch die drei restlichen Plätze aufteilen. Unter welcher Bedingung ist jeweils eine der folgenden Behauptungen richtig?

3 Gelegentlich spielen die Mädchen während der Busfahrt Scrabble.

   a) Marie hat die Buchstaben rechts gezogen.

Wie viele verschiedene Möglichkeiten gibt es, sie anzuordnen? Welche Anordnungen sind sinnvoll? Ein Baumdiagramm hilft dir dabei!

   b) Marie hätte auch mehr gleiche oder lauter verschiedene Buchstaben ziehen können. Ersetze Buchstaben in Aufgabe a) so, dass sich mindestens ein sinnvolles Wort ergibt. In welchem Fall gibt es mehr, in welchem weniger Kombinationsmöglichkeiten als in a)?

①

Eissorten: Soßen:
Vanille   Schokolade
Schokolade   Erdbeere
Himbeere
Pistazie

a) Wie viele verschiedene Eistüten mit zwei Kugeln Eis kannst du zusammenstellen? Erstelle hierzu ein Baumdiagramm.
b) Erstelle dir deine eigene Liste, indem du aus den vorgegebenen Eissorten und Soßen diejenigen streichst, die dir nicht schmecken. Wie viele verschiedene Möglichkeiten kannst du dir jetzt zusammenstellen?
c) Überlege dir, wie du das Angebot ändern musst, um mehr Auswahlmöglichkeiten zusammenstellen zu können. Finde mindestens drei Möglichkeiten.

② Mit diesen vier Ziffernkarten werden vierstellige Zahlen gelegt.

| 5 | 0 | 9 | 2 |

a) Wie viele verschiedene Zahlen sind möglich?
b) Kannst du Zahlen legen, die durch 9 teilbar sind? Begründe.
c) Wie viele Zahlen erhältst du, die durch fünf teilbar sind?

Für die Aufgabe kannst du Ziffernkarten verwenden oder ein Baumdiagramm zeichen.

③ Jedes Handy kann mit einer Geheimnummer, der „Persönlichen Identifikations-Nummer" PIN, gesichert werden. Schaltet man das Handy ein, muss man zuerst seine PIN eingeben, bevor man telefonieren kann. Die PIN ist eine vierstellige Nummer.
a) Welche ist die größte, welche die kleinste PIN, die man eingeben kann?
b) Julias PIN hat die Quersumme 3. Zähle alle möglichen PINs auf. Wie viele gibt es?
c) Der Produktwert der Ziffern von Samuels Handy-PIN ist 15. Wie viele verschiedene Möglichkeiten gibt es?
d) Lukas PIN besteht aus den Zahlen 2, 3, 5 und 7. Ist sein Handy dadurch besser gesichert als Samuels Handy? Begründe deine Antwort.

④ Linda hat die Mathematikhausaufgabe folgendermaßen gelöst:
a) Erfinde eine Aufgabe, die zu Lindas Lösung passt.
b) Formuliere die Aufgabenstellung so um, dass nicht alle 9 Möglichkeiten zur Lösung gehören.
c) Zeichne selbst ein Baumdiagramm und erfinde eine Aufgabe dazu.
d) Stelle die Aufgabe deinem Nachbarn und überprüfe mit Hilfe deines Baumdiagramms, ob sie richtig gelöst wurde.

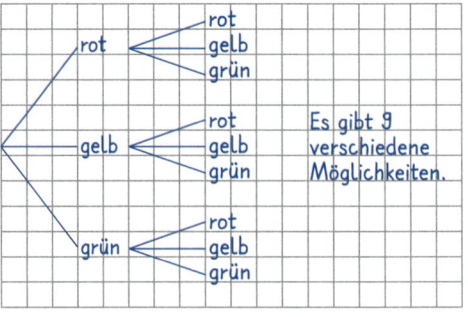

Lösungen zu 2 a), c) und 3 b), c): 10, 12, 18, 20

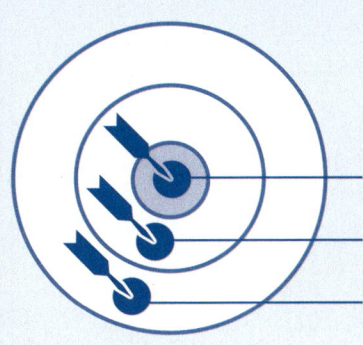

Löse die Aufgaben.
Schätze Dich mit Hilfe der **Zielscheibe** selbst ein.
Die Lösungen findest Du auf Seite 211.
→ zeigt Hilfen zu jeder Aufgabe.

Das kann ich.

Da bin ich mir **nicht ganz sicher.**

Das muss ich **unbedingt üben.**

Aufgabe	Du kannst ...
1, 2	schriftlich multiplizieren und dividieren.
3, 7	Rechengesetze anwenden.
4	Rechenausdrücke aufstellen.
5, 6	mit Potenzen rechnen.
8	Kombinationsmöglichkeiten ermitteln.

→ Seite 59, 61 Beispiele

1 Berechne schriftlich.
   a) $467 \cdot 56$ b) $27\,488 : 32$

→ Seite 52 Merkkasten

2 Berechne geschickt. Welche Rechengesetze verwendest du?
   a) $4 \cdot 239 \cdot 25$ b) $50 \cdot 27 \cdot 20$

→ Seite 52, 54

3 Du sollst $27 \cdot 14$ im Kopf berechnen. Welcher Rechenweg ist richtig?
   A $20 \cdot 10 + 7 \cdot 4$ **B** $27 \cdot 10 + 27 \cdot 4$ **C** $20 \cdot 14 + 7$

→ Seite 49 Merkkasten

4 Stelle einen passenden Rechenausdruck auf und berechne.
   Subtrahiere den Quotienten der Zahlen 2184 und 12 von dem Produkt der Zahlen 27 und 9.

→ Seite 63 Merkkasten

5 Berechne.
   a) 3^4 b) 25^2 c) 4^3 d) $7 \cdot 10^6$

→ Seite 63

6 Schreibe als Potenz. Finde, wenn möglich, mehrere Möglichkeiten.
   a) 1000   b) 16   c) 64   d) 49

→ Seite 53 Merkkasten

7 Berechne.
   a) $2617 + 4908 : 12 - 89 \cdot 34$ b) $5 + 72 : (100 - 8 \cdot 2^3)$

→ Seite 70

8 Julian kauft für sein Fahrrad ein Schloss mit Zahlenkombinationen. Natürlich soll es möglichst sicher sein.
   a) Ein Schloss hat zwei Räder mit den Ziffern 0 bis 3. Wie viele Kombinationsmöglichkeiten bietet das Schloss? Erstelle ein Baumdiagramm.
   b) Ein zweites Schloss hat vier Räder mit den Ziffern 0 und 1. Bietet es mehr Kombinationsmöglichkeiten?

1

BLUE PLANET®
EIN PORTRAIT UNSERER ERDE

Im Traumschiff IMAX-Theater verlassen Sie die Erde. Sie blicken zurück über den Horizont des Mondes und sehen eine winzige Oase im weiten, leeren Raum – unsere Erde.

Kasse

Eintritt:

Erwachsene	11 €
Ermäßigt	9,50 €
Schulgruppen ab 15 Personen	7 €

a) Am Wandertag fahren mehrere Klassen der RS Wasserburg ins IMAX.
   Die Eintrittskarten der Wasserburger Schüler haben folgende Nummern:
   Erste Karte: **NR. 876**
   Letzte Karte: **NR. 1021**
   Wie viele Wasserburger Schüler wollen die Show im IMAX sehen?
   Berechne die Kosten der Eintrittskarten.

b) Im Film versucht ein Außerirdischer nebenstehende Aufgabe zu lösen.
   Dabei steht jedes Zeichen für eine bestimmte Zahl.

2

Dart

Das Dart-Spiel wurde 1896 in England erfunden. Einem Wirt wurde das Spiel in seiner Wirtschaft verboten, weil es als Glücksspiel galt. Vor Gericht zeigte der Wirt sein Können. Er traf mit drei Pfeilen dreimal die 20. Der Richter verfehlte jedes Mal die Scheibe. Als Folge entschied das Gericht: „This is no game of chance." („Das ist kein Glücksspiel.")

Spielregeln
- Jeder hat drei Pfeile, die er hintereinander wirft.
- Anschließend ist der nächste Spieler an der Reihe.
- Die erzielten Punkte werden von 501 ausgehend rückwärts gezählt.
- Sieger ist, wer als erster *genau* Null Punkte erreicht.

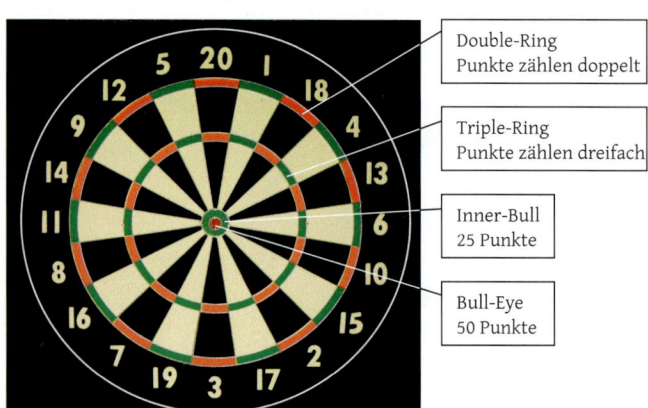

Double-Ring
Punkte zählen doppelt

Triple-Ring
Punkte zählen dreifach

Inner-Bull
25 Punkte

Bull-Eye
50 Punkte

a) Der Spieler Joe Dragon trifft in der ersten Runde auf die 11 und zwei Mal auf die 20 im Triple-Ring. Im zweiten Durchgang trifft er die 20, das Bull-Eye und den Inner-Bull. Wie ist nun sein Punktestand?
   A 486   **B** 333   **C** 275   **D** 221

b) Wie viele Runden braucht Joe Dragon noch mindestens, um auf Null zu kommen? Mit welchen Würfen ist das möglich?

4

Multiplikationsmauern

Bei Multiplikationsmauern wird das Produkt zweier benachbarter Zahlen in den darüber liegenden Stein eingetragen.
Untersuche dreistöckige Zahlenmauern, in deren Grundsteinen nur die Zahlen 3, 5 und 7 stehen.

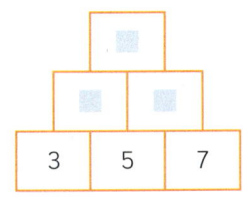

a) Übertrage die Zahlenmauer rechts in dein Heft. Welche
   Zahl steht im Deckstein?
b) Wie viele verschiedene Zahlenmauern gibt es, wenn du die drei Zahlen vertauschen darfst? Schreibe alle möglichen Zahlenmauern in dein Heft.
c) Die Zahl im Deckstein soll möglichst groß (klein) sein. Wie müssen die Zahlen in
   den Grundsteinen angeordnet sein?
d) Die Zahlen 12, 14 und 16 sollen jetzt in den Grundsteinen stehen und die Zahl im
   Deckstein soll möglichst groß sein. Begründe, wie die Zahlen angeordnet sein müssen, ohne zu rechnen.

3

Zahlenkombinationen

Robin kauft für sein Rennrad ein Fahrradschloss mit Zahlenkombination. Natürlich
soll es möglichst sicher sein!

a) Das erste Schloss hat drei Zahlenringe mit jeweils den Ziffern 0 bis 3. Wie viele
   Kombinationsmöglichkeiten bietet das Schloss? Erstelle ein Baumdiagramm.
b) Du kannst die Kombinationsmöglichkeiten auch als Potenz darstellen. Das Baumdiagramm hilft dir dabei. Erkläre.
c) Ein zweites Schloss hat vier Räder mit
   den Ziffern 0 bis 3. Überlege, wie viele
   Kombinationsmöglichkeiten es hier
   gibt.
d) Das Baumdiagramm rechts zeigt dir
   die Einstellmöglichkeiten eines dritten Zahlenschlosses. Wie viele Räder
   hat das Schloss und welche Ziffern
   stehen auf diesen Rädern? Gib die
   Kombinationsmöglichkeiten auch als
   Potenz an.
e) Überlege dir weitere Möglichkeiten
   für den Bau von Zahlenschlössern.
   Schätze erst die Anzahl der Kombinationsmöglichkeiten, bevor du nach-
   rechnest.

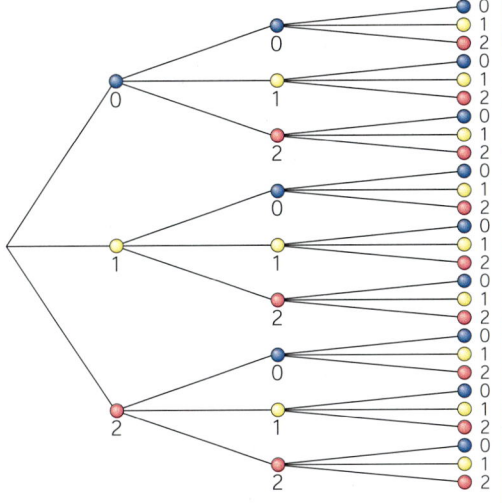

05

Größen

Das Alte Testament berichtet im ersten Buch Samuel vom Kampf David gegen Goliath. Die Größe von Goliath wird dabei genau angegeben.

„ ... Die Philister standen auf dem Berg auf der einen Seite, die Israeliten auf dem Berg auf der anderen Seite; zwischen ihnen lag das Tal. Da trat aus dem Lager der Philister ein Vorkämpfer aus Gat hervor. Er war sechs Ellen und eine Spanne groß. ...“

Versuche mit Hilfe der Angaben im Buch Samuel und den Informationen unten die Größe von Goliath zu beschreiben.

Das Goliath-Haus in Regensburg erinnert an den ungleichen Kampf.

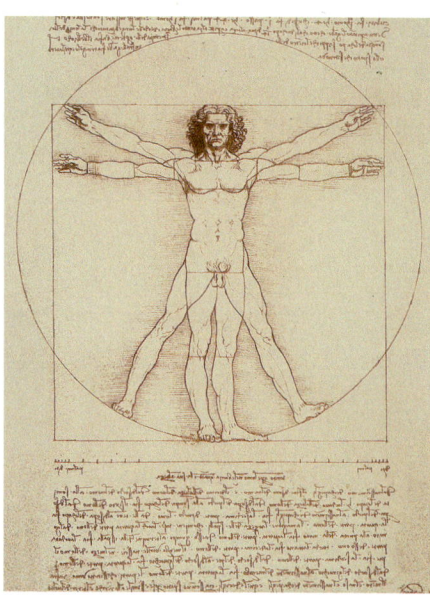

Klafter: Spannweite bei ausgestreckten Armen (etwa 180 cm)

Schritt: (etwa 90 cm)

Spanne: die Länge zwischen Daumen und kleinem Finger bei ausgespreizten Fingern (etwa 20 cm)

Elle: die Länge des Unterarms vom Ellenbogen bis zur Fingerspitze (30 – 40 cm)

Fuß: die Länge eines Fußes; wird in vielen Ländern noch verwendet (30 cm)

Bestimme die Länge deines Klassenzimmers in Meter, in Klafter, in Schritt, in Fuß. Beschreibe, wie du vorgehst. Vergleiche deine Ergebnisse mit denen deines Nachbarn.

Seite 9

1

a) Frau Huber kauft drei T-Shirts und ein Kleid. An der Kasse zahlt sie mit drei 50-€-Scheinen.

b) Wie viel Liter Milch kannst du für 10 € kaufen?

c) Herr Haberl fährt viermal in der Woche nach Neustadt und zurück. Sein Pkw verbraucht 7 Liter Diesel auf 100 km.

d) Um 9:50 Uhr kommt Familie Meier am Wanderschild vorbei. Sie wandern schon seit 45 Minuten. Wann werden sie den Falkenstein erreichen?

e) Formuliere weitere Aufgaben mit Hilfe der Größenangaben im Bild oben.

2 Hier ist etwas durcheinander geraten.
Verbessere folgende Sätze.

a) Der 5 kg schwere Hermann stieß die 11 m schwere Kugel 72 kg weit.

b) Beim Sportfest war Michaela beim 2-Sekunden-Lauf 100 m langsamer als Katharina.

c) Die 28 € lange Zugfahrt mit dem Bayernticket von Rosenheim nach Nürnberg kostete 3 h 44 min.

d) Die Bergtour auf den 1 Stunde und 30 Minuten hohen Heuberg dauerte 1338 m.

e) Nach der 1,5 l langen Wanderung war der Durst so groß, dass jeder 3 h Wasser getrunken hat.

f) Ordne die Einheiten der Aufgaben a) bis e) den folgenden Größen zu: Länge, Rauminhalt, Zeit, Masse (Gewicht). Welche weitere Größe ist dir aus dem Alltag bekannt?

M Größen

Angaben wie 120 m, 35 t, 16 h usw. sind **Größen.** Eine Größe besteht immer aus **Maßzahl** und **Maßeinheit.**

Beispiel: 5 t (Tonnen)   120 m (Meter)
Maßzahl Maßeinheit   Maßzahl Maßeinheit
⎣_____⎦   ⎣_____⎦
          Größe   Größe

Übungen

3 a) Nenne oder beschreibe Dinge in deiner Umgebung, die etwa folgende Größe haben.
(1) 1 cm, 1 m, 1 mm   (2) 1 kg; 1 mg; 1 t

b) Wie schwer ist deine gesamte Klasse?

c) Wie viele Schritte machst du, wenn du 1 km gehst?

d) Was dauert 1 s (1 min)?

e) Wie viel ml passen in eine Tasse?

**① **

Anna kauft für ihre Katze fünf Dosen Nassfutter, einmal Katzenstreu und Katzenmilch, eine Spielzeugmaus für 1,10 € sowie eine Angel für 4,19 €. Sie will mit einem 20-€-Schein bezahlen. Reicht ihr Geld? Schätze zuerst.

Geldeinheiten

> **M**   Die Einheit des Geldwertes ist in der europäischen Währungsunion ein Euro (€).
>
> 1 € = 100 Cent
>
>   **15** €   **67** Cent
> Maßzahl Maßeinheit   Maßzahl Maßeinheit
>
>   Größe   Größe

Übungen

**② ** Wandle in die in Klammern angegebene Einheit um.
  a) 2 € (Ct)   b) 17 € (Ct)   c) 300 Ct (€)   d) 13 000 Ct (€)

**③ ** Zerlege in € und Cent.

> 3,58 € = 3 € 58 Ct

  a) 4,20 €   b) 7,87 €   c) 7,05 €   d) 89,04 €   e) 97,05 €
      5,45 €   0,27 €   27,63 €   500,00 €   6907,67 €

**④ ** Gib in Kommaschreibweise an.

> 7 € 85 Ct = 7,85 €

  a) 1 € 50 Ct   b) 4 € 50 Ct   c) 2 € 3 Ct   d) 9 Ct   e) 666 Ct
      3 € 35 Ct   35 € 11 Ct   99 € 7 Ct   47 Ct   2004 Ct

**⑤ ** Berechne.

> 15 Ct + 2,78 €
> = 15 Ct + 278 Ct
> = 293 Ct = 2,93 €

  a) 82 Ct + 4,48 €   b) 8 Ct + 10 €   c) 10 € − 7 Ct
      7,98 € + 590 Ct   89 Ct + 10 €   10 € − 77 Ct
      6,34 € + 7,78 €   890 Ct + 10 €   10 € − 777 Ct

**⑥ ** a) 282 Ct + 4,48 € + 33,25 €   b) 47,50 € − 356 Ct + 2,54 €
      47 Ct + 9,09 € + 98,74 €   123 Ct + 56,12 € − 12 € 30 Ct
      234,99 € + 39 Ct + 68,38 €   543,78 € − 262 € 17 Ct + 93 €

**⑦ ** a) 5,70 € · 4   b) 8,25 € · 15   c) 7,60 € : 4   d) 9 € : 6
      0,99 € · 5   0,37 € · 12   5,40 € : 6   12 € : 8
      8,36 € · 7   22,17 € · 10   19,60 € : 8   25 € : 4

Lösungen 6 und 7 (in €): 0,90; 1,50; 1,50; 1,90; 2,45; 4,44; 4,95; 6,25; 7,68; 22,80; 40,55; 45,05; 46,48; 58,52; 108,30; 123,75; 221,70; 303,76; 374,61

**⑧ ** Welcher Geldbetrag ergibt sich, wenn du jede €-Münze und jeden €-Geldschein einmal verwendest?

1

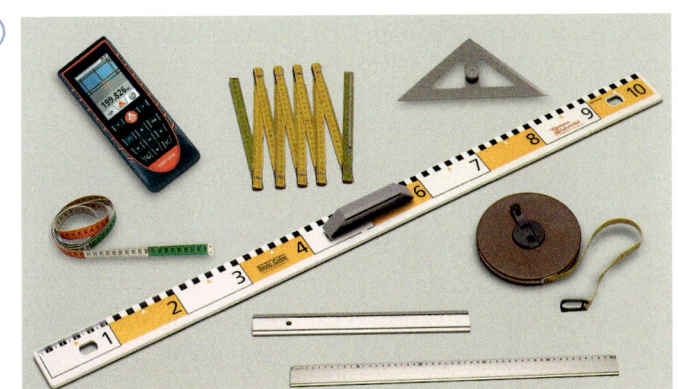

Welche Entfernungen, Längen oder Abstände würdest du mit den einzelnen Messgeräten bestimmen? Lege im Heft eine Tabelle an.

Längeneinheiten

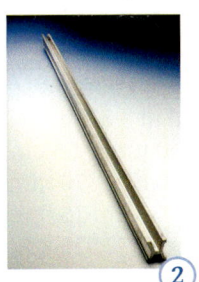

Das Urmeter dient als Vergleichskörper. Es wird in Paris aufbewahrt.

M

1 km = 1000 m

    1 m = 10 dm

        1 dm = 10 cm

            1 cm = 10 mm

                1 mm

4302   mm

Maßzahl   Maßeinheit

Größe

Übungen

2 Wandle in die Einheit um, die in Klammern steht.

a)   4 cm (mm)   b)   150 mm (cm)   c)   3 m (cm)

    126 cm (mm)   4500 mm (cm)   123 m (cm)

    240 dm (m)   200 mm (dm)   67 m (dm)

3 Übertrage die Tabelle in dein Heft und fülle sie aus.

km			m			dm	cm	mm	Schreibweisen
H	Z	E	H	Z	E	E	E	E	
						7	5		7 dm 5 cm = 7,5 dm = 75 cm
				4	2	0	9		
	3	1	0	5	8				
				7	9	0	2	2	
									45 km 6 m = 45,006 km = 45 006 m
									5 m 8 cm = 5,08 m = 508 cm
	2	0	0	1	1	5			

4 Wandle in die nächstgrößere Einheit um.

a) 2450 mm   b) 3400 m   c) 3 mm   d) 67 mm

   3671 cm   278 cm   7 cm   5480 dm

> 45 dm = 4,5 m

5 Wandle in die nächstkleinere Einheit um.

a) 23 km   b) 0,3 m   c) 56,3 cm   d) 45,6 dm

   15 m   1,8 dm   6,210 km   0,450 km

> 7,1 cm = 71 mm

6 Wandle so um, dass das Komma „verschwindet".

a) 4,5 cm   b) 4,567 m   c) 0,88 m   d) 3,1 dm

   4,56 dm   1,209 km   0,6 cm   0,07 m

> 0,052 km = 52 m

(7) So kannst du mit Größen in verschiedenen Einheiten rechnen.

B

(1) Wandle in eine kleinere Einheit um.	4,55 m + 35 cm = 455 cm + 35 cm	18,500 km : 5 = 18 500 m : 5
(2) Rechne aus.	= 490 cm	= 3700 m
(3) Gib das Ergebnis auch in anderen Einheiten an.	= 4 m 90 cm = 4,90 m	= 3 km 700 m = 3,700 km

Dieses Verfahren kannst du auch bei Subtraktion und Multiplikation anwenden.

a) 4,5 km − 2850 m   b) 68 dm − 15 cm   c) 78 m · 5   d) 12 cm 4 mm · 3

(8) Verwende im Ergebnis das Komma.

a) 3 m 67 cm − 78 cm
   5 m 85 cm + 2 m 4 dm
   6 dm 8 mm + 315 mm

b) 4 dm 15 mm − 63 mm
   4 m 15 cm − 15 dm 3 cm
   5 dm 85 mm + 15 cm 3 mm

c) 3 dm 6 mm − 1 dm 37 mm
   5 km 345 m + 155 m
   6 km 5 m − 1 km 505 m

Seite 9

(9) a) $3,20 \text{ m} + \frac{3}{4} \text{ m}$
   12,40 m + 88 cm
   0,73 m + 27 cm
   73 km 300 m − 380 m
   4503 cm − 2 m 3 cm

b) $25 \text{ cm} + \frac{1}{2} \text{ m}$
   45 m − 8,5 dm
   24 km + 56 000 m
   76 002 m − 3 km 20 m
   0,89 m − 2 cm 5 mm

c) $0,48 \text{ m} + \frac{1}{4} \text{ m} + 12 \text{ cm}$
   27,18 m + 78 m + 81 m
   98,70 m + 360 mm − 55 cm
   47,60 m − 380 dm + 70 mm
   17 505 mm − 35 dm 15 mm

Lösungen: 44,15 m; 108,43 m; 3,95 m; 13,99 m; 86,5 cm, 43 m; 9,67 m; 72,982 km; 72,920 km; 80 km; 1 m; 13,28 m; 0,75 m; 0,64 m; 98,51 m; 186,18 m; 85 cm

(10) a) 45,3 m · 7
   7,8 m · 25
   907 m · 6

b) 82,2 m · 58
   72 dm 6 cm · 64
   9 km 47 m · 97

c) 545 dm : 5
   1 km 265 m : 5
   678,6 m : 29 cm

d) 42 km : 8
   33 dm : 110
   59 km 232 m : 48 m

Lösungen (nur Maßzahlen): 3; 5,25; 5,442; 10,9; 195; 253; 317,1; 464,64; 877,559; 1234; 2340; 4500; 4767,6

M

Größe plus (minus) Größe ergibt Größe	120 kg + 430 kg = 550 kg	*Beachte:* Alle Größen müssen die gleiche Maßeinheit besitzen.
Größe mal (geteilt durch) Zahl ergibt Größe	450 · 1852 m = 833 400 m	
Größe geteilt durch Größe ergibt Zahl	30 m : 10 m = 3	

(11) Die 28 Schüler der Klasse 5 b legen pro Woche (5 Tage) auf dem Weg zur Schule und wieder nach Hause 2230 km zurück.

a) Nach wie vielen Tagen ist die Klasse einmal um die Erde (40 140 km) gefahren?
b) Wie oft fährt die Klasse etwa in einem Schuljahr um die Erde? (ca. 190 Schultage)
c) Führt entsprechende Rechnungen für eure Klasse durch.

Denke an das Distributivgesetz!

(12) „Wie weit ist dein Schulweg?", wird Markus gefragt. Er antwortet: „Ich nehme immer das Rad. Heute Mittag fahre ich schnell nach Hause und komme anschließend zum Wahlfach Klettern wieder. Insgesamt bin ich heute 6,4 km unterwegs."
Die Mitschüler berechnen den Schulweg so:
Sophie: 6,4 km : 4 = (4 km + 2400 m) : 4 = ▨
Maxi: 6,4 km : 4 = 4 km : 4 + 2000 m : 4 + 400 m : 4 = ▨
a) Überprüfe, ob die Rechnungen zur Lösung führen.
b) Finde eine weitere Lösungsmöglichkeit.
c) Berechne geeignet: (1) 16,05 m : 3   (2) 7,250 km : 5   (3) 5,6 dm : 7
                                  16,05 m · 3   7,250 km · 5   5,6 dm · 7

①

> Bücher: 1040 g
> Taschenbücher: 760 g
> Tischtennisschläger: 250 g
> Teddybär: 180 g
> Joggingschuhe: 450 g
> Schwimmflossen: 950 g
> Schnorchel: 400 g

18,4 kg

Lisa packt mit ihrer Mutter das gemeinsame Fluggepäck. Sie wollen die Grenze für die 20 kg Freigepäck pro Person nicht überschreiten. Was könnte Lisa von den notierten Gegenständen noch in den Koffer legen? Nenne drei Beispiele.

Masse-einheiten

Ⓜ

1 t = 1000 kg

1 kg = 1000 g

1 g = 1000 mg

1 mg

Mehl

70 Cent

    3 kg
Maßzahl Maßeinheit
_____
Größe

Auch das Urkilogramm wird in Paris aufbewahrt.

Übungen

② Übertrage die Tabelle in dein Heft und fülle sie aus.

t H	t Z	t E	kg H	kg Z	kg E	g H	g Z	g E	mg H	mg Z	mg E	Schreibweisen
							3	6	4	5		36 g 450 mg = 36,450 g = 36 450 mg
				4	0	7	3					
					6	0	0	3				
3	0	6	7									
▪	▪	▪	▪	▪	▪	▪	▪	▪	▪	▪	▪	5 t 68 kg = 5,068 t = ▪ kg
▪	▪	▪	▪	▪	▪	▪	▪	▪	▪	▪	▪	6 g 35 mg = ▪ g = ▪ mg
				1	0	0	7	9				

③ Wandle in die angegebene Einheit um.

a)   5 000 g (kg)   b)   12 000 mg (g)   c)   95 g (mg)   d)   237 t (kg)   e) $\frac{1}{2}$ t (kg)

      70 000 g (kg)   73 000 mg (g)   87 kg (g)   17 g (mg) $\frac{1}{4}$ kg (g)

      30 000 kg (t)   570 000 kg (t)   15 t (kg)   35 kg (g) $\frac{3}{4}$ t (kg)

      40 000 mg (g)   55 000 g (kg)   31 g (mg)   12 t (kg) $\frac{1}{2}$ g (mg)

④ a) Wie schwer ist dein Schulranzen? Wie schwer sollte er höchstens sein?
    b) Wie „schwer" ist die Matheschulaufgabe auf einem DIN-A4-Blatt?
    c) Wie schwer ist dein Schreibtischstuhl?
    d) Wie schwer ist ein Laptop?

⑤

Ordne die Massen den Bildern zu: 1 t, 1 kg, 8 g, 20 kg, 38 t, 50 g, 3 g

⑥ a) 896 kg – 554 g   b) 375 kg – 700 g   c) 5379 kg – 1 t 800 kg   d) 1 t 628 kg – 112 kg
     639 t – 433 kg   57 200 g – 45 kg   23 t – 6001 kg   3 t 5 kg + 1 t 50 kg
     807 g – 709 mg   10 002 g – 9 kg   490 t – 1430 kg   20 500 kg + 10 t 500 kg
Lösungen (nur Maßzahlen): 31; 1,002; 1,516; 3,579; 4,055; 12,2; 14,7; 16,999; 374,3; 488,57; 638,567; 806,291; 895,446

⑦ Die Raubfische müssen mit den richtigen Happen gefüttert werden. Zwei bleiben übrig.

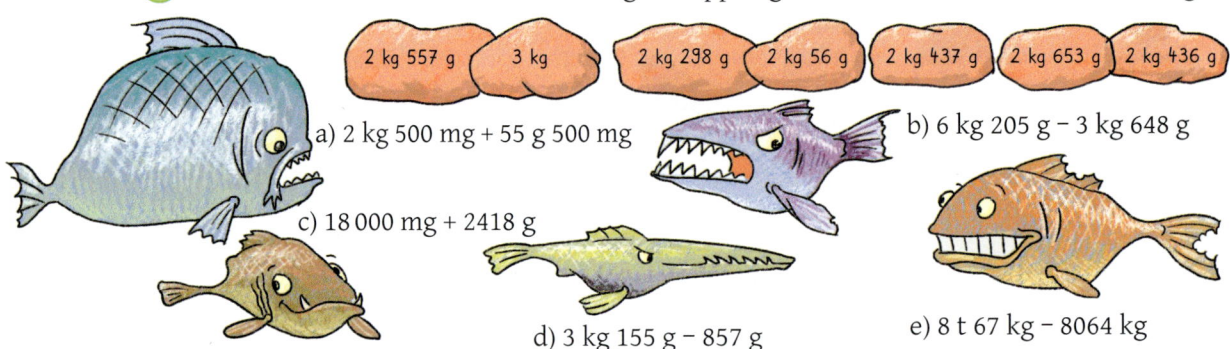

a) 2 kg 500 mg + 55 g 500 mg

b) 6 kg 205 g – 3 kg 648 g

c) 18 000 mg + 2418 g

d) 3 kg 155 g – 857 g

e) 8 t 67 kg – 8064 kg

⑧ Im Fahrzeugschein von Familie Leichts Auto steht: Leermasse 1175 kg, zulässige Gesamtmasse 1560 kg. Lisa wiegt 58 kg, ihr Bruder ist 7 kg schwerer. Vater und Mutter wiegen zusammen 158 kg. Wie schwer dürfen die Koffer für die Urlaubsreise höchstens sein?

⑨

| 7 g 15 mg · 3 = ▢ |
| 7015 mg · 3 = ▢ |
| 21 045 mg = 21,045 g |

a) 2 t 340 kg · 7   b) 308 g · 23   c) 800 g : 4
   8 g 350 mg · 4   24 g 407 mg · 6   5 t 400 kg : 3
  31 g 701 mg · 9   3 t 45 kg · 65   7 g 200 mg : 6
  8 t 123 kg · 10   5 kg 26 g · 8   10 kg : 4

Lösungen: 2 kg 500 g; 40 kg 208 g; 81 t 230 kg; 285 g 309 mg; 197 t 925 kg; 1 g 200 mg; 246; 33 g 400 mg; 146 g 442 mg; 1 t 800 kg; 200 g; 7 kg 84 g; 16 t 380 kg

⑩ In welche Gruben rutschen die Inhalte des Betonmischers?

a) 2 · (75 kg 300 g + 2 kg 200 g)
b) (60 mg + 47 g) · 50
c) (36 g – 27 000 mg) : 3 g
d) 4 kg 350 g : (2 kg + 175 g)

155 kg   2 kg 353 g   3   6   2   165 kg

MACH ES WIE DIE SONNENUHR –
ZÄHL DIE HEITEREN STUNDEN NUR

1 Lies – wenn möglich – die Zeitangaben in den Bildern ab.
Wofür können die Uhren verwendet werden?

2 In welcher Zeiteinheit wird die Zeitdauer gemessen?
a) eine Unterrichtsstunde b) das Alter eines Menschen
c) die Flugzeit von München nach Madrid d) ein 100-m-Lauf
e) die Schwangerschaft von Frauen f) die Sommerferien?

Zeiteinheiten

M
1 Jahr = 12 Monate
1 Monat ≈ 30 d (Tage)
1 d = 24 h $\underset{\text{Maßzahl}}{7}$ $\underset{\text{Maßeinheit}}{h}$
1 h = 60 min
1 min = 60 s Größe

Übungen

Seite 9

3 Wandle in die kleinere Einheit um.   2 min 15 s = 120 s + 15 s = 135 s

a) 8 min b) 2 min 32 s c) 3 h d) 1 h 17 min e) $\frac{3}{4}$ h f) $2\frac{1}{2}$ h

4 Wandle in Minuten (min) und Sekunden (s) um.   60 s + 20 s = 1 min 20 s

a) 300 s b) 600 s c) 660 s d) 90 s e) 140 s f) 87 s g) 150 s h) 250 s

5 Gib in Stunden (h) und Minuten (min) an.   120 min + 15 min = 2 h 15 min

a) 120 min b) 360 min c) 100 min d) 220 min e) 370 min f) 420 min

6 Wandle in die angegebene Einheit um.
a) 3 d (h) b) 1,5 Jahre (Monate) c) 2 Jahre (d) d) 5 Monate (d) e) 2 h (s)

1 Jahr hat
365 Tage

7 Hier haben sich Fehler eingeschlichen. Korrigiere im Heft.
a) 1 h = 60 s b) 1,5 h = 1 h 50 min c) 360 s = 3,6 min d) $3\frac{1}{2}$ min = 180 s

8 Wie viele Monate sind es: 7 Jahre; 4 Jahre 6 Monate; $\frac{1}{2}$ Jahr; $\frac{1}{4}$ Jahr; $\frac{3}{4}$ Jahr; $1\frac{1}{2}$ Jahre

9 Das Herz eines Jungendlichen schlägt im Schlaf etwa 54-mal in der Minute. Wie oft
schlägt es in acht Stunden?

10 Lisa möchte mit ihrer Freundin Amelie ins Kino. Sie geht um 14:15 Uhr aus dem Haus,
holt Amelie ab und 20 Minuten später stehen die beiden an der Kinokasse. Der Film beginnt um 14:45 Uhr. Gleich nach Filmende gehen Lisa und Amelie zu Lisa nach Hause,
aber mit dem Gedränge am Kinoausgang brauchen sie 15 Minuten länger als auf dem
Hinweg. Wie lange hat der Film gedauert, wenn sie um 17:35 Uhr bei Lisa ankommen?

(11) Der Intercity nach Hamburg fährt um 14:20 Uhr in München ab. Seine Fahrzeit nach Würzburg beträgt 2 h 8 min.
So kannst du berechnen, wann der Intercity in Würzburg ankommt.

Die Uhrzeit gibt einen **Zeitpunkt** an.

B

$$\text{14:20 Uhr} \xrightarrow{\text{2 h}} \text{16:20 Uhr} \xrightarrow{\text{8 min}} \text{16:28 Uhr}$$

Abfahrt 14:11 Uhr

Abfahrt 14:20 Uhr

a) Herr Eilig fährt von Gleis 9 nach Salzburg. Wann kommt er an, wenn die Fahrzeit 1 h 19 min beträgt?
b) Die Fahrzeit nach Nürnberg mit dem Regionalzug beträgt 1 h 45 min. Frau Sparsam kommt um 11:25 Uhr in Nürnberg an. Wann ist sie abgefahren?

Die Zeit zwischen zwei Zeitpunkten gibt die **Zeitdauer** an.

(12) Wie viel Zeit ist vergangen?
a) von 01:30 Uhr bis 03:18 Uhr
b) von 09:38 Uhr bis 15:17 Uhr
c) von 16:07 Uhr bis 18:02 Uhr

$$\text{11:20} \xrightarrow{\text{40 min}} \text{12:00} \xrightarrow{\text{2 h}} \text{14:00} \xrightarrow{\text{8 min}} \text{14:08}$$

40 min + 2 h + 8 min =
40 min + 120 min + 8 min = 168 min

(13) **Straubing → München Hbf**   **DB BAHN**
Fahrplanauszug – Angaben ohne Gewähr
136 km

Ab	Zug	An	Umsteigen	Ab	Zug	An	Verkehrs-tage
6:07	ag 84321	6:23	Plattling	6:42	RE 4055	8:15	Mo–Fr
6:16	RB 27605	6:57	Neufahrn (Niederbay)	7:11	ALX 84125 🚲	8:19	n. täglich
6:25	ag 84182	6:52	Regensburg Hbf	7:02	RE 4853	8:35	Mo–Fr
6:25	ag 84182	6:52	Regensburg Hbf	7:47	ALX 84107 🚲	9:17	täglich
6:54	ag 84333	7:08	Plattling	7:23	RE 4059	8:55	Mo–Fr
7:17	RB 27607	7:59	Neufahrn (Niederbay)	8:11	ALX 84107 🚲	9:17	n. täglich
7:17	RB 27609	8:06	Neufahrn (Niederbay)	8:11	ALX 84107 🚲	9:17	Mo–Fr, So
7:22	ag 84183	7:38	Plattling	8:02	RE 4061	9:37	Mo–Fr
7:41	ag 84323	7:56	Plattling	8:02	RE 4061	9:37	Sa, So
8:06	IC 2024 🚄🚲	8:25	Regensburg Hbf	8:44	RE 4855	10:18	täglich
8:21	RB 27611	9:06	Neufahrn (Niederbay)	9:11	RE 4855	10:18	täglich
8:27	ag 84321	8:44	Plattling	9:01	RE 4063	10:35	täglich

Fabian wohnt in Straubing und möchte mit seiner Familie einen Tagesausflug nach München unternehmen. Für die Planung der Zugfahrt nimmt er den Fahrplan.
a) Erkläre die Abkürzungen und Zeichen.
b) Wie weit ist es von Straubing nach München?
c) Wie lange ist man von Straubing nach München unterwegs? Berechne für alle Züge wie im Beispiel oben.
d) Suche die schnellste und die langsamste Zugverbindung heraus.
e) Fabian möchte um 10:00 Uhr in München sein. Welche Möglichkeiten hat er?
f) Wähle dir fünf Züge aus. Berechne die Umsteigezeiten und die reine Fahrzeit dieser Züge.

(14) Ein ICE benötigt für die Strecke München–Hamburg 5 Stunden und 52 Minuten. Der Zug fährt um 7:55 Uhr in München ab und hält sechsmal. Bis zum dritten Halt hat er 13 Minuten Verspätung. Bei den folgenden Stationen holt er bei jedem Halt drei Minuten auf. Wann müsste er fahrplanmäßig in Hamburg eintreffen? Wann trifft er tatsächlich ein?

(15) Ergänze die Tabelle im Heft.

	Flugstrecke	Abflug	Dauer	Ankunft
a)	München–Berlin	6:55 Uhr	1 h 5 min	▪
b)	Frankfurt–Madrid	8:30 Uhr	▪	10:25 Uhr
c)	Frankfurt–Paris	▪	1 h 20 min	15:10 Uhr
d)	Hamburg–Tunis	4:55 Uhr	3 h 25 min	▪

1

a) Wer kann mehr Gläser abfüllen? Begründe.
b) Wie viele 0,2-*l*-Gläser könnten abgefüllt werden?

2 Wie viel Liter Flüssigkeit passen ungefähr in einen Eimer, ein Aquarium, eine Regentonne, eine Badewanne?

3 Suche im Haushalt mindestens fünf Angaben in ml und *l*. Lege eine Tabelle im Heft an.

Hohlmaße

M Das Fassungsvermögen eines Hohlkörpers gibt man in Liter an.
1 hl (Hektoliter)= 100 *l*
1 *l* = 1000 ml
1 ml

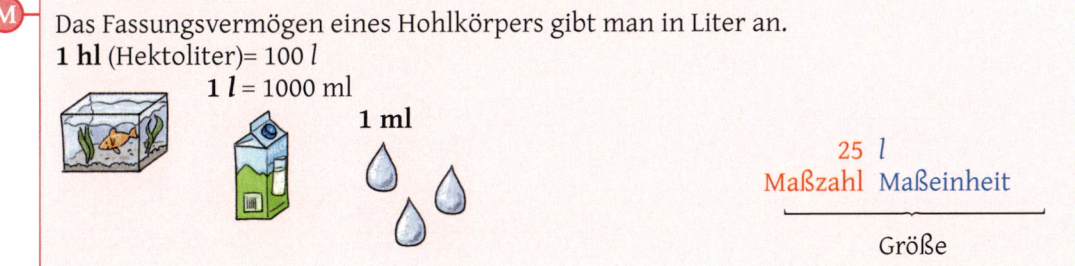

25 *l*
Maßzahl Maßeinheit

Größe

Übungen

4 Rechne in die in Klammern stehende Einheit um.

45 hl = 4 500 000 ml

a) 15 *l* (ml) b) 4500 *l* (ml) c) 25 hl (*l*) d) 75 cl (ml)
1050 ml (*l*) 450 *l* (ml) 1200 *l* (hl) 5000 ml (cl)
100 050 ml (*l*) 45 *l* (ml) 2 hl (ml) 5000 cl (*l*)

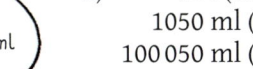
1 cl = 10 ml

5 Setze im Heft richtig ein <, > oder =.
a) 2 *l* � 200 ml b) 4,800 *l* ▮ 4800 ml c) 35 000 ml ▮ 100 *l*
150 hl ▮ 15 000 *l* 570 ml ▮ 5,7 *l* 0,050 *l* ▮ 50 ml
40 *l* ▮ 40 000 ml 20 cl ▮ 200 ml 680 *l* ▮ 99 000 ml

6 Der Pro-Kopf-Verbrauch von Mineralwasser lag 2015 in Deutschland bei rund 150 *l*. Für die Abfüllung von Mineralwasser werden 2 *l*, 1,5 *l*, 1 *l*, 750 ml und 0,5 *l* Flaschen verwendet. Gib für jede Flaschengröße die Anzahl der Flaschen an, die dem Pro-Kopf-Verbrauch entsprechen.

7 Bauer Schmalzgruber muss seine Güllegrube leeren. Die Grube ist mit 350 000 *l* gefüllt. Ihm steht ein Tankwagen für 70 hl zur Verfügung. Wie viele Fuhren muss er machen?

(8)

Ordne die Hohlmaße richtig zu: 140 ml; 10 ml; 0,2 *l*; 2 ml; 500 ml; 375 *l*; 72 hl; 70 cl; 75 ml

(9) Gib in der kleineren Einheit an.

a) 16 *l* 360 ml   b) $\frac{1}{2}$ *l* 50 ml   c) $\frac{3}{4}$ *l* 50 ml   d) 2 *l* 50 ml

23 *l* 12 ml $\frac{1}{4}$ *l* 25 ml $\frac{3}{4}$ *l* 75 ml   6 *l* 75 ml

45 *l* 250 ml $2\frac{1}{2}$ *l* 75 ml $2\frac{1}{4}$ *l* 75 ml   8 *l* 15 ml

> 8 *l* 60 ml = 8060 ml

(10) Welche Flüssigkeitsmenge (in Liter) erhält man, wenn man die Inhalte aller drei Messzylinder zusammenschüttet.

a)
(1) 50 ml / 40 ml / 30 ml / 20 ml / 10 ml
(2) 10 ml / 5 ml
(3) 100 ml / 50 ml

b)
(1) 250 ml / 200 ml / 150 ml / 100 ml / 50 ml
(2) 500 ml / 400 ml / 300 ml / 200 ml / 100 ml
(3) 1000 ml / 500 ml

Seite 9

(11) Berechne. Gib das Ergebnis in ml und *l* an.

a) 2 *l* – 450 ml   b) 8,500 *l* + 650 ml   c) 14 000 ml + 3,4 *l*

820 ml + 4 *l*   2500 ml + 3,8 *l*   45 *l* – 5600 ml

12 000 ml – 3 *l*   5,600 *l* – 900 ml   0,008 *l* – 4 ml

Lösungen (nur Maßzahlen): 0,004; 0,04; 1,55; 4,7; 4,82; 6,3; 9; 9,15; 17,4; 39,4

> 4 *l* – 650 ml
> = 4000 ml – 650 ml
> = 3350 ml
> = 3,350 *l*

(12) Ergänze zu einem Liter.

a) 200 ml   b) 0,050 *l*   c) 910 ml   d) $\frac{1}{2}$ *l*

20 ml   0,505 *l*   190 ml $\frac{3}{4}$ *l*

2 ml   0,550 *l*   109 ml $\frac{1}{4}$ *l*

> 0,060 *l* = 60 ml
> 60 ml + 940 ml
> = 1000 ml
> = 1 *l*

(13) Berechne. Gib das Ergebnis in Liter an

a) 4,5 *l* · 6   b) 12 ml · 11   c) 2 *l* 400 ml · 3   d) $\frac{1}{2}$ *l* · 6

0,8 *l* · 7   150 ml · 12   5 *l* 20 ml · 4 $\frac{1}{4}$ *l* · 5

0,09 *l* · 8   4500 ml · 15   7 *l* 8 ml · 20 $2\frac{1}{2}$ *l* · 10

Lösungen (nur Maßzahlen):
0,132; 0,720; 1,800; 1,250;
5,600; 7,200; 3; 20,080; 25;
27; 67,500; 140,160

1

4,25 m

In Patagonien (Argentinien) fand ein Bauer in der Schlucht „La Buitrera" (auf deutsch: „Geierkäfig") versteinerte Knochen des größten Dinosauriers, den es vermutlich je auf Erden gab. Die Dinosaurier fraßen in wenigen Stunden ganze Wälder kahl. Sie schluckten auch Kieselsteine, die dann im Magen beim Zermahlen der Nahrung halfen.

a) Berechne, wie lang in etwa dieser Dinosaurier war.
b) Wie viele Mountainbikes von 1,70 m Länge müsste man hintereinander stellen, um diese Länge zu erhalten?

2 Berechne. Achte dabei auf die richtige Angabe des Ergebnisses als Größe oder Zahl.

a) 62 € + 16 €　　　　b) 8 · 13 €　　　　c) 20 € − 1380 Cent　　d) 12 m : 300 cm
e) 1470 € + 2830 €　　f) 17 000 Cent − 58 €　g) 25 kg : 5　　　　h) 27 € : 9 €

3 Berechne

a) 14 m + 25 m　　　　b) 12 · 8 mg　　　　c) 125 km : 5　　　d) 120 t · 4
e) 324 cm − 28 cm　　f) 60 m : 1500 cm　　g) 145 kg − 82 500 g　h) 48 cm : 6

Lösungen zu 2 und 3 (nur Maßzahlen): 39; 620; 25; 4; 112; 4300; 63,5; 8; 3; 4; 5; 296; 104; 78; 480; 96; 62,5

4 Wahr oder falsch? Schreibe, wenn nötig, den Satz richtig in dein Heft.

a) Die Umrechnungszahl für Längeneinheiten ist 100.
b) Ein halber Kilometer sind 50 000 cm.
c) Ein Viertel Liter sind 250 ml.
d) Das Sechsfache eines halben Kilogramms sind 30 000 g.
e) 300 Minuten sind 3 Stunden.
f) Von 13:46 Uhr bis 17:23 Uhr vergehen 217 Minuten.

Seite 145

5 Wenn ein Gummiball auf den Boden aufprallt, springt er die Hälfte der Strecke wieder hoch. Der Ball wird von einem 12 m hohen Dach fallen gelassen. Welche Strecke hat der Ball insgesamt zurückgelegt, wenn er das dritte Mal den Boden berührt?

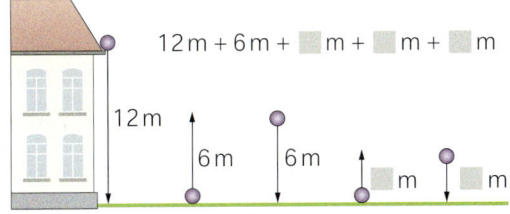

6 Eine Schnecke klettert einen 10 m hohen Pfahl hinauf. In der Nacht schafft sie zwei Meter, am Tage rutscht sie um einen Meter hinunter. In der wievielten Nacht ist sie oben?

(7) Laura und Sebastian gehen in verschiedene Schulen, haben aber am Dienstag genau gleich lange Unterricht und Pausen. Sebastian beginnt um 8:10 Uhr, Schulschluss hat er um 15:30 Uhr. Laura kann um 16:25 nach Hause gehen. Wann beginnt ihr Unterricht?

(8) Setze im Heft für den Platzhalter das passende Zeichen ein: <, >, =
   a) Preis eines neuen Autos ▨ 200 000 Ct.
   b) Höhe einer Zimmertür ▨ 200 mm.
   c) Alter eines 5. Klässlers ▨ 240 000 h.
   d) Fahrradgewicht ▨ eine Viertel Tonne.
   e) Dauer einer Unterrichtsstunde ▨ 2000 s.
   f) Inhalt einer Milchpackung ▨ 1000 ml.

(9) Jeweils zwei Paare gehören zusammen. Eines passt nicht.

a) 5,45 €	5045 Ct	545 Ct	5450 Ct	50 € 45 Ct
b) 6,020 kg	6 kg 200 g	6,002 kg	6002 g	6 kg 20 g
c) 3,260 km	3 m 60 cm	3260 m	3,06 m	306 cm
d) 10 d	600 h	30 600 min	36 000 min	240 h

(10) Wandle in andere Einheiten um. Welche der Maßzahlen, die du erhältst, liegt am nächsten bei 1000?

> 9,5 dm = 95 cm = 950 mm

   a) 11,29 €
   b) 9,8 g
   c) eine Viertelstunde
   d) 80 500 cm

(11) Ihr kennt das Spiel „Stadt – Land – Fluss". Dabei müsst ihr möglichst schnell Städte, Länder usw. mit einem bestimmten Anfangsbuchstaben aufschreiben.
   a) Die gleichen Regeln gelten beim Spiel „1 cm – 1 dm – 1 m – 1 km". Jetzt müsst ihr Dinge finden, die ungefähr 1 cm (1 dm, ...) lang oder breit sind.

Buchstabe	1 cm	1 dm	1 m	1 km
B	Bleistift	Brett	Bett	Bergbahn

   b) Spielt das Spiel mit Einheiten anderer Größen.

(12) a) Welcher Text passt zur Rechnung 6 m : 3 m?

An der 6 m langen Seite des Zimmers sollen 3 gleich lange Leisten verlegt werden. Wie lang müssen sie sein?

Ein 6 m langes Brett soll in 3 m lange Teile zerschnitten werden. Wie viele Teile erhält man?

Ein Haus ist 6 m hoch und hat 3 Stockwerke. Wie hoch ist jedes Stockwerk?

   b) Schreibe jeweils einen passenden Text.
      (1) 15,60 € : 3,90 €
      (2) 0,5 kg : 4
      (3) 45 min : 15 min

(13) Vor der Heizperiode war der Heizöltank mit 4500 l gefüllt. Im Winter werden 1900 l verbraucht, im Frühjahr 2600 l getankt.
   a) Der Tank hat ein Fassungsvermögen von 6000 l. Wie viel Heizöl könnte noch nachgefüllt werden?
   b) Wie viel kostet die Betankung im Frühjahr?

Heute 100 l für 65 €.

AIDAprima
Kreuzfahrtschiff
Länge 300 m
Breite 37,60 m
Tiefgang 8,10 m
Geschwindigkeit 22 $\frac{sm}{h}$

Iris
Fischereitrawler
Länge 35,10 m
Breite 9,60 m
Tiefgang 4,20 m
Geschwindigkeit 12 $\frac{sm}{h}$

IRS Castor
Mehrzweckfrachter
Länge 105 m
Breite 16 m
Tiefgang 5,88 m
Geschwindigkeit 15 $\frac{sm}{h}$
Container 326

MSC Oscar
Containerschiff
Länge 395,4 m
Breite 59,0 m
Tiefgang 16 m
Geschwindigkeit 15,4 $\frac{sm}{h}$

1 sm (Seemeile)
beträgt 1852 m

① a) Welches der Schiffe würde der Länge (Breite) nach in eure Schulturnhalle passen? Wie oft passt die Länge eures Klassenzimmers in das größte (kleinste) Schiff?
b) Berechne die Unterschiede der Längen und der Breiten der Schiffe.
c) Messt auf dem Sportplatz die Länge und Breite der Afalina ab. Könnt ihr auch 1 sm ausmessen?

Entfernungen
ab Hamburg
in sm:
Rotterdam 320
London 350
Lissabon 1170
Buenos Aires 7000
New York 4500
Qingdao 4330

② Ein Schiff fährt von Hamburg nach Rotterdam, dann weiter nach Lissabon.
a) Wie viele Seemeilen legt es zurück?
b) Bei der Abfahrt in Hamburg hat es 300 Container von je 15 t geladen. Um welches der Schiffe kann es sich handeln?
In Rotterdam lädt es 130 Container aus und nimmt 150 neue mit je 20 t auf. Wie schwer ist die Ladung, die in Lissabon ankommt? Wie viele Container sind dies.
c) Für den Transport eines Containers von Hamburg bis Buenos Aires müssen 500 € bezahlt werden. Was würde der Transport bis London kosten?

③ 2015 wurde die MSC Oscar in Dienst gestellt. Das Schiff kann 19 224 Container transportieren. In jedem Container passen 10 t Ladung. Die Oscar kann mit einer Durchschnittsgeschwindigkeit von 10 $\frac{sm}{h}$ fahren.
Überlege dir zwei Aufgaben zur MSC Oscar und stelle sie deinem Nachbarn.

1 In der Tabelle findest du für verschiedene Briefarten Vorschriften für die Maße, das Gewicht und den Preis für den Transport der Briefe.

Briefart	Standardbrief	Kompaktbrief	Großbrief	Maxibrief
Maße	L: 140–235 mm B: 90–125 mm H: ≤ 5 mm	L: 100–235 mm B: 70–125 mm H: ≤ 10 mm	L: 100–353 mm B: 70–250 mm H: ≤ 20 mm	L: 100–353 mm B: 70–250 mm H: ≤ 50 mm
Gewicht	bis 20 g	bis 50 g	bis 500 g	bis 1000 g
Preis	0,70 €	0,85 €	1,45 €	2,60 €

Du brauchst:
Doppelbogen
DIN A4 kariert,
Lineal

a) Was könnten die Angaben der Maße bedeuten?
b) Zeichne die Größe eines Blattes, das gerade noch in den kleinsten Standardbrief hineinpasst. Fertige auch für den größten Standardbrief eine Zeichnung an.
c) Führe Aufgabe b) für einen Großbrief aus.

2 Ganz wichtig beim Versenden eines Briefes ist dessen Gewicht. Danach kannst du entscheiden, welche Marken du auf den Brief kleben musst.

Du brauchst:
Pappkarton,
Tesafilm,
Schere,
Zirkelspitze
oder Nagel,
Schnur, Lineal,
Geodreieck,
große Büroklammern,
Cent- und Euromünzen

a) Zum Bestimmen des Gewichts hilft eine Briefwaage. Schneide dazu aus einem dicken Karton ein Quadrat mit der Seitenlänge 20 cm heraus. Zeichne anschließend wie im Bild Verbindungsstrecken zwischen den Eckpunkten und bohre die Löcher 1, 2 und 3 so, dass du jeweils eine Schnur hindurch ziehen kannst. Durch das Loch 1 führt eine Schnur zum Aufhängen der Waage. An weiteren Schnüren werden zwei große Büroklammern befestigt.
Die Waage ist im Gleichgewicht, wenn die Schnur zwischen Loch 1 und den Haken genau durch den oberen Eckpunkt läuft. Durch Aufkleben von Pappe oder Klebestreifen auf eine Seite der Waage kannst du die Waage ins Gleichgewicht bringen.

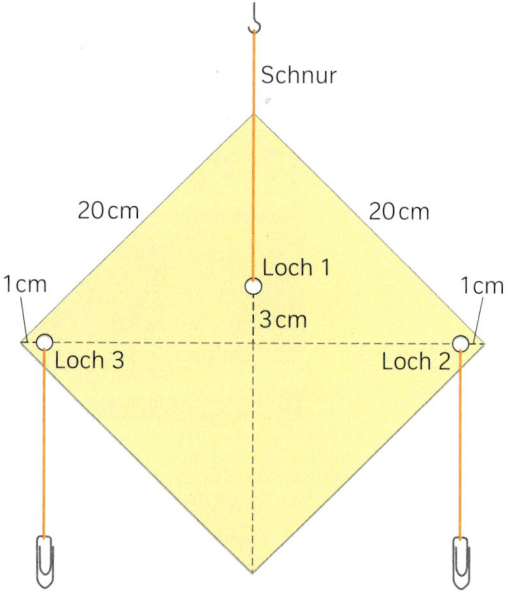

b) Ein Standardbrief darf höchstens 20 g wiegen. Durch Zusammenkleben von Euromünzen kannst du ziemlich genau ein solches Gewicht herstellen. Baue ein solches Gewicht und hänge es an eine der beiden Büroklammern. Hänge auf die andere Seite einen Standardbrief. Fülle ihn mit Papier, bis er gerade noch als Standardbrief versandt werden darf.

Münzen	10 Ct	20 Ct	50 Ct	1 €	2 €
Gewicht	4 g 100 mg	5,7 g	7,8 g	7,5 g	8,5 g

c) Vergleiche in b) den Wert der Marke auf dem Brief mit dem Wert des Geldes auf der anderen Seite der Waage.
d) Stelle aus Euromünzen ein möglichst genaues 50 g-Gewicht her. Welchen Geldwert hat dieses Gewicht?
e) Was nimmst du zum Herstellen eines 500 g-Gewichts?

1 a) Bestimmt mit Hilfe eines Geodreiecks oder Lineals, wie hoch zwei Treppen in eurem Schulhaus führen. Beschreibt, wie ihr dabei vorgeht.

b) Bei einer Schulhaustreppe führen sechs Stufen 1,20 m hoch. Wie weit geht es auf dieser Treppe mit 15 Stufen nach oben?

2 Fünf Stufen einer Treppe führen 80 cm nach oben. So kannst du berechnen, wie hoch sieben Stufen führen.

Treppenskizze

S Mit einer Treppenskizze kannst du die Aufgabe übersichtlich darstellen:

(1) Notiere die in der Aufgabe gegebene Information in der Skizze.

(2) Rechne auf die Höhe einer Stufe zurück. Übertrage das Ergebnis in die Skizze.

(3) Rechne auf die Höhe von sieben Stufen hoch.

Treppenskizze

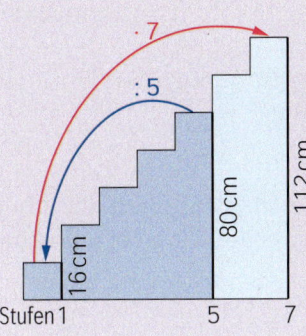

Rechnung

5 Stufen ≙ 80 cm

1 Stufe ≙ 80 cm : 5 = 16 cm

7 Stufen ≙ 16 cm · 7 = 112 cm

Wenn du 12 Stufen einer Treppe nach oben steigst, bist du 2,04 m hoch. Wie hoch bist du, wenn du 14 Stufen dieser Treppe bewältigst?

Dreisatz

M Aufgaben der oben dargestellten Art nennt man **Dreisatzaufgaben.** Die Namen erinnern daran, dass man oft in drei Sätzen (Schritten) von der gegebenen Information über das Zurückrechnen auf eine Einheit zum gesuchten Vielfachen hochrechnet. Tabelle und Treppenskizze können dir helfen, Dreisatzaufgaben zu lösen.

(1) Gegebene Information

4 Stufen führen 104 cm hoch.

(2) Zurückrechnen auf die Einheit

1 Stufe ist 26 cm hoch.

(3) Hochrechnen auf das Vielfache

9 Stufen sind ▢ hoch.

Anzahl der Stufen	4	1	9
Höhe in cm	104	26	▢

:4 · 9

Treppenskizze

Mit Hilfe einer so genannten **Treppenskizze** kann man die Reihenfolge der Rechenschritte veranschaulichen.

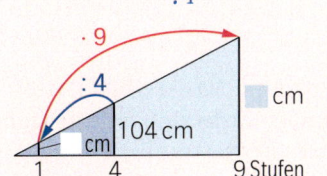

4 Stufen ≙ 104 cm

1 Stufe ≙ 104 cm : 4 = ▢ cm

9 Stufen ≙ 26 cm · 9 = ▢ cm

Übungen

3 a) Sieben Treppenstufen führen 98 cm hoch. Wie hoch führen dann 16 Stufen?

b) Auf einer Treppe mit 14 Stufen kommst du vom Erdgeschoss in das 2,52 m höher gelegene Obergeschoss. Welche Höhe kannst du mit 4 Stufen erreichen?

4 Luca besorgt fünf Eintrittskarten für die Nachmittagsvorstellung im Kino. Er bezahlt dafür 32,50 €.
  a) Wie viel muss Laura zahlen, die für die gleiche Vorstellung drei Karten kauft?
  b) Emily holt für sich und ihre Freundinnen Karten und bezahlt 52 €. Wie viele Karten bekommt sie?

5 Für vier Kugeln Eis muss Jessica 2,80 € bezahlen. Maren kauft sechs Kugeln, Andi fünf Kugeln.
  Lösungen zu 4 und 5 (nur Maßzahlen): 3,50; 4,20; 7; 8; 19,50

6 a) Schreibe zu der Treppenskizze einen passenden Aufgabentext. Berechne die gesuchten Größen.

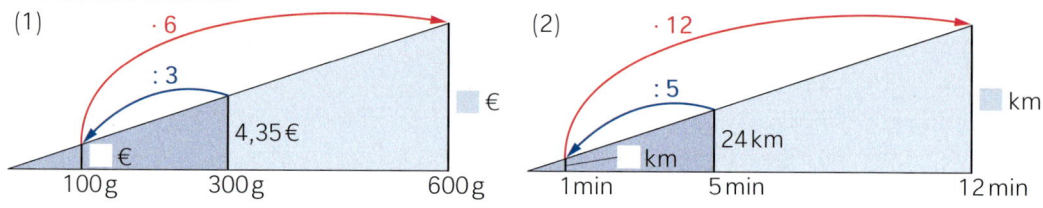

  b) Mach selbst eine Treppenskizze. Dein Nachbar oder deine Nachbarin soll den zugehörigen Aufgabentext angeben und die fehlenden Größen berechnen.

7 Aufgaben zum Dreisatz kannst du unterschiedlich darstellen.

Wechsel zwischen Darstellungen

S Vielleicht fällt dir die Lösung mit einer Treppenskizze am leichtesten, vielleicht verstehst du den Aufgabentext aber auch am besten mit einer Rechnung oder mit der Tabelle.

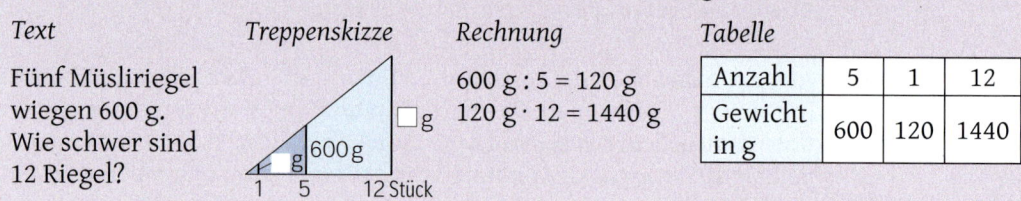

Text	Treppenskizze	Rechnung	Tabelle
Fünf Müsliriegel wiegen 600 g. Wie schwer sind 12 Riegel?	☐g / 600g / 1 5 12 Stück	600 g : 5 = 120 g / 120 g · 12 = 1440 g	Anzahl: 5, 1, 12 / Gewicht in g: 600, 120, 1440

Finde zu der angegebenen Darstellung die übrigen drei Formen.

  a) Sieben Packungen Salzstangen „Extra lang" wiegen 1225 g. Wie viel wiegen drei Packungen?

  b)

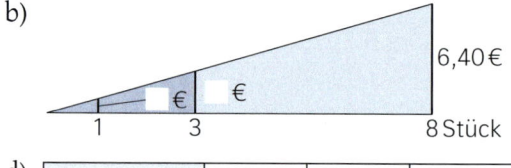

  c) 80 cm : 5 = 16 cm
     16 cm · 14 = 224 cm

  d)

Zeit in s	15	⬜	50
Weg in m	45	⬜	⬜

8 Eine Zehnerkarte für das Freibad kostet 9,00 €.
  a) Auf Benjamins Karte sind bereits sieben Felder entwertet. Was ist seine Karte noch wert?
  b) Auf Verenas Karte sind noch vier Felder frei.

9 a) Bei der Berufsfeuerwehr Mitterstadt sind sieben zusammengekuppelte Löschschläuche insgesamt 61,25 m lang. Man braucht aber mindestens 90 m.
  b) Bei der Feuerwehr Ruxhausen sind fünf verbundene Schläuche 47,5 m lang.

10 Frau Öcan ist von Donnerstag bis Samstag-
mittag mit ihrem Obststand in der Fuß-
gängerzone. Donnerstag früh hat sie in der
Großmarkthalle Waren für 220 € besorgt.
Außerdem rechnet sie mit 140 € an Kosten
z. B. für Standgebühr; Sprit usw.
Bis Freitagabend hat sie nur aus dem Verkauf von Tomaten und Birnen 257 € eingenommen. Dabei hat sie 75 kg Tomaten
veräußert. Aus ihrem restlichen Sortiment
hat sie einen Erlös von 283 € erzielt.

a) Berechne, wie viel Kilogramm Birnen
   Frau Öcan bis Freitagabend verkauft
   hat.

So kannst du die Aufgabe lösen.

B Wichtige Informationen:
$\frac{1}{2}$ kg Tomaten kostet 1,20 €. 1 kg Birnen kostet 2,20 €. Frau Öcan hat 75 kg Tomaten verkauft.
Die Einnahmen aus dem Verkauf von Tomaten und Birnen betragen 257 €.

Notieren der einzelnen Lösungsschritte:
Preis für 1 kg Tomaten: 1,20 € · 2 = 2,40 €

Einnahmen für 75 kg Tomaten: Fertige Nebenrechnungen in einer extra
2,40 € · 75 = 240 Cent · 75   Spalte an. Verwende nur Maßzahlen.
            = 18 000 Cent
            = 180 €.

	2	4	0	·	7	5
		1	6	8	0	
			1	2	0	0
		1	8	0	0	0

Einnahmen für Birnen:
257 € − 180 € = ▮

Birnenmenge:
▮ : ▮ = ▮

b) Wie viele Apfelsinen müsste Frau Öcan am Samstag noch verkaufen, wenn sie insgesamt einen Gewinn von 250 € machen will?
c) Frau Öcan nimmt durch den Verkauf von Bananen und 1,50 kg Haselnüssen 49,50 €
   ein.

Probleme lösen

S **Strategie, die dir beim Lösen von Sachaufgaben hilft**
(1) Lies dir den Text genau durch, eventuell mehrmals.
(2) Finde heraus, welche Informationen im Text oder im Bild gegeben sind.
(3) Überlege, welche Informationen für die Lösung wichtig sind. Schreibe eventuell
    diese Informationen in dein Heft.
(4) Notiere deine Lösungsschritte und gib die Lösung an.
(5) Überlege, ob du bei nachfolgenden Aufgaben bereits berechnete Lösungen wieder
    verwenden kannst.

11 Emil, Paul und Felix waren am Samstag im Erlebnisbad. Sie zahlten für den Eintritt zusammen 19,80 €. Nächste Woche hat Rudi Geburtstag und will mit seinen sechs Freunden ebenfalls ins Erlebnisbad. Wie teuer kommt das Geburtstagsvergnügen?

12 Herr Huber hat an der PIGA-Tankstelle 38 *l* Super für 54,72 € getankt. Seine Frau erzählt, dass sie an der RALA-Tankstelle nur 89,60 € für 64 *l* Super bezahlt hat.
a) Wer hat günstiger getankt?
b) Was hätte Herr Huber an der RALA-Tankstelle bezahlen müssen?

13 Herr Grüner kauft in der Großmarkthalle 145 kg Orangen für 181,25 € ein. An Kosten (Miete, Heizung, Strom, ...) setzt Herr Grüner 72,50 € an.
a) Zu welchem Preis muss Herr Grüner das Kilogramm Orangen verkaufen, damit er keinen Verlust macht?
b) 110 kg der Orangen verkauft Herr Grüner innerhalb von 3 Tagen. Er verlangt 9 € für 4 kg. Dann senkt er den Preis, um den Rest möglichst schnell loszuwerden. Zu welchem Preis pro Kilogramm muss er den Rest der Orangen verkaufen, wenn er insgesamt einen Gewinn von 55 € machen will?
Lösungen (nur Maßzahlen): 1,40; 1,44; 1,75; 1,75; 1,80; 46,20; 53,20

14 Auf dem Bild sind drei Regenmesser abgebildet. Sie geben an, wie viel Niederschlag auf einer bestimmten Fläche niedergegangen ist.
a) Betrachte die Gefäße. Was fällt dir auf?
b) Um wie viele Striche auf der Skala nimmt der Wasserstand zu, wenn 15 mm Niederschlag gefallen sind?

$35 \frac{ml}{m^2}$ (1) $35 \frac{ml}{m^2}$ (2) $50 \frac{ml}{cm^2}$ (3)

15 Fünf Freundinnen haben auf einer Radtour einige Fotos gemacht. Auf einer Liste können die gewünschten Bilder nachbestellt werden. Die Freundinnen einigen sich, dass die Bearbeitungsgebühr gleichmäßig auf die Anzahl der Bilder verteilt werden.
a) Wie viele Bilder werden bestellt und wie viel muss pro Bild bezahlt werden?
b) Berechne, wie viel Johanna und wie viel Christina bezahlen muss.

Bearbeitungsgebühr	1,95 €	
Größe	9x13	13x18
Preis je 5 Stück	0,75 €	1,90 €
Maria	B; C; D	A
Sarah	B; D	C
Agnes	B; C	
Johanna	A	B; C
Christina	D; A	C

16 Das Fußballspiel in der heutigen Form wurde in England erfunden. Die Breite und Höhe eines Fußballtores wurden in Fuß festgelegt. Deshalb gibt es die ungewöhnlichen Maße 2,44 m und 7,32 m. Gib diese Größen in Fuß an. (Ein Fuß entspricht 30,5 cm).

In einer Familie sind Vater, Mutter und Tochter zusammen 120 Jahre alt. Der Vater ist dreimal so alt wie die Tochter und ebenso alt wie die Mutter und Tochter zusammen. Wie alt ist jeder?

1 Von eurem Klassenzimmer soll ein Plan so erstellt werden, dass er im Heft Platz hat. Markiert, wo sich z. B. die Tafel, die Schränke, die Fenster und die Türen sowie dein Arbeitsplatz befinden. Auch soll man sehen können, wie breit und wie lang z. B. der Schrank oder dein Schreibtisch sind.

a) Arbeitet in Gruppen. Tragt zuerst in eine einfache Handskizze die gemessenen Längen ein.

b) Überlegt, wie groß die gemessenen Längen in eurem Heft werden sollen. Übertragt dann die Tabelle in euer Heft und ergänzt sie. Zeichnet anschließend den Plan eures Klassenzimmers.

Was glaubst du? Haben die Kinder für den Plan ein geeignetes Maß gemessen?

Gegenstand	Klassenzimmer		Fenster	Schrank		Tür
	Länge	Breite	Breite	Länge	Breite	Breite
In Wirklichkeit						
In der Zeichnung						

M Strecken werden oft verkleinert (vergrößert) dargestellt. Der **Maßstab** gibt an, wie lang Strecken in Wirklichkeit sind.

Maßstab

Der Maßstab **1:10** bedeutet:
Jede Strecke ist in Wirklichkeit 10-mal so lang wie in der Zeichnung.
Die Strecke wird verkleinert.

Der Maßstab **10:1** bedeutet:
Jede Strecke hat in Wirklichkeit nur den zehnten Teil der Länge in der Zeichnung.
Die Strecke wird vergrößert.

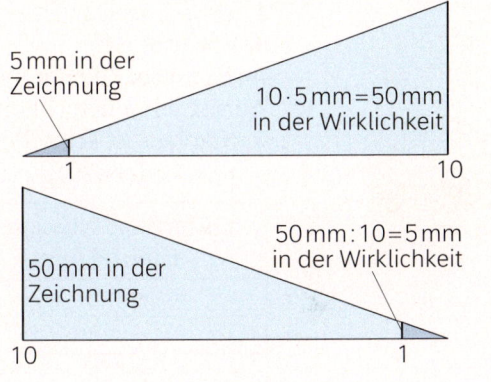

Übungen

2 a) Zeichnet in eurem Heft Strecken, die in der Wirklichkeit folgende Längen haben.

Länge	5 m	7,5 km	3 mm	4,2 cm
Maßstab	1:100	1:100 000	20:1	5:1

b) Wie lang sind folgende Strecken in Wirklichkeit?

Länge	3 cm	4 m	12 cm	4,5 cm
Maßstab	1:500	20:1	1:1 000 000	1:200 000

Seite 11

c) Besorgt euch von eurem Schulort eine Karte. Findet heraus, wie hier verkleinert wurde. Sucht eure Schule. Bestimmt, wie weit es z. B. von der Schule zum Rathaus ist.

Jimmy ist ein knappes Jahr älter als Jonny, nämlich nur genau einen Tag weniger als ein ganzes Jahr. Welches Geburtsdatum hat Jonny, wenn Jimmy am Neujahrstag des Jahres 2007 geboren wurde?

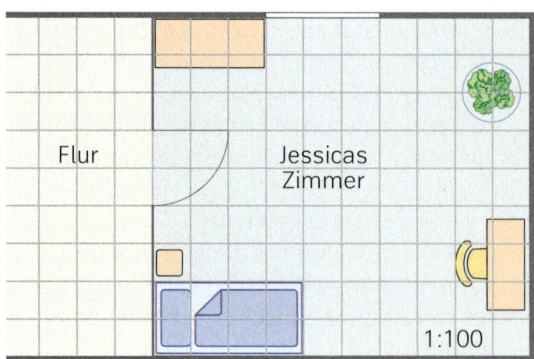

1:100

3 a) Miss in der Zeichnung die Länge und Breite des Kinderzimmers. Bestimme die wirklichen Maße.

b) Im Kinderzimmer verlegt Jessicas Vater Sockelleisten. Er hat bereits 4 Stück mit je 2,70 m Länge gekauft. Wie viele solcher Leisten muss er noch kaufen?

c) Wie teuer sind die Leisten, wenn ein Meter 3,80 € kostet und insgesamt 6,50 € für Befestigungsmaterial ausgegeben werden?

d) Zeichne dein eigenes Kinderzimmer im Maßstab 1:100.

4 Der Nikolaus ist noch spät nachts in der Stadt unterwegs. Dabei beobachtet er, dass sein Schatten immer länger wird, je weiter er sich von der Laterne weg bewegt.

a) Wie lang ist der Schatten, wenn der Nikolaus 4 m (8 m) von der Laterne entfernt ist?

(nicht maßstabsgetreu)

Fertige dazu Zeichnungen im geeigneten Maßstab an.

b) Wer ist schneller, Nikolaus oder die Schattenspitze?

   A Nikolaus ist schneller.   **B** Die Schattenspitze ist schneller.   **C** Beide sind gleich schnell.

Entfernung Nikolaus – Laterne in m	Schattenlänge in m	Entfernung Schattenspitze – Laterne in m
4	▨	▨
8	▨	▨
12	▨	▨
40	▨	▨
100	▨	▨

5

Seite 91

Ein ICE 3 kann höchstens eine Steigung von 4 % bewältigen, d. h. bei einer horizontalen Entfernung von 100 m kann er einen Höhenunterschied von 4 m überwinden. Stell dir vor, der ICE müsste eine Höhe überwinden, die der dritten Etage deiner Schule entspricht.

a) Ermittle zeichnerisch wie lang die Streckenlänge mindestens sein müsste, damit der ICE diese Höhe erreichen kann.

b) Ermittle die Steigung einer Treppe in eurem Schulhaus.

6 In unserer Natur leben sehr kleine Tiere. Einige sind auf den Bildern vergrößert dargestellt. Miss ihre Länge im Bild und berechne dann ihre wirkliche Länge.

10 : 1

Milbe
gelb, rot, frisst
feuchtes Laub

5 : 1

Springschwanz
Hinterende mit Sprunggabel,
frisst abgebautes Laub

2 : 1

Ohrwurm
Zange am Hinterende,
frisst Spinnen und Insekten

4 : 1

Doppelschwanz
zwei Hinterleibsanhänge,
frisst Springschwänze und
kleine Regenwürmer

7 Herr Ratlos knallt mit der Fliegenklatsche auf den Tisch. Doch die Stubenfliege ist schneller und entkommt. Das Reaktionsvermögen der Fliege ist zehnmal so hoch wie das des Menschen. Zugleich sind Fliegen wahre Flugkünstler. Beim Start springt eine Fliege zuerst mit dem mittleren Beinpaar in die Luft und wirft dann ihren „Flügelmotor" an. Bis zu 200-mal pro Sekunde schlägt die Fliege mit ihren Flügeln. Mit Hilfe von Krallen und besonderen Haftballen kann sich die Fliege, die nur ein Fünftel Gramm wiegt, an einer glatten Zimmerdecke halten. Ein Fliegenweibchen legt in ihrem ca. 60-tägigen Leben zehn- bis 15-mal Eier, insgesamt ungefähr 2000. Diese legt sie bevorzugt auf Stoffe, die faulen, z. B. auf überreife Bananen oder auf Abfälle in Komposthaufen.

a) Mit welcher Vergrößerung könnte das Bild rechts erstellt worden sein?

b) Wie schwer würde eine Fliege sein, wenn sie die Größe wie im Bild hätte?

c) Die Fliege sieht wesentlich besser als ein Mensch, da sie sehr viele Einzelaugen, so genannte Facetten, hat. Die roten runden Flächen am Kopf bestehen aus lauter solchen Facetten. Untersuche das Bild mit einer Lupe und schätze, wie viele Einzelaugen es sein könnten.
A 40   **B** 200   **C** 4000

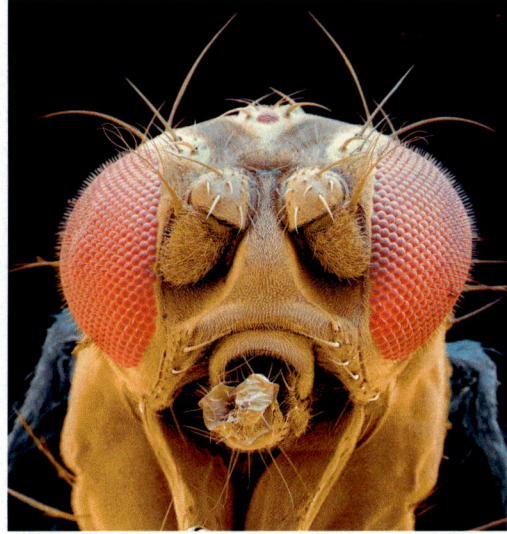

1 Die Klasse 5a aus Passau plant eine fünftägige Klassenfahrt in die Jugendherberge nach Regensburg. In die 5a gehen 28 Schülerinnen und Schüler. Die Kosten sollen 140 € pro Person nicht überschreiten. Anna und Paul haben auf der Internetseite der Jugendherberge recherchiert:

Jugendherberge Regensburg			Freizeitangebote	
Ab 20 Personen (p. P.):			Auf dem Fluss	13,40 €
Ü / F	HP	VP Lunchpaket	2000 Jahre Geschichte	11,10 €
			Historische Gebäude	7,30 €
21,40 €	27,40 €	32,40 €	Römertag	28,80 €

Dieser Kreislauf hilft dir bei der Lösung eines mathematischen Sachverhalts im Alltag:

Modellierungs-Kreislauf

(1) Sachverhalt lesen und verstehen
Auf der Seite sind Preise für **eine** Übernachtung mit Frühstück, Halbpension, Vollpension und zahlreiche Freizeitangebote mit **Preisen pro Person** angegeben.
Die Gesamtkosten pro Person sollen 140 € nicht überschreiten. Es sind vier Übernachtungen.

(2) In die Sprache der Mathematik übersetzen
Die Preise für Übernachtung und Verpflegung müssen mit der Anzahl der Übernachtungen multipliziert werden:
Ü/F: 21,40 € · 4 = 85,60 €
HP: 27,40 € · 4 = 109,60 €
VP: 32,40 € · 4 = 129,60 €
Wird VP gewählt, steht für Freizeitangebote die Differenz aus 140 € und 129,60 € zur Verfügung.
Bei Ü/F (HP) bleibt für Verpflegung und Freizeit die Differenz aus 140 € und 85,60 € (109,60 €).

(4) Ergebnis mit dem Sachverhalt vergleichen und Antwort formulieren
Entscheidet sich die Klasse für Halbpension, können z. B. noch eine Fluss- und eine Geschichtsexkursion durchgeführt werden. Es bleiben dann allerdings nur 5,90 € für die Mittagsverpflegung insgesamt.

(3) Ergebnis ermitteln
Es sind mehrere Ergebnisse möglich. Verpflegung und Freizeitangebote müssen ausgewählt werden.
Ergebnis (1): Bei Vollpension bleiben 10,40 € für Freizeitangebote.
Ergebnis (2): Bei Übernachtung und Frühstück bleiben 54,40 € für Verpflegung und Freizeitangebote.
Ergebnis (3): Bei Halbpension sind es 30,40 €.

2 a) Im Angebot oben sind die Fahrtkosten nicht berücksichtigt. Die Busfahrt kostet für die Klasse 300 €. Berechne die Kosten für die Klassenfahrt pro Person einschließlich Busfahrt.

b) Wie ändern sich die Kosten, wenn zwei Schüler wegen Krankheit nicht mitfahren können?

1 Eine Packung Kekse der Sorte „Knackig" kostet 2,40 €, die Sorte „Knusprig" kostet 3,30 €.
Allerdings sind 150 g in der Schachtel, bei „Knackig" nur 120 g.
a) Welche Sorte ist billiger? Begründe.
b) Was würden 2,4 kg der Sorte „Knackig" kosten?

2 Übertrage die Tabelle in dein Heft und fülle die Lücken aus.

	Maßstab	Karte	Wirklichkeit
a)	1 : 5000	1,4 cm	
b)		5 cm	25 km
c)	1 : 200 000		160 km

3 Papiergeld wurde erstmals in China verwendet. Zunächst
waren Münzen als Zahlungsmittel üblich, aber die waren
sehr schwer. So wogen 1000 der gängigen Münzen 3,5 kg.
Die Leute ließen sie deshalb bei den Händlern und verwendeten die Quittungen als Zahlungsmittel. Als im 10. Jahr-
hundert die Behörden dieses an sich wertlose Papier als
Zahlungsmittel anerkannten, war das Papiergeld erfunden.
a) Wie schwer waren damals 50 (150, 800) Münzen?
b) Wie viele Münzen wogen 100 g (1 kg)?

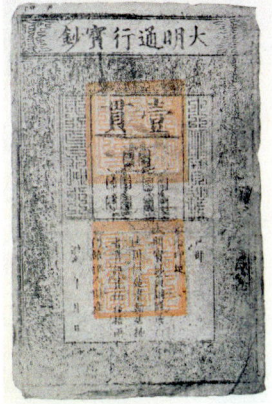

4

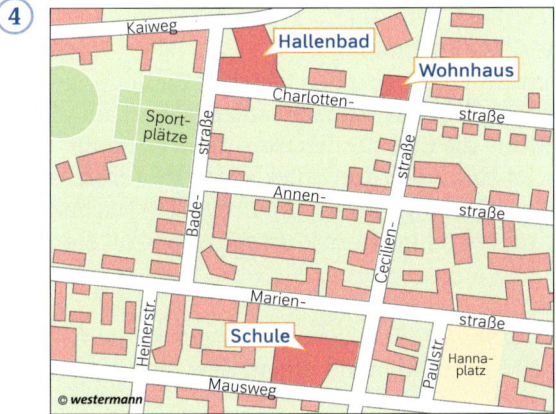

Jessica hat im Stadtplan (Maßstab 1 : 10 000)
die Lage ihrer Wohnung, ihrer Schule und
des Hallenbades markiert.
Wie lang ist ihr Schulweg?
Wie viel Meter muss sie von ihrer Wohnung bis zum Hallenbad zurücklegen?
Schätze ab, wie lange sie ungefähr brauchen wird?

5 Bei einem Schulfest muss sich die Schülervertretung um Getränke für rund 800 Schüler
und Gäste kümmern. Lisa schlägt vor: „Wenn jeder noch einen Gast mitbringt und jeder
2 kleine Getränke braucht, dann sind das 0,4 l je Person." Dominik rechnet: „Da brauchen
wir ja 32 l." Laura meint: „Aber die meisten bringen wohl 2 Gäste mit. Das sind dann 2400
Leute." Teresa antwortet sofort: „Dann erhält eben jeder nur 0,2 l". Da haben Dominik
und Teresa beide falsch gerechnet. Kannst du helfen?

6 Eier werden nach Güteklassen (A, B) und
Gewichtsklassen S, M, L, XL unterschie-
den.
Die Bedeutung der Gewichtsklassen siehst
du in der Tabelle.

S: klein	unter 53 g
M: mittel	53 g bis unter 63 g
L: groß	63 g bis unter 73 g
XL: sehr groß	73 g und darüber

a) Auf einer Waage liegen zwei Eier, eines aus der Gewichtsklasse M und eines aus L. Wie
hoch kann die Anzeige der Waage maximal sein, wie hoch ist sie minimal?
b) Auf einer Waage liegen insgesamt fünf Hühnereier. Es sind Eier aus allen vier Gewichtsklassen. Die Waage zeigt 305 g an. Gib mögliche Gewichte der fünf Eier an.

(7) Sophie hat ihr Sparschwein geleert und aus gleichen Münzen Stapel gebildet. Das Ergebnis siehst du im Diagramm.

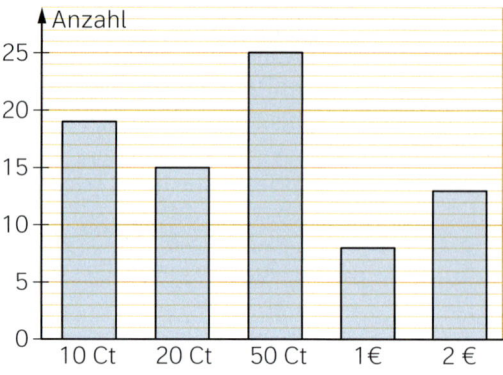

a) Sophie meint: „Das Geld reicht leicht für Sportschuhe, die im Sonderangebot 49,90 € kosten." Überprüfe.

b) Sophies Bruder Lukas behauptet: „Zusammen sind die 1-€- und 2-€-Münzen mehr wert als die restlichen Münzen im Sparschwein. Dafür wiegen sie aber insgesamt weniger." Überprüfe.

Münze	10 Ct	20 Ct	50 Ct	1 €	2 €
Gewicht	4 g 100 mg	5 g 740 mg	7,8 g	7,5 g	8,5 g

c) Verteile zusätzlich zehn der oben genannten Münzen so auf die einzelnen Stapel, dass der Gesamtwert 60 € ergibt. Dabei sollen alle fünf oben genannten Münzsorten vorkommen.

(8) Zwei Euro fehlen: Ein Geschäft verschleudert alte Musik-CDs. Auf einem Stapel werden 60 CDs zu 1 € pro zwei Stück verkauft, auf dem anderen Stapel liegen 60 CDs, die zu 1 € pro drei Stück verschleudert werden. Nachdem am Abend alle 120 CDs verkauft sind, zählt der Geschäftsinhaber, Herr Bass, sein Geld.

a) Was hat Herr Bass für seine CDs eingenommen?

b) Am nächsten Tag sollen weitere 120 CDs zu den gleichen Bedingungen wie am Vortag angeboten werden. Der Angestellte Herr Wurscht soll den Verkauf übernehmen. Er macht sich aber nicht die Mühe die CDs zu sortieren, denn er meint: Statt 60 CDs zu 1 € pro zwei Stück und 60 CDs zu 1 € pro drei Stück zu verkaufen, lasse ich lieber alle 120 CDs auf einem Haufen und verlange immer 2 € pro 5 CDs. Nachdem nach Ladenschluss das Geld gezählt wird, bekommt Herr Wurscht Ärger mit Herrn Bass. Begründe.

(9) Im Getränkemarkt von Herrn Durstig ist eine Lieferung angekommen. Auf dem Lieferschein stehen unter anderem 30 Kisten Wein mit einem Gewicht von 1 t 590 kg.

a) Wie schwer ist eine Kiste?

b) Wie viele Kisten kann der Stapler transportieren, wenn er für 300 kg zugelassen ist?

(10) Die folgende Abbildung zeigt einen Ausschnitt des öffentlichen Verkehrsnetzes einer Stadt mit den drei U-Bahnlinien A, B und C. Der Ort, an dem du dich befindest und der Zielort sind eingezeichnet.

Der Fahrpreis richtet sich nach der Anzahl der angefahrenen Stationen (die Abfahrtsstationen nicht mitgerechnet). Die Kosten betragen 0,25 € pro Station.
Die Fahrzeit zwischen zwei aufeinander folgenden Stationen beträgt zwei Minuten. Um von einer Linie in die andere umzusteigen, benötigt man 5 Minuten.
Wähle die schnellste Strecke! Gib die erforderliche Zeit hierfür an. Überprüfe, ob diese Strecke auch die preisgünstigste ist.

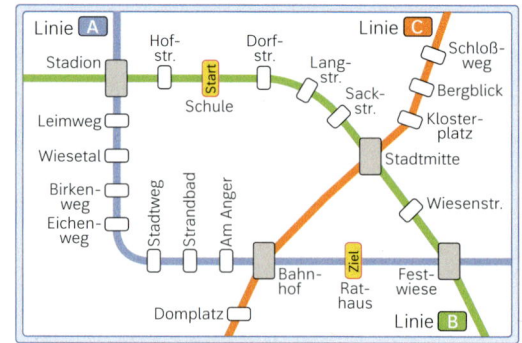

11 *Auf großem Fuß*
a) Welche Länge könnte der Schuh im Foto haben?
   Tipp: Der kleine Junge ist 2 Jahre alt.
b) Wie groß wäre etwa ein Mann, dem dieser Schuh passt?

Der Kreislauf kann dir auch beim Lösen dieser Aufgabe helfen.

Seite 98

(1) Sachverhalt lesen und verstehen
Größenangaben für den Schuh sind nicht vorhanden. Eine Vergleichsgröße sind die Kinder.
a) Um rechnen zu können, muss die Größe eines Kindes abgeschätzt werden.
b) Ein Zusammenhang zwischen Schuh- und Körpergröße ist ebenfalls nicht vorhanden. Auch hier muss geschätzt werden.

(2) in die Sprache der Mathematik übersetzen
Größen abschätzen:
a) Ein zweijähriger Junge ist etwa 90 cm groß.
b) Ein erwachsener Mann ist etwa 1,80 m (180 cm) groß und hat etwa 30 cm lange Schuhe.

(4) Ergebnis mit dem Sachverhalt vergleichen und Antwort formulieren
Das Ergebnis ist abhängig von Schätzungen. Es kann nicht genau sein.
Die Länge des Schuhs in Wirklichkeit ist ungefähr ☐.
Der Mann zum Schuh wäre ☐ groß.

(3) Ergebnis ermitteln
a) Größe des Jungen im Bild: 2 cm
   2 cm im Bild ≙ 90 cm in Wirklichkeit
   Länge des Schuhs im Bild: 9 cm
   Länge in Wirklichkeit: ☐
b) Die Körpergröße eines Mannes ist etwa sechsmal so groß wie seine Schuhlänge.
   Größe des Mannes ☐

12 Die Glockenmänner auf dem Hochhaus werden von einem Techniker gewartet.
a) Wie groß sind die Glockenmänner ungefähr?
b) Schätze die Durchmesser der drei Glocken, die angeschlagen werden!
c) Auf der äußeren Glocke ist oben ein Weihnachtsstern befestigt. Könnte ihn ein 12jähriges Kind über seinem Hochbett (Liegefläche in Schulterhöhe) aufhängen? Begründe?

1 Die Schnellsten!
Bei einem Rennen zwischen den schnellsten Lebewesen auf der Erde gewinnen die Vögel. Sie können frei durch die Luft schweben. Der schnellste Sprinter an Land, der Gepard, kann seine Beute nur etwa eine Minute lang mit höchstem Tempo verfolgen. Dann muss er aufgeben und später wieder einen neuen Versuch starten. Das Balkendiagramm zeigt, welchen Weg die verschiedenen Lebewesen in einer Stunde zurücklegen würden, wenn sie ihr höchstes Tempo „durchhalten" könnten.

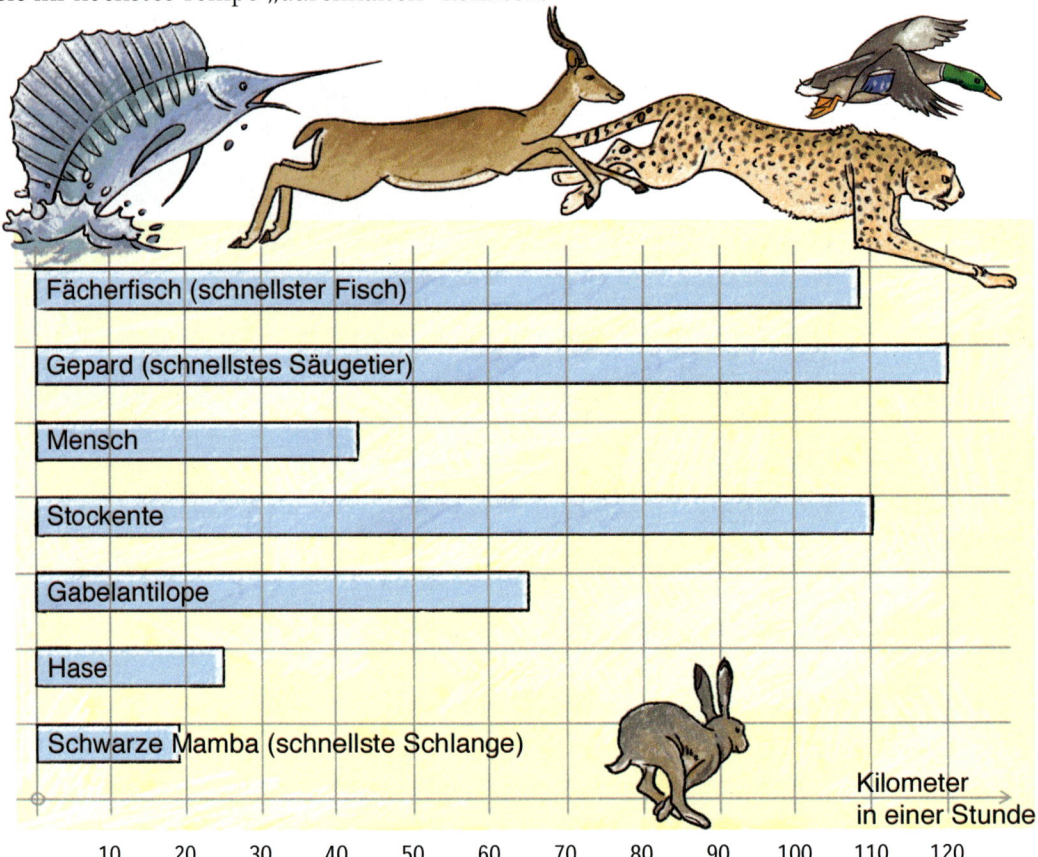

Fächerfisch (schnellster Fisch)
Gepard (schnellstes Säugetier)
Mensch
Stockente
Gabelantilope
Hase
Schwarze Mamba (schnellste Schlange)

Kilometer in einer Stunde

10　20　30　40　50　60　70　80　90　100　110　120

a) Wie schnell bewegen sich die aufgelisteten Lebewesen?
b) Ermittle für drei Lebewesen den Weg, den sie etwa in 10 Sekunden schaffen.
c) Ein Wanderfalke erreicht im Sturzflug ein Tempo von 360 km pro Stunde. Welche Strecke legt er dabei in 5 Sekunden zurück?
d) Ein Gepard hat eine Gabelantilope gewittert. Sie läuft 300 m von ihm entfernt. Könnte er sie innerhalb einer Minute einholen?
e) Überlege dir eine weitere Aufgabe und löse sie.

2 Die Langsamsten!

Seychellen-Schildkröte   Dreifinger-Faultier: Schnecke:
90 m in einer Viertelstunde   2,5 m in einer halben Minute   90 cm in 6 Minuten

a) Bestimme, welchen Weg die Langsamsten in einer Stunde schaffen.
b) Welchen Weg schaffst du in einer Stunde?

①

a) Kannst du die Höhe der Elefanten schätzen? Erkläre.
b) Welches Gewicht könnte der kleine Elefant haben?
   A 100 kg   **B** 300 kg   **C** 1500 kg
c) Schätze das Gewicht der großen Elefanten.

② Elefanten sind Pflanzenfresser. Sie ernähren sich hauptsächlich von Gras, aber auch von Früchten, Ästen und Wurzeln. Wenn das Futter knapp wird, verzehren sie sogar Dornbüsche und die Rinde von Sträuchern und Bäumen. Täglich trinkt ein Elefant zwischen 70 und 150 Liter Wasser und nimmt ca. 150 kg Nahrung zu sich. Dazu braucht er ca. 16 Stunden. Elefanten baden gerne und sind gute Schwimmer. Sie werden bis zu 60 Jahre alt. Ein weiblicher asiatischer Elefant wiegt etwa 3 t.
Im Münchner Tierpark Hellabrunn gibt es 6 Elefanten.
a) Für wie viel Futter muss der Zoo in einer Woche sorgen? Was kostet das, wenn je 100 kg mit 12 € gerechnet werden muss?
b) Stelle dir vor, du musst das Trinkwasser der Elefanten eimerweise in das Gehege bringen. Wie oft musst du täglich laufen?
c) Wie lange braucht ein Elefant, bis er so viel gefressen hat, wie er wiegt?
d) Das Futter der Elefanten wird zweimal in jeder Woche in den Zoo gebracht. Reicht dazu ein Kleintransporter mit 2,8 t Ladekapazität? Begründe durch eine Rechnung.
e) Ein Elefantenbaby ist bei der Geburt etwa 120 kg schwer, 1,5 m lang und verbraucht täglich 10 l Muttermilch. Vergleiche mit deinen eigenen Daten. (Hinweis: Ein menschliches Baby braucht 500 ml Muttermilch täglich)
f) Besorge dir entsprechende Daten von deinem Lieblingstier und vergleiche.

Fermi war ein italienischer Physiker, der 1901 in Rom geboren wurde. Er wanderte nach Amerika aus und starb 1954 in Chicago. Seine berühmteste Abschätzfrage an seine Studenten war:
Wie viele Klavierstimmer gibt es in Chicago?

Abschätzungen:
Wie viele Einwohner hat Chicago?

Wie viele Haushalte gibt es in Chicago?

Wie vielen Haushalte haben ein Klavier?

Wann wird ein Klavier wieder gestimmt?

...
Die Abschätzung ergab, dass man damals in Chicago ca. 25 Klavierstimmer brauchte.

Antworten:
damals ca. 3 Millionen

ca. 750 000, wenn in jedem Haushalt durchschnittlich 4 Personen leben

vielleicht etwa jeder dritte

durchschnittlich nach 10 Jahren

① Überlege weitere Fragen, die zur Anzahl der Klavierstimmer führen konnten.

② Versuche die folgenden Aufgaben durch Abschätzungen zu lösen.

In Deutschland werden jährlich ungefähr 400 000 t Weißkohl geerntet.

a) Wie viele Krautköpfe könnten auf einer rechteckigen Fläche stehen, die 100 m lang und 50 m breit ist? Welche Masse könnten sie haben?

b)
> Viele Jugendliche leiden unter Bewegungsmangel. Sie verbringen zu viel Zeit vor dem Computer und Fernseher.

Wie viele Tage wäre dein Leben kürzer, wenn du die Zeit vor dem Fernseher oder Computer abziehst?

c) Wie viele Menschen stecken in diesem Stau auf der Autobahn?

Autobahn A9,
10 km Stau zwischen Kreuz Nürnberg und Feucht Richtung München

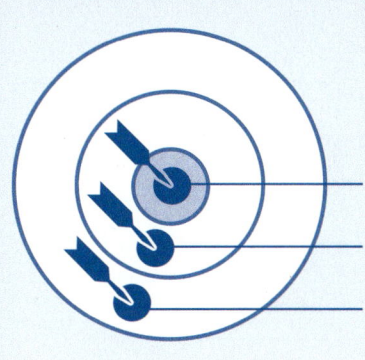

Löse die Aufgaben.
Schätze Dich mit Hilfe der **Zielscheibe** selbst ein.
Die Lösungen findest Du auf Seite 212.
→ zeigt Hilfen zu jeder Aufgabe.

Das kann ich.

Da bin ich mir **nicht ganz sicher**.

Das muss ich **unbedingt üben**.

Aufgabe	Du kannst ...
1a, 3b	Geldeinheiten umrechnen.
1b, 2a, 4d	Masseeinheiten umrechnen.
1c, 2c, 3a, 4a, c	Längeneinheiten umrechnen.
2d, 3d, 4b	Zeiteinheiten umrechnen.
1d, 3c	Hohlmaße umrechnen.
7, 9	Sachaufgaben lösen.
8	Im Maßstab umrechnen.
9	Schätzaufgaben lösen.

Wandle in die in Klammern stehende Einheit um.

→ Seite 78 bis 85 Merkkästen

1 a) 9000 Ct (€)   b) 38 kg (g)   c) 24 km (m)   d) 12 l (ml)
   270 € (Ct)   727 t (kg)   28 cm (mm)   34 000 ml (l)

s. Aufgabe 1 **2** a) 5000 mg (g)   b) 6 min (s)   c) 11 000 m (km)   d) 1 h (s)
   10 000 g (kg)   720 min (h)   11 000 cm (m)   3 d (h)

s. Aufgabe 1 **3** a) 81 dm (cm)   b) 60,06 € (Ct)   c) 700 l (hl)   d) 5 min 24 s (s)
   30 cm (m)   34 Ct (€)   500 ml (l)   3 h 17 min (min)

s. Aufgabe 1 **4** a) $1\frac{1}{2}$ km (m)   b) $\frac{1}{4}$ h (min)   c) 2,4 cm (mm)   d) 150 g (kg)
   $\frac{1}{2}$ m (cm) $2\frac{1}{4}$ min (s)   1,75 m (cm)   2500 kg (t)

→ Seite 80 **5** Entscheide, welche Aufgaben lösbar sind. Löse sie gegebenenfalls.
   a) 7,5 m + 0,5 mm   b) 2 l + 3 kg   c) 17 s + 1,5 min   d) 15 mm + 6 ml

s. Aufgabe 1 **6** a) Gib Paare von Einheiten mit der Umrechnungszahl (1) 10, (2) 100, (3) 1000 an.
   b) Ergänze zum Einheitenpaar, Umrechnungszahl 10 (100): (1) cm –   (2) m –   (3) mm –

→ Seite 93 Strategie **7** Die 81 Millionen Bürger in Deutschland essen pro Kopf 17 kg Bananen im Jahr.
   a) Wie viel kg Bananen verzehren alle Menschen in Deutschland insgesamt?
   b) 10 kg Bananen kosten ungefähr 15 €. Wie viel Geld gibt jeder Bürger durchschnitt-
      lich im Jahr für Bananen aus?

→ Seite 95 Merkkasten **8** Sven und Max wollen von Klosterlangheim nach Weismain wandern. Auf einer Karte im
   Maßstab 1 : 50 000 misst Sven mit dem Lineal eine Entfernung von 9,5 cm.
   a) Berechne, wie lang der Wanderweg ist.
   b) Max meint, Sven hat ungenau gearbeitet. Ist der Weg länger oder kürzer? Begründe.

→ Seite 101 Aufgabe 11 **9** Familie Frohsinn steht in einem Stau von 1 km Länge. Die Autos stehen dicht hintereinander. Wie viele Autos stehen in diesem Stau etwa auf einer Spur?

Auf dem Taubenmarkt in Wasserburg am Inn

Jedes Jahr am ersten Sonntag im Februar findet in der Wasserburger Altstadt der traditionelle Taubenmarkt statt. Über 1200 Tiere werden von Händlern (sogenannte „Taubenlackl") und Züchtern aus der Region ausgestellt. Zu sehen sind vor allem Zuchttauben verschiedenster Rassen, aber auch Hühner, Gänse und Hasen.

Der Ausstellungsbereich des Taubenmarktes kann über fünf Zugänge betreten werden. An jedem Eingang ist eine Kasse. An der Kasse A am Kirchhofplatz erhalten 1950 Besucher einen Eintrittsstempel auf die Hand, an der Kasse B am Weberzipfel nur der dritte Teil der Anzahl bei A. Durch die Kassen C und D zusammen kommen 776 Interessenten weniger als bei A. Berechne, wie viele Besucher durch die Kasse E an der Salzenderzeile kommen, wenn die Gesamteinnahmen durch alle Besucher 28 180 € betragen.

Kasse
Eintritt: 5 €

2

Marlene hat sich gerade am Verkaufsstand „Pezzi – Tierbedarf" in der Ledererzeile ein Buch „Die richtige Pflege von Tauben" gekauft. Es ist 10:54 Uhr. Sie macht sich auf den Weg zur Kasse D am Roten Turm, wo sie sich um 11:00 Uhr mit ihrem Vater verabredet hat. Wegen des starken Gedränges auf dem Taubenmarkt braucht sie für 50 m etwa $1\frac{1}{2}$ Minuten (90 Sekunden).

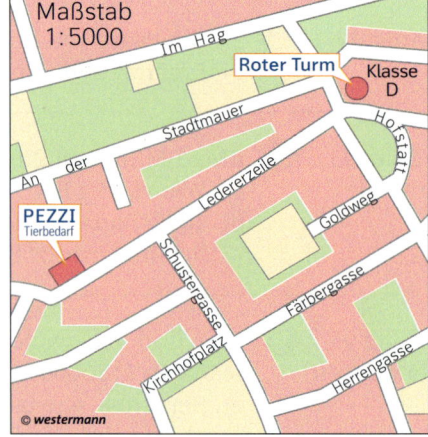

a) Wann kommt sie etwa am vereinbarten Treffpunkt an?

    A ca. 11:00 Uhr   **B** ca. 11:05 Uhr
    C ca. 11:10 Uhr

b) Da das Geld knapp wird, hebt Marlenes Vater am Automaten Geld ab. Dazu muss er eine Geheimnummer mit 4 Ziffern eingeben. Die ersten drei Ziffern sind gerade. Ferner beträgt die 2. Ziffer das 4fache der 1. Ziffer und die 3. Ziffer das 3fache der 1. Ziffer. Die 4. Ziffer ist halb so groß wie die dritte Ziffer. Welche Geheimnummer hat Marlenes Vater?

4

a) Der Taubenlackl Karl Kehr bietet seit dem Verkaufsbeginn um 7:00 Uhr 86 Tauben der Sorte „Blue King" an. Bis 9:00 Uhr hat er schon 38 Stück zu je 12 € veräußert. Um 13:00 Uhr möchte er seinen Stand räumen. Er glaubt bis dahin mehr Tauben verkaufen zu können, wenn er mit dem Preis pro Stück etwas zurückgeht. Er schätzt so:

Preis in €	11	10	9	8
so viele Tauben könnten noch verkauft werden	25	32	36	40

Zu welchem Preis sollte Karl Kehr die Tauben verkaufen, damit er möglichst viel einnimmt? Wie groß wäre sein Gesamterlös, wenn er noch alle Kosten abzieht?

Kosten:

Impfkosten pro Tier	50 Ct
Abgabe an den Veranstalter pro Tier	30 Ct

b) Züchter Tauber aus Traunstein will 78 Tauben der Sorte „Modeneser Gazzi" ausstellen. Vom Kleintierzuchtverein mietet er Käfige. Jeder Käfig besitzt 5 Boxen. Für jede Box muss er 75 Ct Miete zahlen und in jeder Box dürfen höchstens 4 Tauben sein.
Wie viel Miete muss Herr Tauber mindestens für die Käfige zahlen?
Wie lang ist der Verkaufsstand von Herrn Tauber, wenn er immer zwei Käfige übereinander stellt?

50 cm

3

Superdetektiv Knödlmeier ist auf dem Taubenmarkt dem Ganoven Knattermann auf der Spur. Zu Hause hat Knödlmeier auf Grund von Zeugenaussagen Fahndungsfotos erstellt. Für den Gesichtsbereich hat er 2 mal 3 Teilabschnitte zur Verfügung.

a) Wie groß ist die Anzahl der verschiedenen Gesichtsformen, die Knödlmeier damit bilden kann?

z.B. A a a A ...
      B b B b ...
      C c C c ...

Versuche die Anzahl durch eine Potenz darzustellen.

b) Superdetektiv Knödlmeier beobachtet, wie eine dunkle Gestalt vorsichtig jemand anderem eine schwarze Tasche übergibt. Sofort schnappt Knödlmeier zu. In der Tasche findet er lauter 2-€-Münzen, vermutlich aus Automatenaufbrüchen. Mit Hilfe einer Waage bestimmt Knödlmeier das Gesamtgewicht zu 17 kg 200 g. Die Tasche wiegt 400 g, zehn 2-€-Münzen haben ein Gewicht von 75 g.
Berechne den Geldbetrag, den Knödlmeier sichergestellt hat.

06

Geometrische Grundformen

Geometrische Formen findest du überall, zum Beispiel in der Architektur und in der Gestaltung von Gärten. Die Bilder zeigen das Schloss, die Parkanlage und die ehemalige Pfarrkirche auf Herrenchiemsee.

Wer ließ Herrenchiemsee bauen, nach welchem Vorbild wurde es erbaut? Welche weiteren Königsschlösser kennst du? Welche sind vom gleichen Bauherrn?

Welche geometrische Linien und Figuren findest du? Beschreibe sie.

① Beim Dressurreiten bewegen sich Pferd und Reiter auf bestimmten Bahnen, genannt Bahnfiguren. Bei der Übung „einen Zirkel reiten" beschreibt der Reiter entweder einen großen Kreis oder einen kleinen Kreis. Zur Orientierung dienen ihm dabei Zielpunkte am Rande des Reitplatzes, die mit Großbuchstaben bezeichnet werden.

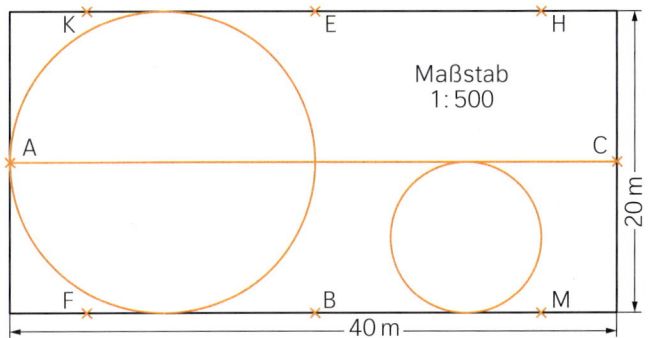

a) Die Übung „durch die ganze Bahn wechseln" bedeutet, dass der Reiter auf direktem Weg von K nach M reiten soll. Entnimm der Zeichnung, wie weit die Zielpunkte K und M voneinander entfernt sind.

b) Finde zwei weitere Möglichkeiten von K nach M zu gelangen. Beschreibe deine Bahnen und ermittle möglichst genau deren Längen.

c) Vergleiche die Bahnlängen aus a) und b) miteinander.

Punkt

Strecke

Länge einer Strecke

M **Punkte** bezeichnet man mit Großbuchstaben z.B. A, B, C ...
In einer Zeichnung werden Punkte mit einem Kreuz markiert.

Die kürzeste Verbindung zwischen zwei Punkten A und B ist die **Strecke.**
Schreibweise: $\overline{AB}$
lies: Strecke mit den Endpunkten A und B.

Die **Länge einer Strecke** kannst du messen.
Schreibweise: $|\overline{AB}| = 5$ cm
lies: Die Länge der Strecke $\overline{AB}$ beträgt 5 cm.

Strecken werden auch mit kleinen Buchstaben bezeichnet, z.B. a, b, c ...

Übung

② Auf einer geraden Linie können viele verschiedene Strecken liegen.

a) Wie viele Strecken werden durch die Punkte A, B, C und D auf der abgebildeten geraden Linie begrenzt? Gib jeweils die Schreibweise an.

b) Wie weit sind die Punkte voneinander entfernt? Gib die Längen jeweils folgendermaßen an: $|\overline{AB}| = $ ▪

c) Zeichne die Punkte E, F, G und H so auf einer geraden Linie ein, dass gilt:
$|\overline{EG}| = 3{,}5$ cm; $|\overline{FG}| = 1{,}5$ cm; $|\overline{GH}| = 2{,}5$ cm

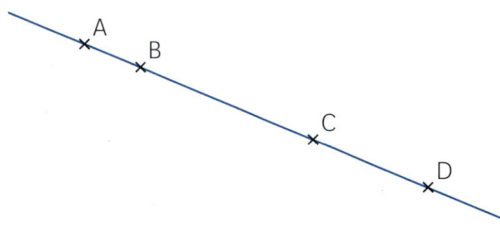

Ich denke mir eine zweistellige Zahl, vertausche die Einer- und Zehnerziffer, dividiere durch 3 und erhalte die Zahl 8.

1 Lea hat mit einem Geometrieprogramm ein Bild gezeichnet.

a) Beschreibe das Bild. Notiere alle Strecken, die Lea gezeichnet hat, z. B. $\overline{HI}$

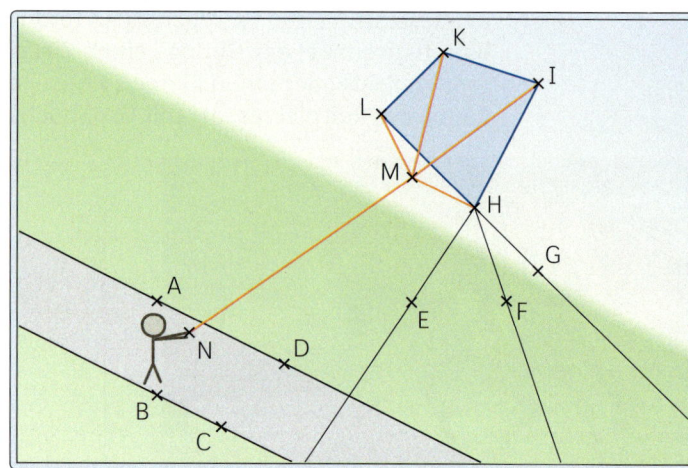

b) Lea hat den Punkt H jeweils mit den Punkten E, F und G verbunden und die gerade Linie über E, F und G hinaus verlängert. Was unterscheidet diese Linien von den Strecken, die du in Teilaufgabe a) notiert hast?

c) Durch die Punkte A und D wurde eine gerade Linie gezeichnet. Was unterscheidet diese Linie von den Strecken und Linien aus Teilaufgabe b)? Finde im Bild eine weitere solche Linie und gib die Punkte an, die darauf liegen.

M

Gerade

Gerade Linien ohne Anfangs- und Endpunkt heißen **Geraden.** Man bezeichnet Geraden mit kleinen Buchstaben, z. B. **g.**

Zwei Punkte legen genau eine Gerade fest.
Schreibe: **g = AB**
lies: Gerade g durch die Punkte A und B

Halbgerade

Eine **Halbgerade** hat einen Anfangspunkt, aber keinen Endpunkt.
Schreibe: **[AB**
lies: Halbgerade AB mit dem Anfangspunkt A durch den Punkt B.

Der Punkt A liegt auf der Geraden g.
Schreibe: **A ∈ g**
lies: A ist Element von g.

Der Punkt C liegt nicht auf der Geraden g.
Schreibe: **C ∉ g**
lies: C ist nicht Element von g.

Die Geraden g und h schneiden sich im Punkt S. Der Punkt S liegt zugleich auf g und h.
Schreibe: **S ∈ g und S ∈ h**

Übung

2 Betrachte noch einmal das Bild zur Aufgabe 1 auf Seite 109.

a) Finde möglichst viele Lagebeziehungen wie E ∈ $\overline{KH}$; H ∈ [KE.

b) Ist folgende Schreibweise richtig: E ∈ KH? Begründe deine Antwort.

c) Sind folgende Feststellungen wahr oder falsch?

(1) M ∈ FB
M ∈ $\overline{FB}$

(2) K ∈ [EH
K ∈ [HE

(3) $|\overline{FB}| + |\overline{BM}| = |\overline{FM}|$
$|\overline{FB}| + |\overline{BM}| = 2 \cdot |\overline{FB}|$

(4) $|\overline{BE}| = 20\ m$
$|\overline{AK}| = 20\ m$

①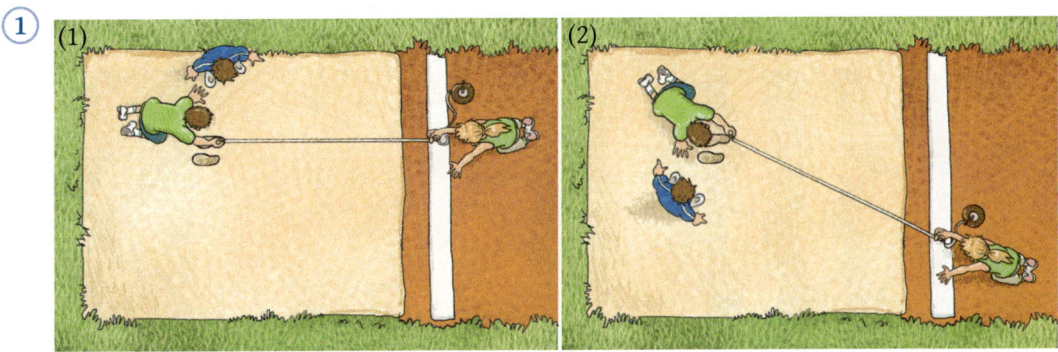

(1) (2)

Wer misst richtig? Erkläre.

②  Zeichne mit einem Geometrieprogramm eine Gerade g und einen Punkt P außerhalb der Geraden. Lege einen Punkt Z auf die Gerade g und ergänze die Strecke $\overline{PZ}$.

a) Lass die Streckenlänge messen.
b) Verschiebe nun Z auf g und beobachte die Streckenlängen. (Im Bild sind einige dieser Strecken eingezeichnet).
c) Findest du die kürzeste Strecke?
d) Beschreibe die Lage der kürzesten Strecke zur Geraden g.

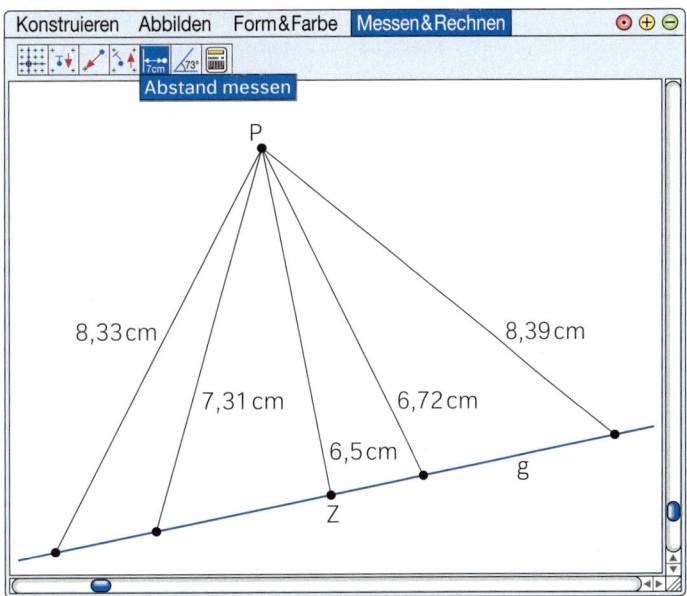

Konstruieren Abbilden Form & Farbe | Messen & Rechnen | ⊙ ⊕ ⊖

Abstand messen

P

8,33 cm   8,39 cm

7,31 cm   6,72 cm

6,5 cm

Z   g

Abstand

A

Abstand d

g

F

rechter Winkel

Der **Abstand** d ist die kürzeste Entfernung des Punktes A von der Geraden g.
Die Strecke $\overline{AF}$ bildet mit der Geraden g einen **rechten Winkel.**
In einer Zeichnung wird der rechte Winkel mit ⌐ gekennzeichnet.

Schreibe: d(A; g)
Lies: Abstand von A auf g

Übung

③ Betrachte noch einmal das Bild von Aufgabe 1 auf Seite 110.
a) Bestimme mit Hilfe des Geodreiecks die Entfernung des Punktes M von A und von D und den Abstand des Punktes M von der Geraden AD.
b) Bestimme folgende Abstände und gib sie in mm an.
(1) d(M; BC)   (2) d(E; AD)   (3) d(F; [HE])   (4) d(G; [HF])   (5) d(K; [IM])

1 Betrachte die rot markierten Linien. Wie würdest du ihren Verlauf beschreiben?

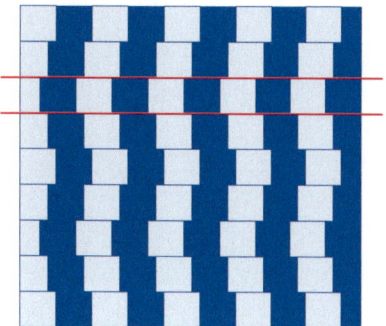
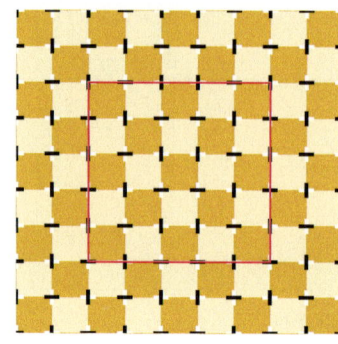
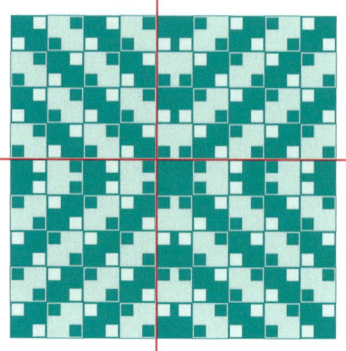

2 a) Falte ein Blatt Papier wie in den Abbildungen, achte darauf, dass beim 2. Schritt die Faltlinien genau übereinander liegen. Falte dann das Blatt wieder auseinander, markiere die entstandenen Faltlinien mit Farbe und klebe es in dein Heft.

1. Schritt	2. Schritt	3. Schritt

Die beiden Faltlinien zeigen zwei Geraden, benenne sie mit g und h. Beschreibe die Lage der Geraden zueinander.

b) Falte ein weiteres Blatt entlang derselben Faltkante zweimal wie im Bild. Falte das Blatt wieder auseinander und klebe es in dein Heft.

Es entstehen drei Faltlinien. Bezeichne sie mit a, b und c. Beschreibe die Lage dieser Geraden zueinander.

c) Wie verlaufen die Geraden a, b und c bezüglich einer Geraden f, die auf der gemeinsamen Faltkante liegt?

3 Erkunde dein Geodreieck. Findest du parallele und senkrechte Linien? Sieht das Geodreieck deines Nachbarn genauso aus?

Wie schwer sind ein kleiner Hund, ein Kätzchen und ein Zwerghase?

zueinander senkrecht

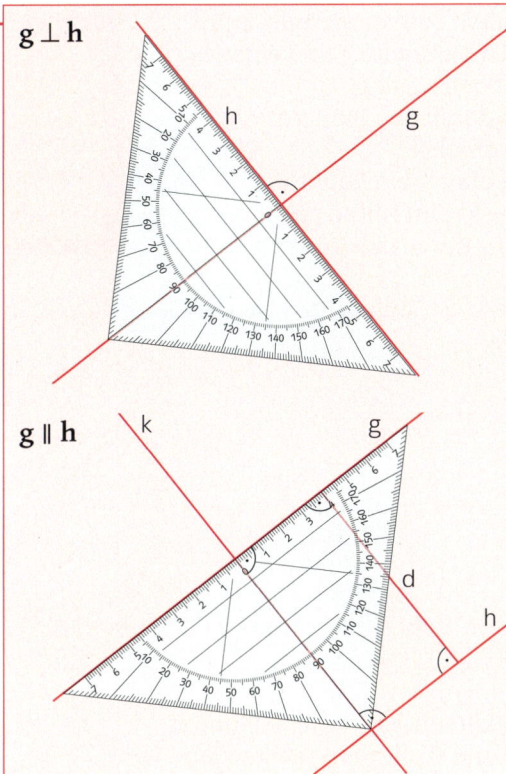

M g ⊥ h

Die Geraden g und h stehen **senkrecht zueinander,** sie bilden **rechte Winkel.**
Schreibe: g ⊥ h
lies: g senkrecht zu h

zueinander parallel

g ∥ h

Zwei Geraden g und h, die zu einer dritten Geraden k gemeinsam senkrecht stehen, heißen **zueinander parallel.**
Schreibe: g ∥ h
lies: g parallel zu h

Umgekehrt gilt:
Zwei Geraden, die zueinander parallel sind, stehen auf einer dritten gemeinsamen Geraden senkrecht.
Der Abstand der Parallelen heißt d.
Parallele Geraden schneiden sich nicht.
Zwei Geraden, die nicht parallel sind, haben immer einen Schnittpunkt.

Übungen

4 a) Mit einer Wasserwaage kann man überprüfen, ob eine Kante waagrecht verläuft. Beschreibe, wie man dabei vorgeht.
b) Wo findest du in deinem Klassenzimmer zueinander senkrecht oder parallel verlaufende Linien (Strecken, Kanten)? Überprüfe mit dem großen Tafel-Geodreieck.

5 Auf dem Foto siehst du einen Abschnitt einer geraden Gleisstrecke.
Die einzelnen Schienen haben in Wirklichkeit überall den gleichen Abstand.
Wo findest du in deiner Umwelt gerade Linien (Strecken, Kanten), die überall den gleichen Abstand haben?
Betrachte auch noch einmal die Fotos auf der Seite 108.

6 Mit parallelen und senkrechten Strecken kann man Muster zeichnen.
a) Übertrage das Muster in dein Heft.
b) Kennzeichne Strecken, die zueinander parallel sind, mit gleicher Farbe.
c) Ergänze bei zueinander senkrechten Strecken den rechten Winkel.

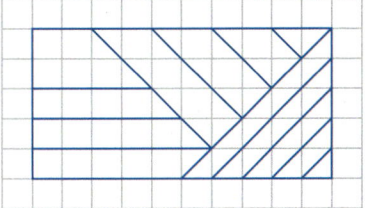

1. Falte ein Blatt Papier wie auf dem Foto dargestellt und
   markiere einen Punkt A auf der Faltkante g und einen
   Punkt B, der nicht auf der Faltkante g liegt.
   a) Falte eine Senkrechte zu g durch den Punkt A.
      Beschreibe, wie du dabei vorgehst.
   b) Falte eine Senkrechte zu g durch den Punkt B.
      Beschreibe, den Unterschied beim Falten zu a).
   c) Falte nun eine Parallele zu g durch den Punkt B.

2. So kannst du mit dem Geodreieck die Senkrechte s zur Geraden g durch den Punkt P zeichnen.

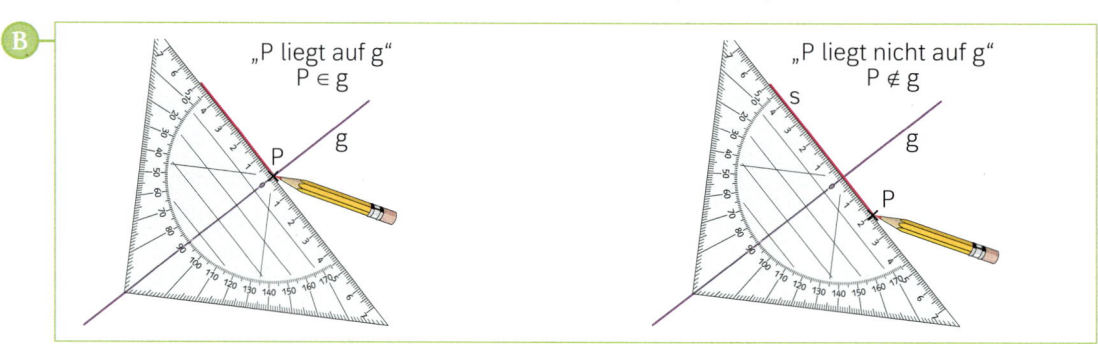

   Übertrage die Geraden AB und BC und die Punkte P und Q
   in dein Heft. Zeichne durch P und Q alle Senkrechten auf
   die angegebenen Geraden.

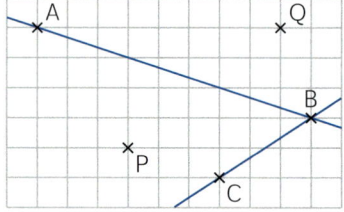

3. So kannst du mit dem Geodreieck die Parallele p zu einer
   Geraden g durch den Punkt P zeichnen.

   (1) Zeichne die Senkrechte zu g durch P. Bezeichne die Senkrechte mit s.

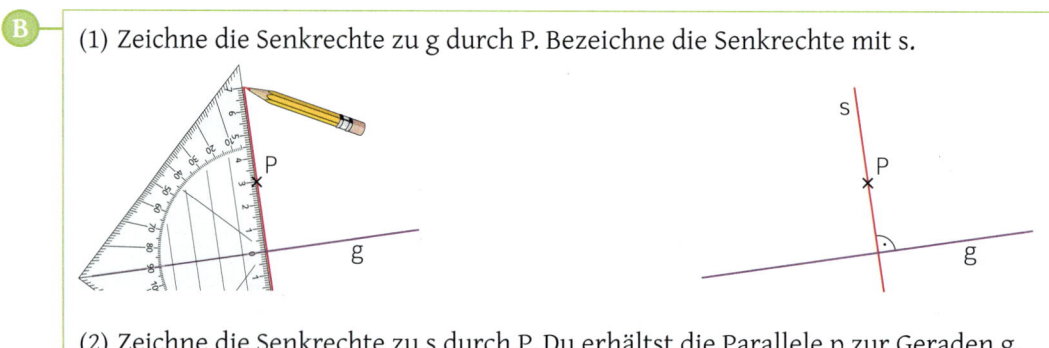

   (2) Zeichne die Senkrechte zu s durch P. Du erhältst die Parallele p zur Geraden g.

Finde mit Hilfe des
Bildes eine weitere
Möglichkeit zum
Zeichnen von
Parallelen.

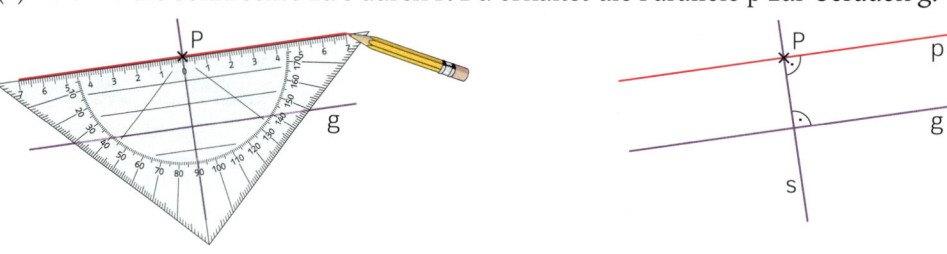

Ergänze in der Zeichnung von Aufgabe 2 die Parallelen zu den Geraden AB und BC durch
die Punkte P und Q.

1

Auf dem Stadtplan erkennst du einen Ausschnitt der Stadtmitte von Nürnberg.

a) Beschreibe die Lage des Hauptbahnhofs.
b) Durch welche Planquadrate verläuft die Pirckheimerstraße?
c) In welchem Planquadrat liegt die Kaiserburg?

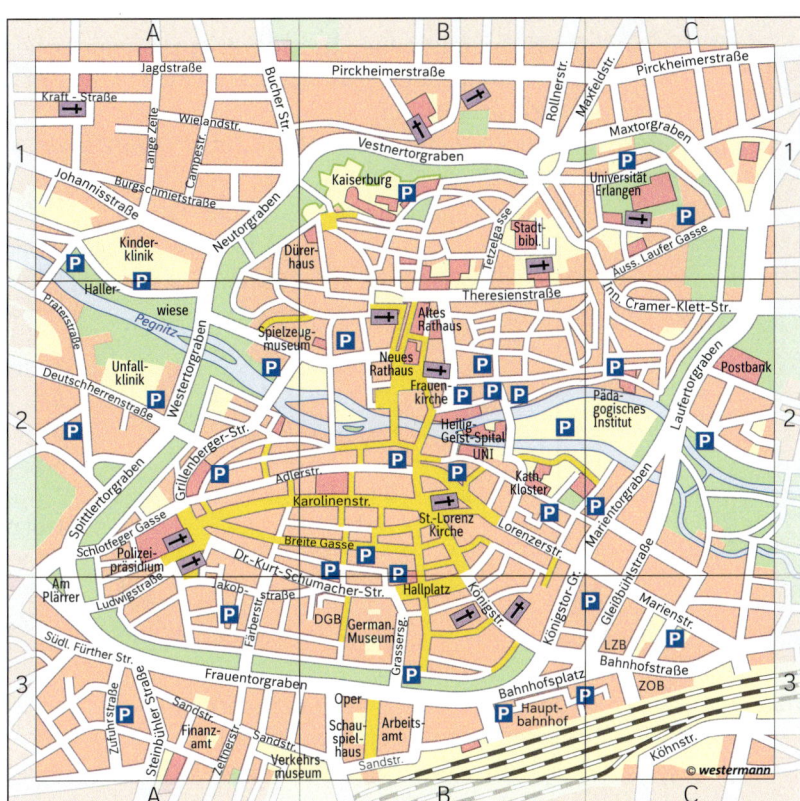

2 Ben und Luca spielen „Schatzsuche". Jeder zeichnet einen Schatzplan wie rechts dargestellt auf Karopapier und beschriftet ihn. Anschließend markiert jeder 10 Punkte in seinem Schatzplan. Das sind die Schatztruhen. Durch Fragen muss nun jeder herausfinden, wo der Andere seine Schatztruhen versteckt hat. Dabei gibt jeder an, wie weit man vom Ursprung (Nullpunkt) nach rechts und anschließen hoch gehen muss.

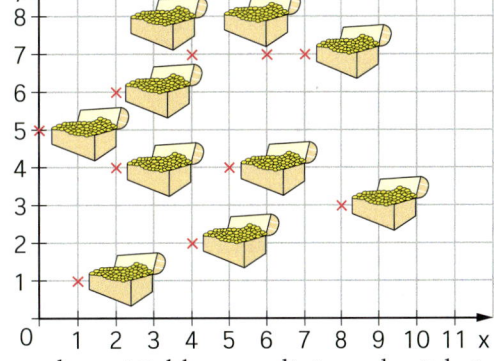

a) Lucas Schatzplan ist abgebildet. Wo hat Luca seine Schatztruhen versteckt?
b) Nach einer Weile nennen Ben und Luca nur noch zwei Zahlen, um die Lage der Schatztruhen anzugeben. Ben nennt das Zahlenpaar (5 | 4), aber Luca meldet keinen Treffer. Welchen Fehler hat Luca wohl gemacht? Was müssen sie bei der Angabe dieser Zahlenpaare demnach beachten?
c) Gib für die Lagen der Schatztruhen die richtigen Zahlenpaare an.
d) Folgende Zahlenpaare kennzeichnen die Lagen von Bens Schatztruhen: (2 | 3), (4 | 6), (5 | 0), (4 | 1), (3 | 7), (0 | 3), (8 | 5). Zeichne einen Schatzplan wie in der Abbildung in dein Heft und trage die Lagen von Bens Schatztruhen ein.
e) Spiele mit deinem Tischnachbarn „Schatzsuche".

Finde vier verschiedene Zahlen zwischen 0 und 20, deren Summe 30 beträgt und deren Produkt 30 mal 30 ist.

♠ + ♦ + ▲ + ● = 30 und ♠ · ♦ · ▲ · ● = 30 · 30

Koordinaten-system

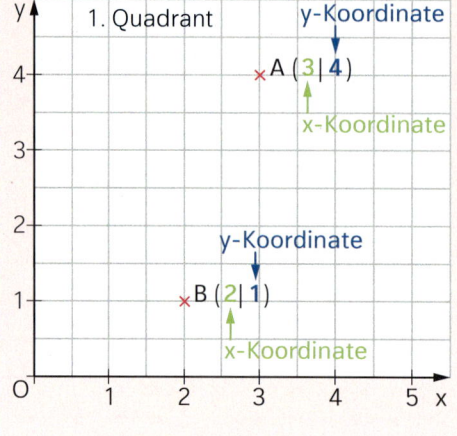

Zwei Zahlenstrahle, die senkrecht zueinander liegen, legen den 1. Quadranten eines **Koordinatensystems** fest. Der gemeinsame Anfangspunkt heißt Ursprung O (0 | 0) (engl.: origin).
Der nach rechts verlaufende Zahlenstrahl heißt **x-Achse,** der nach oben verlaufende Zahlenstrahl **y-Achse.**

Die Punkte A und B werden im Koordinatensystem durch ein geordnetes Zahlenpaar, die Koordinaten des Punktes, festgelegt.

Schreibweise: A (3 | 4), B (2 | 1)
lies: Der Punkt A hat die x-Koordinate 3 und die y-Koordinate 4. Der Punkt B hat die x-Koordinate 2 und die y-Koordinate 1.

Normalerweise verwenden wir als Längeneinheit 1 cm. Aber auch andere Längeneinheiten sind möglich, z. B. 1 Kästchen, 2 cm ... .

Übungen

3 In dem Koordinatensystem rechts sind verschiedene Punkte eingezeichnet.
a) Gib für jeden Punkt die Koordinaten an. Beispiel: A (2 | 3)
b) Übertrage das Koordinatensystem mit den Punkten in dein Heft und zeichne folgende Linien ein:
[AC; BD; $\overline{GH}$; GF; DE]; $\overline{FC}$

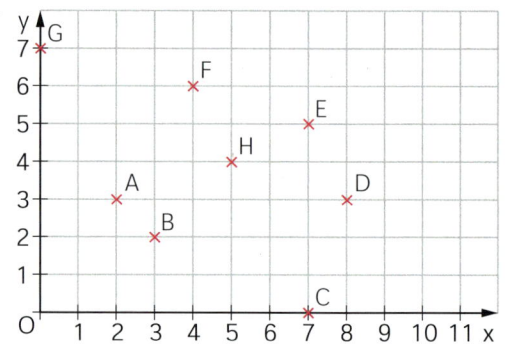

4 Zeichne ein Koordinatensystem und wähle eine passende Längeneinheit. Trage die Punkte ein und verbinde sie in der angegebenen Reihenfolge. Welche Figur erhältst du?

Überlege zunächst, wie lang du die x-Achse und die y-Achse zeichnen musst.

	Punkte	Reihenfolge
a)	A (6 | 1), B (8 | 1), C (8 | 4), D (13 | 4), E (8 | 6), F (12 | 6), G (8 | 8), H (11 | 8), I (7 | 11), K (3 | 8), L (6 | 8), M (2 | 6), N (6 | 6), O (1 | 4), P (6 | 4)	A, B, C, D, E, F, G, H, I, K, L, M, N, O, P, A
b)	A (2 | 2), B (10 | 2), C (10 | 8), D (6 | 12), E (2 | 8)	A, E, D, C, E, B, A, C, B
c)	A (1 | 5), B (3 | 2), C (6 | 1), D (12 | 2), E (17 | 5), F (20 | 2), G (20 | 8), H (12 | 8), I (6 | 9), K (3 | 8)	A, B, C, D, E, F, G, E, H, I, K, A
d)	A (2 | 3), B (2 | 1), C (3 | 0), D (4 | 0), E (5 | 1), F (13 | 1), G (14 | 0), H (15 | 0), I (16 | 1), K (16 | 4), L (14 | 7), M (7 | 7), N (5 | 4)	A, B, C, D, E, F, G, H, I, K, L, M, N, A

5 Die Punkte A (1 | 5), B (6 | 3) und C (4 | 6) legen ein Dreieck fest.
a) Zeichne es in ein Koordinatensystem.
b) Das Dreieck soll zu einem Viereck ABCD ergänzt werden. Der Punkt D hat die x-Koordinate 2. Zeichne zwei mögliche Vierecke ein und gib die Koordinaten der Punkte D an.

Seite 92

1 Übertrage die Tabelle in dein Heft und ergänze sie.

Text	mathematische Schreibweise	Zeichnung
Der Punkt A liegt auf der Geraden g.	▦	▦
▦	$P \in \overline{CD}$	▦
▦	▦	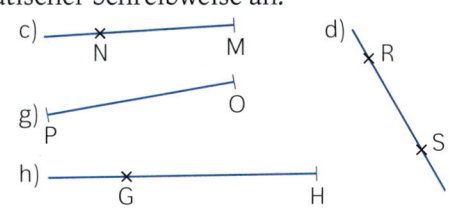
▦	$|\overline{AB}| = 2\,cm$	▦
Die Geraden s und t liegen senkrecht zur Geraden h.	▦	▦

2 Handelt es sich in der Abbildung um eine Gerade, eine Halbgerade oder eine Strecke? Gib die Längen der einzelnen Strecken in mathematischer Schreibweise an.

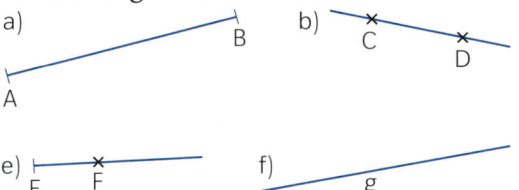

a) B, A
b) C, D
c) N, M
d) R, S
e) E, F
f) g
g) P, O
h) G, H

3 Überprüfe mit dem Geodreieck, welche Geraden senkrecht, welche parallel zueinander sind. Notiere auch in mathematischer Schreibweise.

a) c, b, a

b) f, e, d, a, c, b

c) h, e, c, g, f

4 Übertrage das Koordinatensystem und die Punkte in dein Heft.

a) Zeichne durch jeweils zwei Punkte eine Gerade und benenne sie.

b) Finde Zuordnungen wie $A \in AB$; $A \notin BC$.

c) Gib die kürzeste Strecke zwischen den Punkten an.

d) Ermittle jeweils den Abstand der Punkte C, D und E von der Geraden AB.

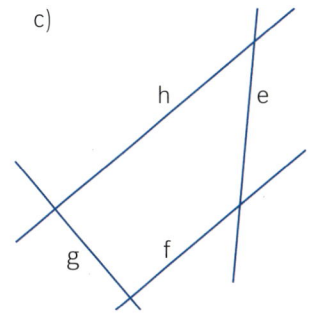

5 Gegeben sind die Punkte A (1|7), B (13|3), C (2|4), D (7|9), E (4|10) und F (13|1).

a) Trage die Punkte in ein geeignetes Koordinatensystem ein.

b) Zeichne die Strecken $\overline{AB}$, $\overline{CD}$ und $\overline{EF}$. Benenne die Schnittpunkte und gib deren Koordinaten an.

c) Ergänze die Geraden AE und ED. Suche parallele und senkrechte Linien. Notiere in mathematischer Schreibweise.

6 Auf 4 Tischen stehen 4 mit Wasser gefüllte Becken. Welches steht senkrecht auf dem Tisch? In welchem Becken steht das Wasser parallel zum Tisch?

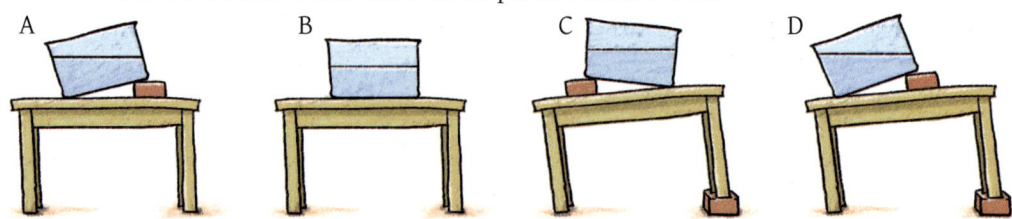

A   B   C   D

7

Zeichne die Fahrbahn der Bogenbrücke als waagrechte Gerade in dein Heft. Um den Bogen der Brücke zu konstruieren, legst du einen Punkt A im Abstand von 4 cm zur Geraden fest. Zeichne diese 4 cm lange Strecke ein. Markiere auf der Geraden links und rechts davon jeweils 8 Punkte und verbinde sie mit A. Zeichne in jedem dieser Punkte eine zur Verbindungsstrecke senkrechte Halbgerade. Teile dieser Halbgeraden bilden zusammen den Bogen.

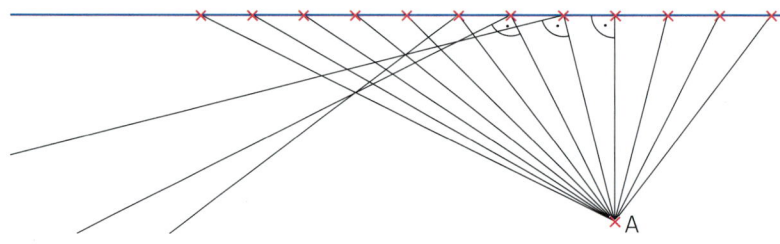

8 Familie Maier legt auf drei Seiten ihres Hauses ein 1 m breites Blumenbeet an. Damit man überall gut hinkommt, soll am Haus ein 50 cm breiter Streifen frei bleiben. Fertige eine Zeichnung im Maßstab 1 : 100 an. Der Grundriss des rechteckigen Hauses ist festgelegt durch die Punkte A(3 | 2), B(13 | 4) und C(12 | 9), die Seite zwischen A und B bleibt frei.

12
15

9 Die Punkte A, B, ... F sind wie folgt festgelegt:
A (2 | 0), B (5 | 2), C (5 | 6), D (2 | 8), E (0 | 6) und F (0 | 2)
a) Trage die Punkte A, B und C in ein Koordinatensystem ein und zeichne durch jeweils zwei Punkte eine Gerade.
b) Übertrage die Tabelle und ergänze die Anzahl der Geraden für zwei bzw. drei Punkte.

Anzahl der Punkte	2	3	4	5	6
Anzahl der Geraden					

c) Ergänze deine Zeichnung der Reihe nach durch die Punkte D, E, F und zeichne durch je zwei Punkte eine Gerade. Vervollständige die Tabelle.
d) Betrachte die Tabelle. Findest du eine Gesetzmäßigkeit?

Seite 23

10 Aus zueinander senkrechten und parallelen Strecken kannst du Bilder entwerfen. Verwende ein weißes Blatt und entwirf dein persönliches Bild aus senkrechten und parallelen Strecken. Zeichne zunächst mit Bleistift und lass den Entwurf kontrollieren, bevor du ihn farbig gestaltest.
Hängt eure farbigen Bilder im Klassenzimmer oder in der Aula auf.

1 **Ein 5 × 5 Geobrett entsteht**

Seite 10

25 Nägel
auf die Gitter-
punkte nageln

kariertes Papier
aufkleben

Sperrholzbrett
18 cm × 18 cm
Dicke: 12 mm

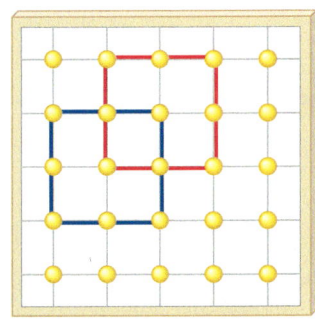

Auf einem Geobrett kannst du Figuren darstellen. In der Abbildung siehst du, wie du selbst ein Geobrett bauen kannst. Besorge dir dazu ein quadratisches Brett, zeichne auf ein gleich großes Stück Papier ein Gitternetz mit jeweils fünf Linien in gleichen Abständen und klebe das Papier auf das Brett. In jeden Gitterpunkt schlägst du nun einen Nagel. Mit ein paar Gummiringen zum Spannen der Figuren bist du perfekt ausgerüstet.

a) Spanne auf einem Geobrett ein Quadrat, das wie im Bild neun Punkte umfasst. Wie viele solcher Quadrate kannst du auf deinem Geobrett spannen?

b) Wie viele verschiedene Quadrate, die vier Punkte umfassen, kannst du spannen?

c) Es gibt 50 Quadrate, die du auf dem Geobrett spannen kannst. Finde möglichst viele.

2 a) Spanne auf dem Geobrett ein Quadrat, das neun Punkte umfasst.

b) Bilde aus dem Quadrat durch Verziehen zweier Eckpunkte verschiedene Rechtecke.

c) Übertrage die Tabelle in dein Heft und kreuze die zutreffende Eigenschaft an.

> Rechteck und Quadrat kannst du in dein Heft kleben.

Eigenschaften	Rechteck	Quadrat
Die gegenüberliegenden Seiten sind parallel.	▨	▨
Die gegenüberliegenden Seiten sind gleich lang.	▨	▨
Alle Seiten sind gleich lang.	▨	▨
Die Nachbarseiten sind immer senkrecht zueinander.	▨	▨
Die Figur hat vier rechte Winkel.	▨	▨

3 Bei Rechtecken und Quadraten kannst du besondere Linien falten.

a) Zeichne auf ein Blatt Papier ein Rechteck und ein Quadrat. Schneide sie aus.

b) Teile durch Falten das Rechteck und das Quadrat in zwei gleich große Teile. Markiere deine Faltkanten farbig. Es gibt mehrere Möglichkeiten.

c) Beschreibe die Lage der Faltkanten zueinander und vergleiche deren Längen.

Vierecke

Diagonalen

Mittellinien

M

Bei **Vierecken** werden Eckpunkte und Seiten entgegen dem Uhrzeigersinn bezeichnet. Die **Diagonalen** sind die Verbindungsstrecken zwischen den gegenüberliegenden Eckpunkten, sie werden mit e und f bezeichnet.
Die **Mittellinien** verbinden die gegenüberliegenden Seitenmittelpunkte.

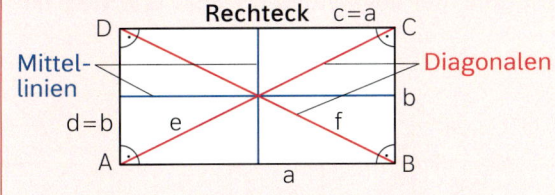

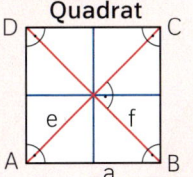

Rechteck
Quadrat

Ein Viereck, in dem die benachbarten Seiten senkrecht zueinander liegen, heißt **Rechteck.**

Ein Rechteck, in dem alle Seiten gleich lang sind, heißt **Quadrat.**

Seite 10

④ Zeichne ein Rechteck bzw. Quadrat mit den angegebenen Seitenlängen.

	a)	b)	c)	d)	e)	f)
Länge	5 cm	4,5 cm	= Breite	7,8 cm	1,6 cm	5,5 cm
Breite	2 cm	= Länge	3,8 cm	3,5 cm	6,4 cm	5,5 cm

Nimm dein Rechteck und dein Quadrat aus Aufgabe 3 von Seite 119 zur Hilfe.

⑤ Übertrage die Tabelle in dein Heft und kreuze das Zutreffende an.

Eigenschaften	Rechteck	Quadrat
Die Diagonalen sind senkrecht zueinander.	■	■
Die Diagonalen sind gleich lang.	■	■
Die Diagonalen halbieren sich.	■	■
Die Diagonalen und die Seiten sind parallel.	■	■
Die Mittellinien sind senkrecht zueinander.	■	■
Die Mittellinien sind gleich lang.	■	■
Die Mittellinien halbieren sich.	■	■
Die Mittellinien und die Seiten sind parallel.	■	■

Seite 37

⑥ Übertrage die Figuren auf kariertes Papier und schneide sie aus. Zerlege jede Figur so durch einen Schnitt, dass du die beiden Teile zu einem Rechteck zusammenfügen kannst. Entsteht auch ein Quadrat?

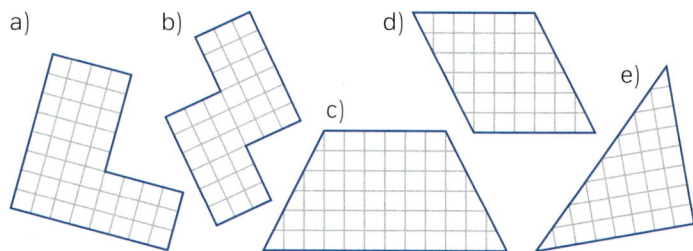

⑦ In der Abbildung siehst du die Teilfigur eines Rechtecks oder Quadrats. Sie ist durch Schnitte längs der roten Diagonalen oder der blauen Mittellinien entstanden. Übertrage die Teilfigur in dein Heft und vervollständige sie zu einem Rechteck oder Quadrat.

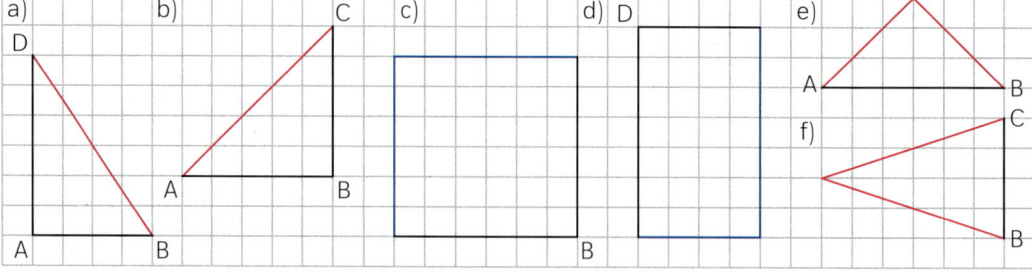

Quadrate sind Rechtecke.

⑧ Wie viele Rechtecke findest du in der abgebildeten Figur? Wie viele davon sind Quadrate?

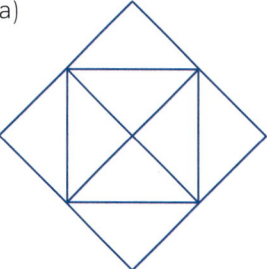

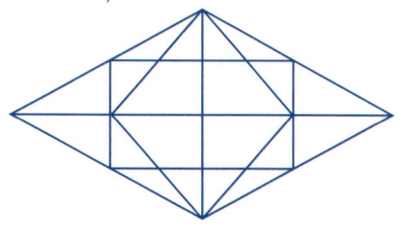

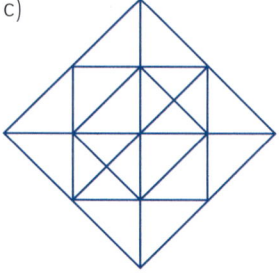

Für die Zeichnungen soll der Abstand der Punkte auf dem Geobrett 1 cm betragen

1 Spanne auf deinem Geobrett ein Quadrat, das vier Punkte umfasst.

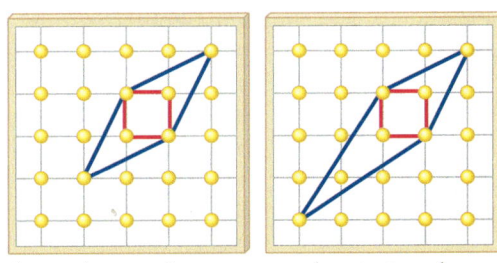

a) Wenn du an zwei Eckpunkten ziehst wie im linken Bild, entsteht eine Raute. Beschreibe die Lage der Eckpunkte, an denen du ziehen musst. Spanne durch Ziehen an zwei anderen Eckpunkten noch eine Raute und zeichne sie auf.

b) Wenn du an einem Eckpunkt weiter ziehst als an dem anderen, entsteht ein Drachenviereck wie im rechten Bild. Spanne drei verschiedene Drachenvierecke und zeichne sie in dein Heft.

c) Bestimme die Seitenlängen der gezeichneten Rauten und Drachenvierecke. Was fällt dir auf?

d) Untersuche die Lage der Seiten der Rauten und Drachenvierecke zueinander. Notiere deine Ergebnisse in dein Heft.

2 Spanne auf deinem Geobrett ein Rechteck, das sechs Punkte umfasst.

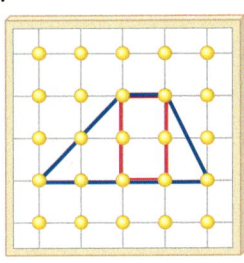

a) Ziehe an zwei Eckpunkten, die nebeneinander liegen. Es entsteht ein Trapez wie im Bild rechts. Zeichne zwei Trapeze.

b) Durch Ziehen an zwei Eckpunkten des Rechtecks wie im Bild links entsteht ein Parallelogramm. Spanne vier verschiedene Parallelogramme und zeichne sie in dein Heft.

c) Bestimme die Seitenlängen der gezeichneten Trapeze und Parallelogramme. Was fällt dir auf?

d) Untersuche die Lage der Seiten der Trapeze und Parallelogramme zueinander. Notiere dir Besonderheiten in dein Heft.

Argumentieren

3 Nimm Stellung zu den einzelnen Aussagen.

S In der Mathematik kommt es oft auf gute „Argumente" an. Hier helfen dir die Eigenschaften der Figuren zum Begründen.

Das Quadrat ist eigentlich auch eine Raute.

Ein Quadrat ist auch ein Rechteck.

Und das Rechteck ist auch ein Parallelogramm.

Aber ein Rechteck ist dann auch ein Quadrat.

4 Trage die Punkte A (0|5), B (5|0) und C (10|5) in ein Koordinatensystem ein. Zeichne einen vierten Punkt D so ein, dass eine Raute ABCD (Drachenviereck ABCD) entsteht. Wie viele Rauten ABCD (Drachenvierecke ABCD) findest du? Begründe.

5 Zeichne folgende Figuren in dein Heft und erkläre, wie du dabei vorgegangen bist. Vergleiche deine Zeichnung mit deinem Nachbarn, was fällt dir auf?

a) Die Seiten eines Parallelogramms sind 4 cm und 6 cm lang.

b) Die parallelen Seiten eines Trapezes sind 3 cm und 7 cm lang.

Seite 10

① Auf dem Geobrett kannst du verschiedene Dreiecke spannen.
   a) Spanne Dreiecke, die zwei gleich lange Seiten besitzen. Zeichne drei davon in dein Heft.
   b) Spanne nun ein Dreieck mit zwei gleich langen Seiten und einem rechten Winkel. Vielleicht hast du schon in a) ein solches Dreieck gespannt. Zeichne es in dein Heft. Markiere den rechten Winkel. Zwischen welchen Seiten liegt der rechte Winkel?
   c) Gibt es Dreiecke, die einen rechten Winkel haben und deren Seiten unterschiedlich lang sind? Spanne sie auf dem Geobrett und zeichne drei davon in dein Heft.

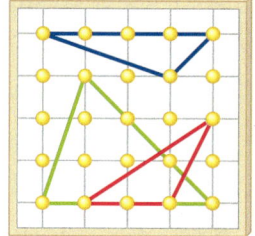

② a) Welche der abgebildeten Dreiecke haben besondere Eigenschaften? Beschreibe.

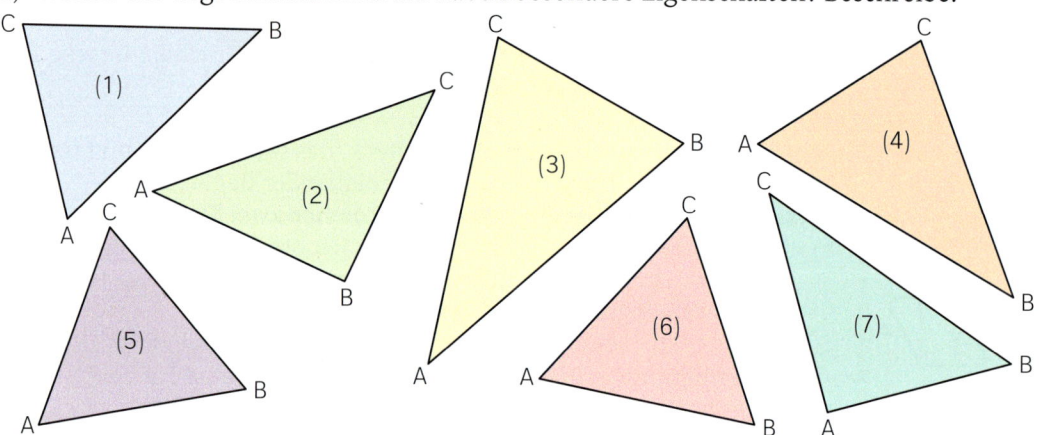

   b) Zeichne ein Dreieck ABC, das zwei gleich lange Seiten hat und bei A einen rechten Winkel. Benenne die gleich langen Seiten.

Dreiecke

Ⓜ Bei Dreiecken benennt man die Seiten wie die gegenüberliegenden Eckpunkte, allerdings mit kleinen Buchstaben. Eckpunkte und Seiten werden entgegen dem Uhrzeigersinn bezeichnet.

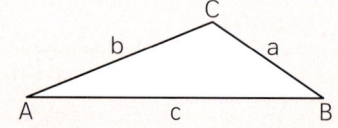

Übungen

③ Durch Diagonalen und Mittellinien wird ein Quadrat oder Rechteck in Dreiecke zerteilt.
   a) Zeichne ein Quadrat mit 4 cm Seitenlänge. Trage die Diagonalen ein. Beschreibe die entstandenen Dreiecke.
   b) Ergänze in der Zeichnung zu a) die Mittellinien. Was stellst du fest?
   c) Zeichne ein Rechteck mit den Seitenlängen 7 cm und 4 cm. Trage die Diagonalen und Mittellinien ein. Haben die Dreiecke, die dabei entstehen, besondere Eigenschaften? Beschreibe diese.

④ Zeichne die Punkte A (1|0), B (6|2) und C (4|6) in ein Koordinatensystem und verbinde sie zu einem Dreieck. Zeichne anschließend vom Eckpunkt A aus eine Senkrechte auf die gegenüberliegende Seite $\overline{BC}$, von B aus eine Senkrechte auf $\overline{AC}$ und von C aus eine Senkrechte auf $\overline{AB}$. Was fällt dir auf?

⑤ a) Wie viele Dreiecke mit gleich langen Seiten beinhaltet die Figur?
   b) Wie viele Dreiecke findest du insgesamt in der Figur?

Seite 10

①

Beschreibe, wie die einzelnen Gebäude auf dem Foto angeordnet sind.

② Für einen Spieletag markiert die Klasse 5c auf ihrem Schulhof den Freiwurfraum eines Basketballspielfeldes.
Dafina und Benedikt müssen noch einen Kreis zeichnen. Wie werden sie vorgehen?

Eine kreisrunde Sache!

③ Kreis oder nicht Kreis?

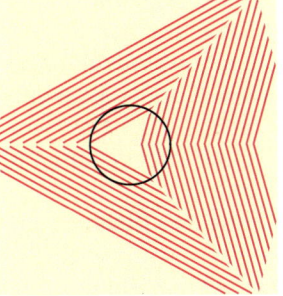
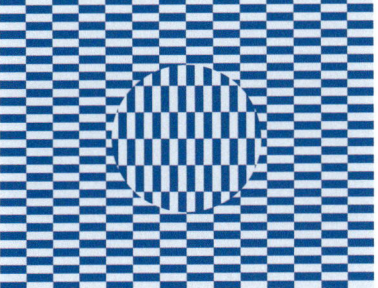

Zeichne zwei parallele Geraden und markiere auf der einen 5, auf der anderen 3 Punkte. Verbinde jeden der 5 Punkte auf der einen mit jedem der 3 Punkte auf der anderen Parallelen. Wie viele Strecken erhältst du?

4 Konditorlehrling Philip teilt eine Torte in zwei Hälften. Aus der einen Hälfte schneidet er sechs Tortenstücke.

a) Vergleiche die Längen der geraden Seiten der Tortenstücke miteinander. Wie lang ist im Vergleich dazu der erste Schnitt des Lehrlings?

b) Wie viele gleich große Tortenstücke erhält Philip aus der ganzen Torte?

M

Radius

Jeder Punkt P auf der **Kreislinie** k ist vom Mittelpunkt M gleich weit entfernt. Diese Entfernung heißt **Radius r.**

Schreibweise: k(M; r)
lies: Kreis mit Mittelpunkt M und Radius r

Durchmesser
Kreisfläche
Kreissektor

Der doppelte Radius heißt **Durchmesser d = 2 · r.**
Die **Kreisfläche** kann in verschiedene **Kreissektoren** unterteilt werden.

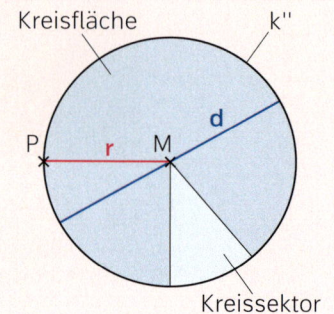

Übungen

Die Mehrzahl von „Radius" heißt „Radien".

5

Zeichne einen Kreis mit dem angegebenen Radius bzw. Durchmesser.
Unterteile den Kreis in 4 gleich große Kreissektoren.

a) r = 4 cm   b) d = 6 cm
c) d = 6,8 cm   d) r = 52 mm
e) r = 15 mm   f) d = 9,6 cm
g) d = 5 cm   h) r = 3,5 cm

6 Berechne die fehlenden Werte in deinem Heft.

	a)	b)	c)	d)	e)	f)	g)	h)
Durchmesser d	34 cm	98 mm			7,20 m	1,800 km		
Radius r			29 dm	231 cm			5,40 m	3,200 km

7 Zeichne zwei Kreise k(A; 3 cm) und k*(B; 3,5 cm). Ordne die beiden Kreise so an, dass sie
a) keinen gemeinsamen Punkt haben,   b) einen gemeinsamen Mittelpunkt haben,
c) sich berühren,   d) sich schneiden,
e) ineinander liegen,   f) ineinander liegen und sich berühren.
Erkläre, wie du die Entfernung der Mittelpunkte wählst und gib sie mit $|\overline{AB}|$ = ▮ an.

8 Du hast eine Schnur, ein Blatt Papier, eine Schachtel Reißnägel, einen Bleistift und eine dicke Unterlage. Versuche nun einen Kreis zu zeichnen,
a) indem du den Bleistift bewegst,   b) ohne den Bleistift zu bewegen.

9 Zeichne einen Kreis mit dem Radius r = 6 cm. Ergänze dann die Zeichnung durch einen zweiten Kreis so, dass folgende Bedingungen erfüllt sind:
a) Der zweite Kreis hat 4 cm Radius, die Mittelpunkte sind 1 cm voneinander entfernt.
b) Der zweite Kreis hat 4 cm Radius und berührt den größeren Kreis von außen.
c) Der zweite Kreis berührt den anderen von innen und die Mittelpunkte sind 2 cm voneinander entfernt.

1 Aus Kreisen entstehen schöne Muster.
  a) Beschreibe wie die Muster entstanden sind. Achte dabei besonders auf die Mittel-
     punkte der einzelnen Kreise.
  b) Übertrage die Kreismuster mit dem Zirkel in dein Heft und gestalte sie.

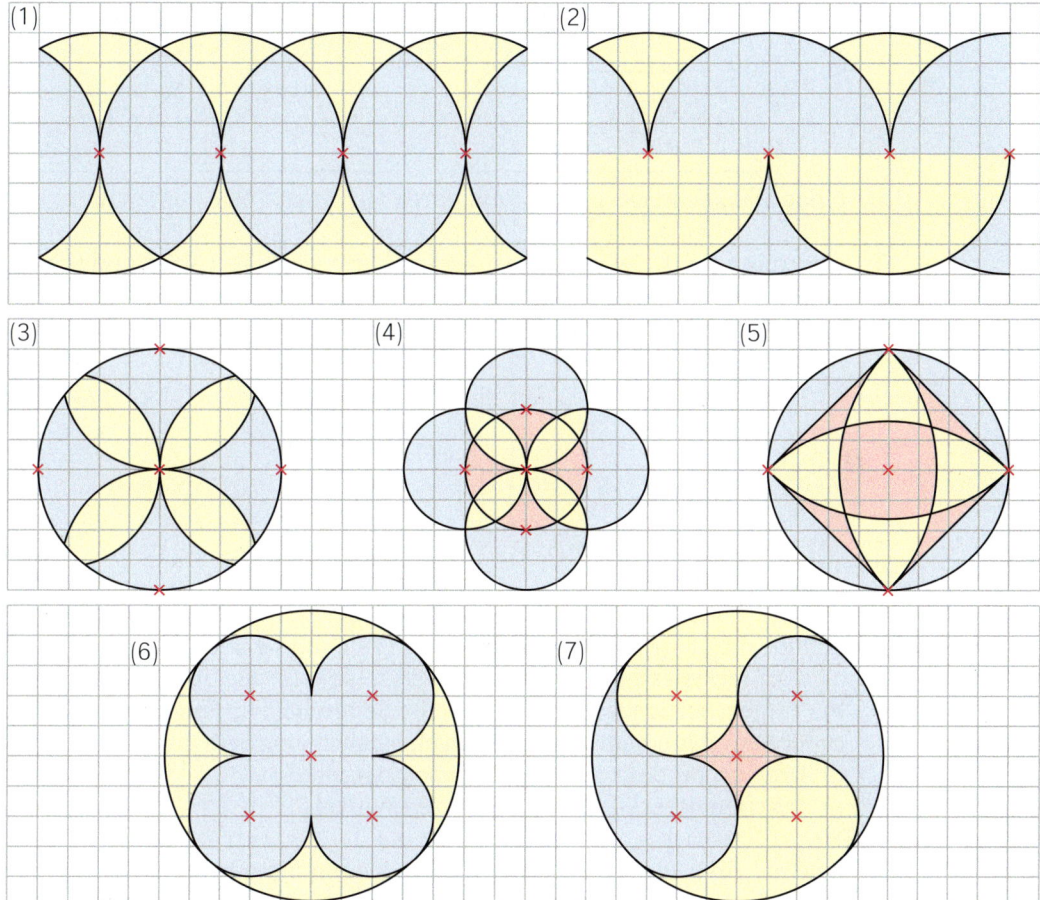

2 Die Klasse 5b entwirft im Kunstunterricht farbige Kreismuster.
  a) Erfinde selbst Kreismuster. Benutze dazu gleich große oder verschieden große Kreise.
  b) Beschreibe, wie deine Kreismuster entstanden sind.
  c) Lass dein Muster von deinem Nachbarn beschreiben und vergleicht.
  d) Stellt eure Kreismuster im Klassenzimmer oder in der Pausenhalle aus.

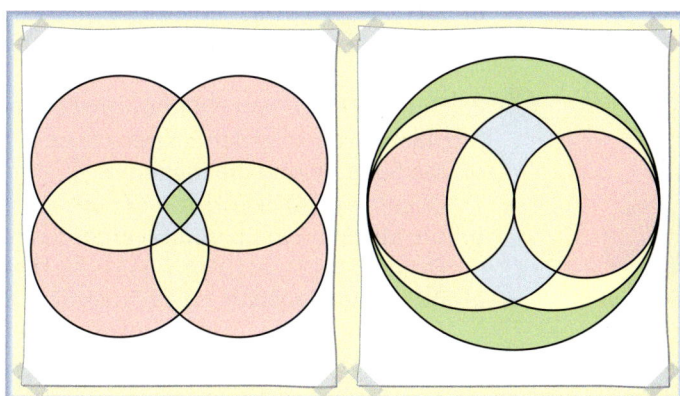

1

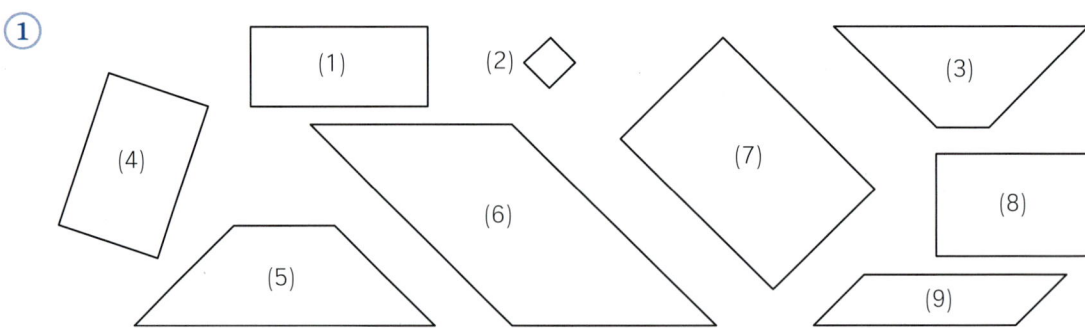

Finde alle Rechtecke und notiere deren Nummern. Wie heißen die anderen Vierecke?

2 Übertrage die Dreiecke dreimal auf ein kariertes Blatt Papier und schneide sie aus.
Lege aus ihnen möglichst viele verschiedene Vierecke.

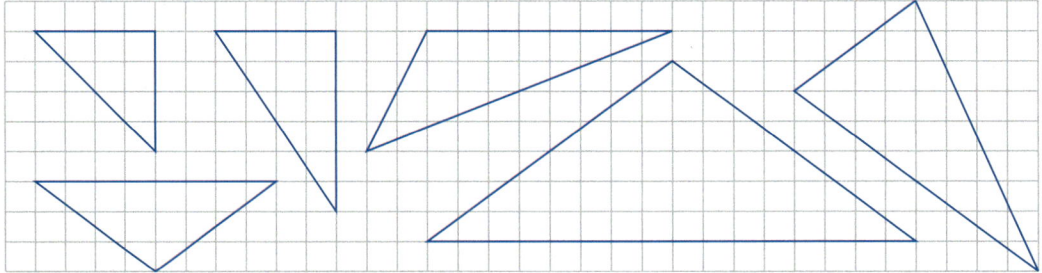

3 Spanne die Figur auf dem Geobrett und zeichne sie in dein Heft.
   a) Rechteck, dessen eine Seite doppelt so lang ist wie die andere
   b) Trapez, bei dem eine der parallelen Seiten halb so lang ist wie die andere
   c) Dreieck mit einem rechten Winkel, bei dem eine Seite doppelt so lang ist wie die andere
   d) Dreieck, bei dem zwei Seiten gleich lang sind
   e) Drachenviereck mit einem rechten Winkel

4 Zeichne ein Rechteck und ein Parallelogramm mit den Seitenlängen 5 cm und 8 cm.
Markiere jeweils die Seitenmittelpunkte und verbinde sie zu einem Seitenmittenviereck.
Welche Form hat das Seitenmittenviereck? Zeichne in dieses Viereck wiederum das
Seitenmittenviereck. Was fällt dir auf?

Seite 145

5 Drei Kreise können auf unterschiedlichste Weise angeordnet werden.
   a) Zeichne drei Kreise mit 2 cm, 4 cm und 6 cm Radius in dein Heft. Die Kreise sollen sich
      nicht schneiden und nicht berühren. Finde eine Möglichkeit, die wenig Platz benötigt.
   b) Zeichne nun diese drei Kreise so, dass sie möglichst viele Schnittpunkte besitzen.
      Vergleiche deine Lösung mit der deines Nachbarn.

Seite 145

6 Zeichne die Punkte in ein Koordinatensystem und ergänze zum Rechteck bzw. Quadrat.
Gib die Koordinaten der Eckpunkte an. 1 LE $\hat{=}$ 1 Kästchen
   a) Die Seite $\overline{AB}$ und die Diagonale $\overline{AC}$ eines Rechtecks ABCD sind gegeben.
      Es gilt: A (7 | 4); B (12 | 6); C (8 | 16)
   b) Die Mittellinien $\overline{EG}$ und $\overline{FH}$ eines Rechtecks ABCD sind gegeben.
      Es gilt: E (3 | 2), F (10 | 6), G (11 | 14), H (4 | 10)
   c) $\overline{BD}$ ist die Diagonale eines Quadrates ABCD. Es gilt: B (11 | 4), D (3 | 10)

7 Vervollständige die Figur.
   a) Die Mittellinien eines Rechtecks sind 6 cm und 4 cm lang.
   b) Ein Quadrat hat eine Diagonalenlänge von 6 cm.

10 ⌐→
12

8 In einem rechteckigen Garten von 12 m Länge und 10 m Breite stehen zwei Bäume.
   a) Zeichne den Garten in ein Koordinatensystem. Nimm den Ursprung als einen Eckpunkt und lege zwei Seiten auf die Achsen. Die Bäume sind durch A (3 | 2) und B (8 | 3) dargestellt (Maßstab 1 : 100).
   b) Im Garten sollen zwei weitere Bäume C und D so gepflanzt werden, dass alle 4 Bäume ein Quadrat bilden. Trage C und D ein und gib deren x- und y-Koordinaten an.
   c) Ein weiterer Baum soll genau in der „Mitte" des Quadrats gepflanzt werden. Trage auch diesen Punkt M ein.

8 ⌐→
7

9 Die gegebenen Punkte sind Eckpunkte einer Figur. Zeichne sie in ein Koordinatensystem und ergänze sie zu der angegebenen Figur.
   a) A (1 | 0); B (5 | 1); D ∈ y-Achse; Rechteck ABCD
   b) C (6 | 6); D (3 | 7); A ∈ y-Achse; Raute ABCD
   c) A (0 | 2); B (1 | 1); D (1 | 5); Trapez ABCD mit zwei gleich langen Seiten
   d) B (3 | 1); C (5 | 4); Dreieck ABC mit zwei gleich langen Seiten und einem rechten Winkel

10 In einem großen Tal liegen die Ortschaften Abensdorf, Biberfeld, Dachsbach, Eschental und Fuchsau. Im Koordinatensystem kann ihre Lage durch die Punkte A (2 | 3), B (10 | 9), D (6 | 5), E (4 | 8) und F (13 | 2) dargestellt werden. Es gilt:
1 LE ≙ 1 km

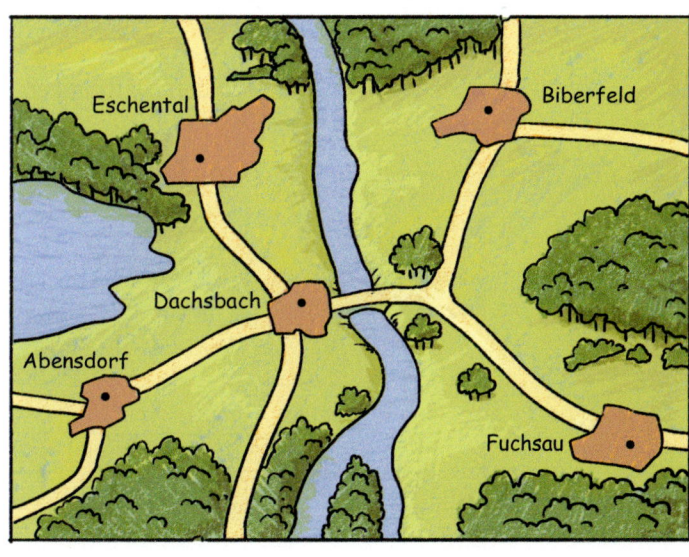

   a) Für alle Gemeinden zusammen soll eine Sirene angeschafft werden, die in Dachsbach aufgestellt wird. Die Sirene ist im Umkreis von 5 km zu hören. Sind alle Gemeinden einverstanden?
   b) In der Mitte zwischen Fuchsau und Biberfeld (Luftlinie) wird ein Sendemast für einen lokalen Sender aufgestellt. Wie groß muss seine Reichweite sein, damit jeder in den Genuss seines Programms kommt?
   c) Eine Gruppe von Wanderfreunden schafft in gemütlicher Gangart 3 km pro Stunde. Bei einer maximalen Gehzeit von 6 Stunden kommen sie an einem Tag fast überall hin im Tal, nicht aber nach Abensdorf. In welchem Ort wohnen die Wanderfreunde?

18 ⌐→
15

Seite 145

11 Die Punkte E, F, G und H sind die Mittelpunkte der Seiten eines Quadrates.
Es gilt: E (4 | 6), F (11 | 7); G (10 | 14); H (3 | ▢)
   a) Zeichne die Punkte in ein Koordinatensystem und gib die fehlende Koordinate des Punktes H an. Für die Achsen gilt: 1 LE ≙ 1 Kästchen
   b) Finde das passende Quadrat zu den Seitenmittelpunkten und gib die Koordinaten der Eckpunkte des Quadrates an.

Seite 11

1

a) Auf dem Foto siehst du verschiedene Alltagsgegenstände. Welche räumlichen Grundfiguren erkennst du?

b) Beschreibe die unterschiedlichen Figuren. Sortiere sie nach gemeinsamen Eigenschaften.

2 Sammelt in der Klasse Verpackungen und andere Gegenstände, beschreibt und sortiert sie. Notiert gegebenenfalls auch, aus welchen Grundfiguren sich diese zusammensetzen.

3 Übertrage die Tabelle in dein Heft und ergänze sie.

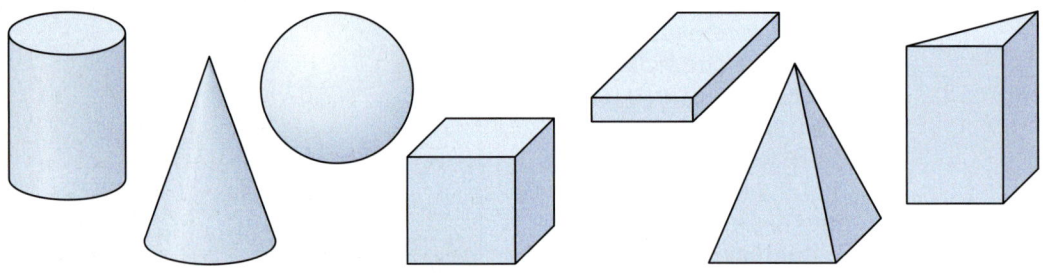

	Zylinder	Kegel	Kugel	Würfel	Quader	Pyramide	Prisma
Anzahl Ecken	▫	▫	▫	▫	▫	▫	▫
Anzahl Kanten	▫	▫	▫	▫	▫	▫	▫
Anzahl Flächen	▫	▫	▫	▫	▫	▫	▫
Form der Flächen	▫	▫	▫	▫	▫	▫	▫
Gegenstände mit dieser Form	▫	▫	▫	▫	▫	▫	▫

4 a) Baue z. B. aus Strohhalmen und Plastilinkugeln das Kantenmodell eines Würfels und einer Pyramide. (Mit Zahnstochern und eingeweichten Erbsen funktioniert es auch.)

b) Wie viele Strohhalme und Plastilinkugeln brauchst du jeweils?

c) Baue aus sechs gleich langen Strohhalmen eine Pyramide. Was stellst du fest?

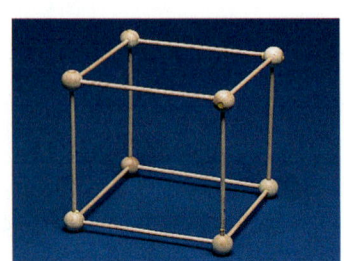

①

Baue aus Knetmasse einen Würfel und einen Quader. Beschreibe, worauf du achten musst.

Quader   **Würfel**

Ein **Quader** hat sechs rechteckige Begrenzungsflächen.

Ein **Würfel** ist ein Quader mit sechs gleich großen quadratischen Begrenzungsflächen.

Quader
Würfel

Übungen

② Welche Eigenschaft passt zu einem Quader oder zu einem Würfel? Ordne richtig zu.
① Alle Kanten sind gleich lang.   ② Gegenüberliegende Kanten sind gleich lang.
③ Der Körper hat 8 Ecken.   ④ Gegenüberliegende Kanten sind parallel zueinander.
⑤ Der Körper hat 12 Kanten.   ⑥ Nachbarkanten sind senkrecht zueinander.
⑦ Der Körper hat 6 Seitenflächen.   ⑧ Gegenüberliegende Flächen sind gleich groß.
⑨ Alle Flächen sind gleich groß.   ⑩ Gegenüberliegende Flächen sind parallel zueinander.

③   (1)   (2)   (3)

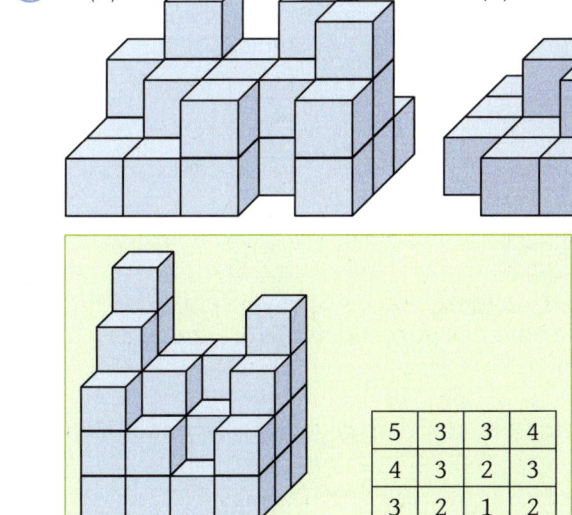

a) Gib für jedes Würfelgebäude einen Bauplan wie im Beispiel an.
b) Ergänze die Würfelgebäude zu einem kleinstmöglichen Quader (Würfel). Wie viele kleine Würfel sind zusätzlich erforderlich?
c) Wie viele kleine Würfel werden insgesamt benötigt, um einen Quader (Würfel) mit doppelt so langen Kanten wie in b) zu bauen?

5	3	3	4
4	3	2	3
3	2	1	2

④ Ermittle anhand der Baupläne, wie viele kleine Würfel mindestens für die Ergänzung zu einem Quader (Würfel) benötigt werden.

a)

7	6	5	4
3	4	5	6

b)

2	2	5	3
1	6	5	9
2	3	1	7
1	8	2	5

c)

1	9	10
8	2	11
7	12	3
6	5	4

⑤ Fabian und Melina haben die beiden Verpackungen rechts an den zusammengeklebten Kanten aufgetrennt. Jeder erhält das **Netz** einer räumlichen Figur.

a) Welches Netz gehört zur Cornflakespackung und ist damit das Netz eines Quaders?

(1)
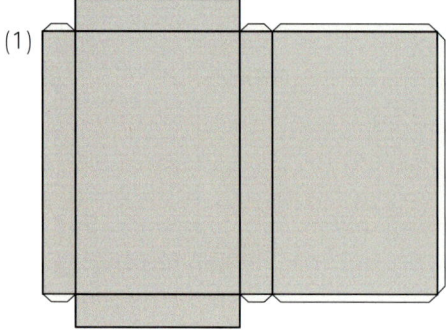

(2)
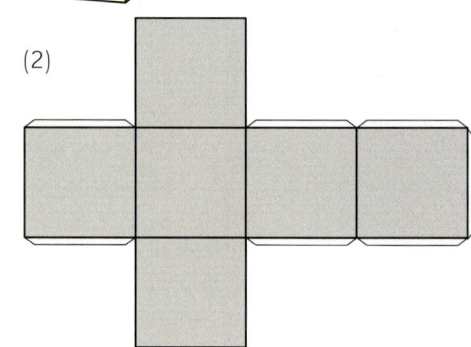

b) Beschreibe die Gemeinsamkeiten und Unterschiede der beiden Netze.

⑥ Baue aus Pappe einen Würfel und einen Quader.

a) Zeichne das in Aufgabe 5 abgebildete Würfelnetz mit einer Kantenlänge von 6 cm auf dünne Pappe. Schneide das Netz aus und falte es zu einem Würfel. Klebe den Würfel an den Klebelaschen zusammen.

b) Stelle mit Hilfe des in Aufgabe 5 abgebildeten Quadernetzes einen Quader her. Der Quader soll 8 cm lang, 6 cm breit und 4 cm hoch sein.

⑦ Leonie möchte aus den Netzen in der Abbildung Spielwürfel aus Pappe bauen.

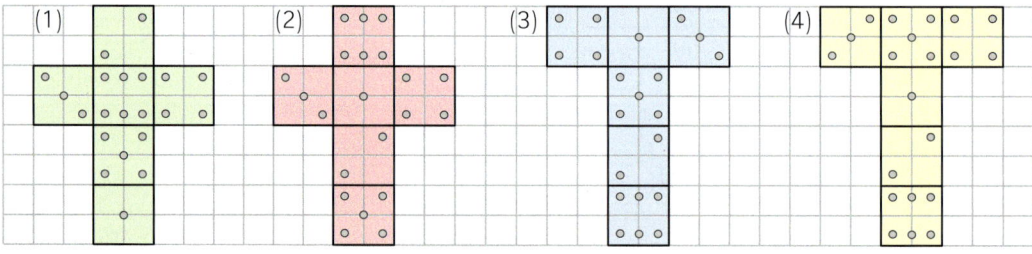

Untersuche die Anordnung der Augenzahlen bei Spielwürfeln. Was fällt dir auf? Überprüfe, ob die Augenzahlen auf den abgebildeten Würfelnetzen richtig angeordnet sind.

⑧ Zeichne das Würfelnetz in dein Heft. Markiere gegenüberliegende Flächen des Würfels in den passenden Farben.

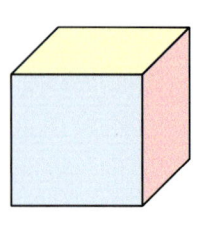
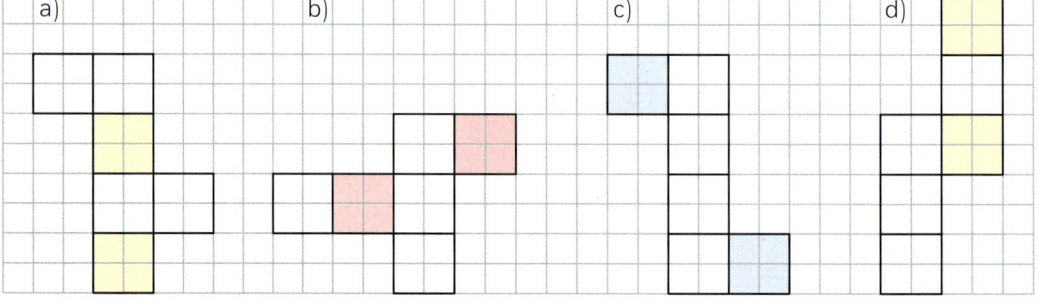

9 Quadernetze können ganz unterschiedlich aussehen. In der Zeichnung siehst du vier verschiedene Möglichkeiten.

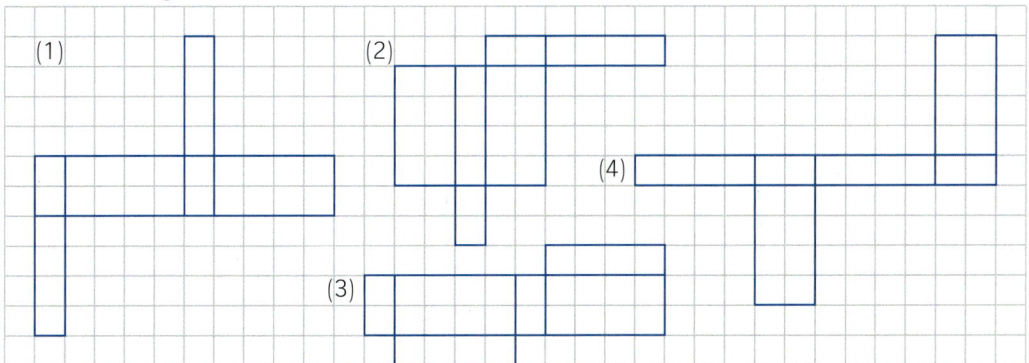

a) Übertrage die Quadernetze in dein Heft.
b) Male Flächen, die sich gegenüberliegen, mit der gleichen Farbe aus.
c) Markiere in den einzelnen Quadernetzen jeweils die beiden Kanten mit gleicher Farbe, die beim Falten zu einem Quader zusammentreffen.

10 Übertrage das Würfelnetz in dein Heft und kennzeichne alle Punkte, die zu der Würfelecke mit dem roten Punkt gehören.

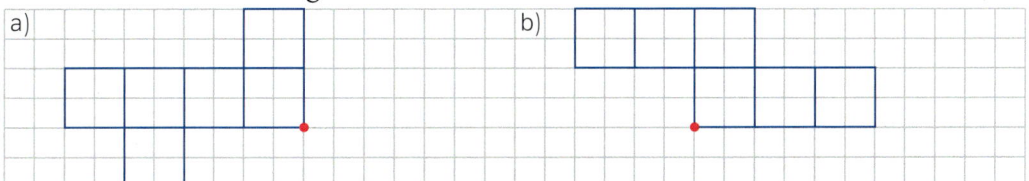

11 Stelle dir vor, der abgebildete Würfel wird zur Hälfte in Tinte getaucht. Übertrage das Würfelnetz und färbe die Flächen passend ein. Ein Fläche ist schon richtig eingefärbt.

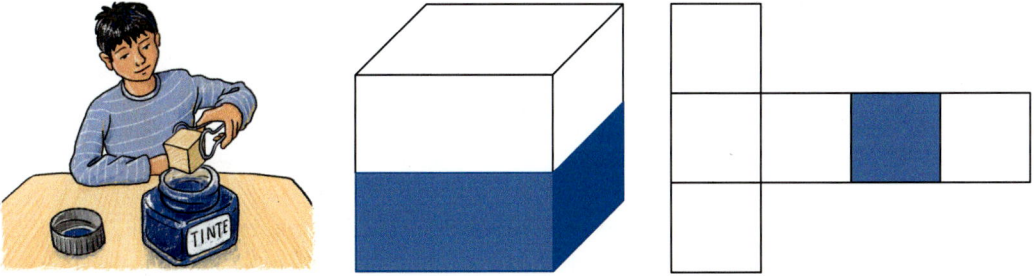

12 Begründe, warum aus den dargestellten Netzen kein Quader entstehen kann.

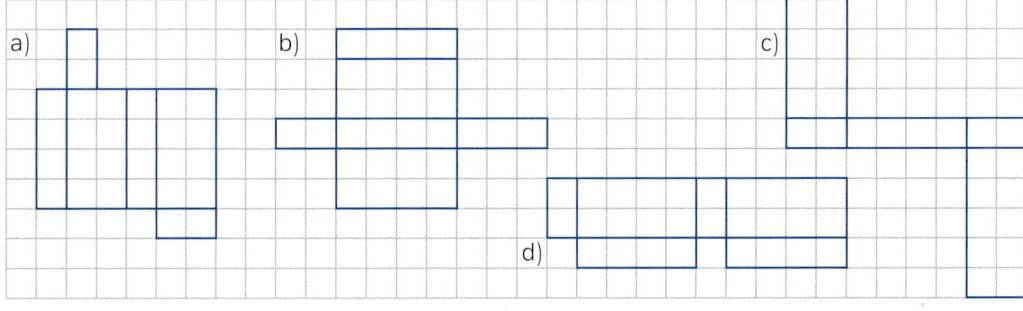

1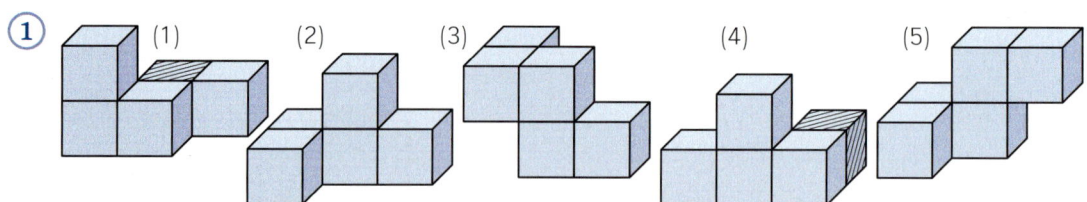

    (1)   (2)   (3)   (4)   (5)

    a) Aus fünf Würfeln wurden Figuren gebaut. Welche Figuren sind gleich aufgebaut?

    b) Du erhältst von deinem Lehrer eine Kopie der Figuren. Ergänze in den Figuren (2), (3) und (5) den schraffierten Würfel.

2 Die Figur soll auf die gelbe Seite gelegt werden. Wie sieht sie dann aus? Zeichne einen Bauplan wie in Aufgabe 3 auf Seite 129. Baue die Figur aus Holzwürfeln nach.

a) 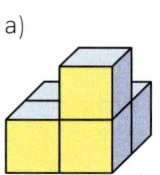   b)    c)    d)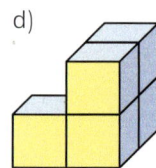

3 Derselbe Würfel wurde in drei verschiedenen Lagen gezeichnet.

    a) Welcher Buchstabe liegt D gegenüber?

    b) Nenne weitere Buchstaben, die sich gegenüberliegen.

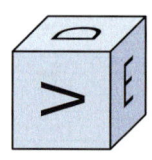  

4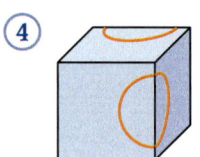

a) 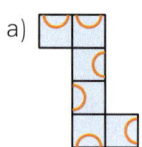   b) 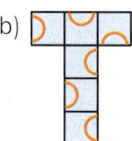   c)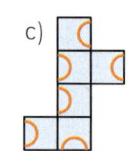

Aus den abgebildeten Netzen kannst du einen Würfel bauen. Wie viele geknickte Kreise entstehen?

5 a) 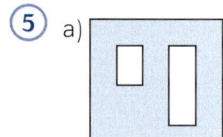   b) 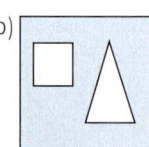   c) 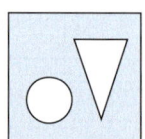   d)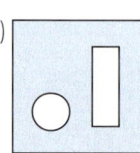

Gib einen Grundkörper an, der genau durch beide Öffnungen passt.

6 Auf einem 6x6-Gitternetz wird ein farbiger Würfel von einer Ausgangsposition in eine Zielposition gekippt.

Eine Tabelle hilft!

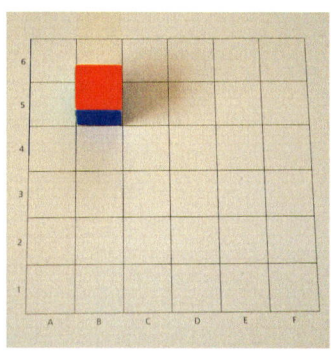

> Der Würfel im Foto liegt auf Position B5 mit der roten Fläche oben und der blauen Fläche vorn. Wenn man ihn über B4, B3, C3 und D3 auf D2 kippt, liegt die blaue Fläche oben und die rote Fläche vorn.
>
> *Hinweis:* Der Würfel kann nur über die Seitenkanten gekippt werden, nicht über die Ecken.

    a) Überlege für das Beispiel oben nach jedem Kippen, welche Fläche oben und welche vorn liegt.

    b) Starte nun bei Position A3. Die graue Seitenfläche liegt oben und die gelbe Fläche vorn. Kippe den Würfel in Gedanken über A2 nach B2. Welche Flächen liegen nach jedem Kippen oben und vorn?

    c) Stellt euch gegenseitig Kipp-Aufgaben.

G **Soma-Würfel**

Der dänische Schriftsteller und Wissen-
schaftler PIET HEIN hatte 1936 in einer
Vorlesung zur theoretischen Physik die
geniale Idee, dass sich ein 3x3x3-Würfel
aus einem Würfeldrilling (Tromino) und
sechs Würfelvierlingen (Tetromino) zusammensetzen lässt.
Er nannte seine Idee „Soma-Würfel".
Der Name wurde vermutlich aus dem
griechischen Wort für Körper „soma"
abgeleitet.
Es gibt 240 Möglichkeiten für das Zusammensetzen des Soma-Würfels.

①

a) Baue diese Figuren nach. Du kannst dazu
   entweder Würfel zusammenkleben oder
   von einer Holzleiste passende Stücke ab-
   sägen und diese dann verbinden.
b) Baue aus allen 7 Teilen einen Würfel.
c) Überlege, warum eins der sieben Teile
   ein Würfeldrilling ist.
d) Wie viele Möglichkeiten gibt es insgesamt für verschiedene Würfelvierlinge?
e) Du kannst auch andere Formen zusammensetzen, wenn du nicht alle Figuren
   verwendest. Versuche, die Beispiele
   nachzubauen.

(1)

(2)

(3)

f) Finde selbst weitere Figuren.

① Aus einem quadratischen Blatt Papier wird eine Figur gefaltet, die zu einem Würfel aufgeblasen werden kann.

1. Schritt:
Ein quadratisches Blatt Papier entlang der Diagonalen und der Mittellinien falten.

2. Schritt:

Das Papier entlang einer Mittellinie falten. Die rechte Hälfte so öffnen und auseinanderdrücken, dass ein Dreieck entsteht. Die Faltkante glatt streichen und den Flügel nach rechts falten.

4. Schritt:

3. Schritt:
Wie im 2. Schritt beschrieben auch aus der linken Hälfte des Papiers ein Dreieck falten.

4. Schritt:
Die beiden vorderen Flügel an der gestrichelten Linie nach oben falten.

5. Schritt:

5. Schritt:
Die rechte und linke Ecke an den Markierungen auf den Mittelpunkt falten.

6. Schritt:
Den 4. und 5. Schritt auf der Rückseite der Figur wiederholen.

7. Schritt:
Die beiden oberen Spitzen an der gestrichelten Linie nach unten falten. Dann an den Hilfslinien scharf knicken.

8. Schritt:
Die kleinen Dreiecke in die dreiecksförmigen Taschen stecken. Achtung, das ist nicht ganz einfach.

7. Schritt:

9. Schritt:
Die Figur an den Markierungen falten und die Faltung wieder öffnen.

10. Schritt:
Den 7., 8. und 9. Schritt auf der Rückseite der Figur wiederholen.

11. Schritt:
Durch das Loch an der unteren Spitze den Würfel aufblasen, ihn dabei leicht auseinanderziehen.

8. Schritt:

VIEL SPAß mit dem Pustewürfel!

(1) In dem Bild treffen Sonnenstrahlen schräg auf das Kantenmodell eines Würfels.
Auf der Wand entsteht dadurch ein Schatten.
Dieses Schattenbild ist ein **Schrägbild des Würfels**.

Um einen Körper anschaulich darzustellen, wird er häufig als Schrägbild gezeichnet.

(1)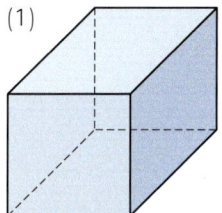

(2)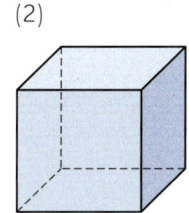

Die Abbildungen zeigen zwei Schrägbilder.
Miss in den beiden Zeichnungen jeweils die Länge der einzelnen Kanten.
Was stellst du fest?

Welches Bild stellt am anschaulichsten einen Würfel dar?

(2) So kannst du das Schrägbild eines Würfels mit der Kantenlänge 2 cm zeichnen.

1. Schritt:

Zeichne die Vorderfläche des Würfels.
Lege die Kanten auf Gitterlinen.

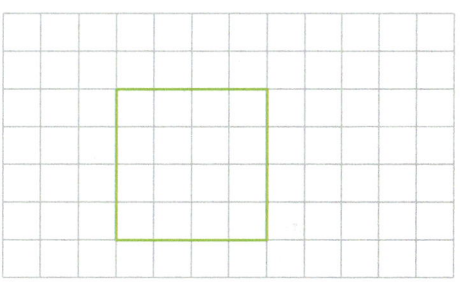

2. Schritt:

Zeichne die nach hinten laufenden Kanten auf Kästchendiagonalen.
Zeichne diese Kanten **auf die Hälfte verkürzt**.

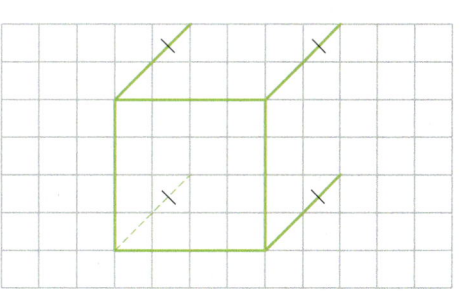

3. Schritt:

Verbinde die Eckpunkte. Zeichne alle nicht sichtbaren Kanten gestrichelt.

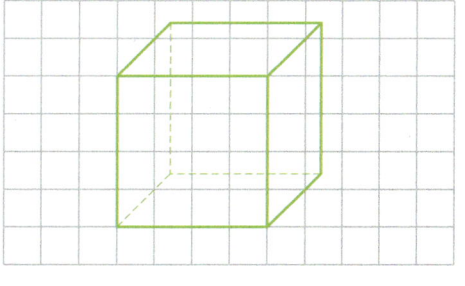

Übungen

(3) Zeichne das Schrägbild eines Würfels mit den folgenden Kantenlängen.
   a) 6 cm   b) 4 cm   c) 5 cm   d) 4,8 cm   e) 5,4 cm   f) 3,6 cm

(4) Übertrage die angefangenen Schrägbilder von Quadern in dein Heft und vervollständige sie.

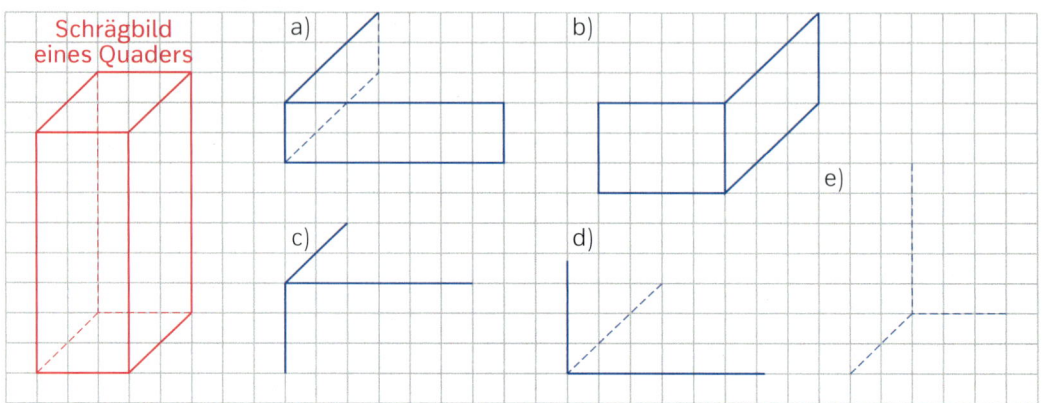

(5) Zeichne das Schrägbild eines Quaders.

	a)	b)	c)	d)	e)	f)
Länge	6 cm	4,8 cm	52 mm	7,4 cm	42 mm	6 cm 4 mm
Breite	4 cm	2,6 cm	34 mm	3,6 cm	42 mm	4 cm 6 mm
Höhe	5 cm	5,4 cm	40 mm	5,2 cm	42 mm	3 cm 5 mm

(6) a) Was meinst du zu Inas Frage? Begründe deine Antwort.

b) Zeichne drei verschiedene Schrägbilder eines Quaders mit den Kantenlängen 2 cm, 4 cm und 6 cm (42 mm, 36 mm, 54 mm).

Sind hier drei verschiedene Quader abgebildet?

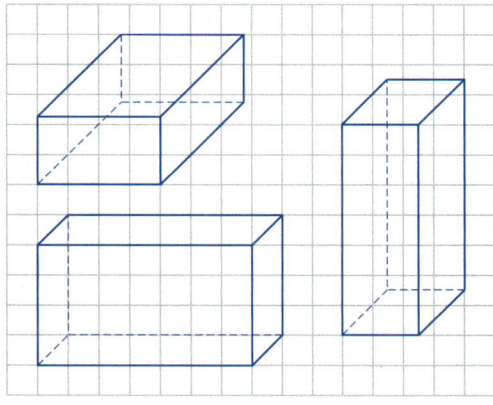

(7) Zeichne zum abgebildeten Netz ein dazugehöriges Schrägbild des Quaders mit doppelter Anzahl der Kästchen.
Trage in Aufgabe b) die farbigen Strecken lagerichtig im Schrägbild ein.

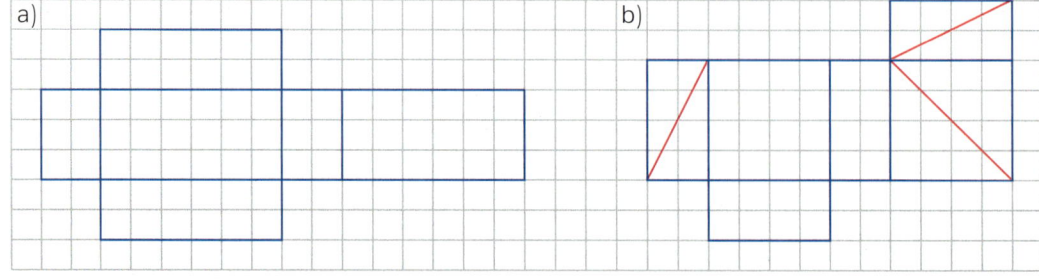

①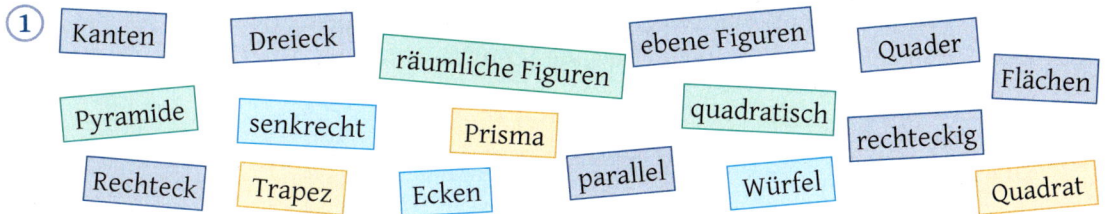

Kanten Dreieck räumliche Figuren ebene Figuren Quader Flächen

Pyramide senkrecht Prisma quadratisch rechteckig

Rechteck Trapez Ecken parallel Würfel Quadrat

a) Schreibt mindestens fünf Sätze zu den Eigenschaften geometrischer Figuren auf. Verwendet die angegebenen Begriffe.

b) Lest euch gegenseitig die Sätze vor und entscheidet, ob sie mathematisch korrekt sind.

② Du willst aus Draht das Kantenmodell eines Würfels anfertigen. Welche Länge muss der Draht mindestens haben, wenn eine Kante des Würfels 13 cm (24 cm, 10,5 cm) lang werden soll?

③ Melanie verarbeitet für das Kantenmodell eines Würfels einen 72 cm (168 cm, 1020 mm) langen Draht. Wie lang ist die Kante dieses Würfels?

④ a) Aus wie vielen kleinen Würfeln mit der Kantenlänge 1 cm setzt sich der abgebildete Würfel zusammen?

b) Der Würfel wird an seiner Außenfläche grün angestrichen. Wie viele kleine Würfel haben danach zwei grüne Seitenflächen?
Gibt es auch kleine Würfel, die ungefärbt bleiben? Wenn ja, wie viele sind es?

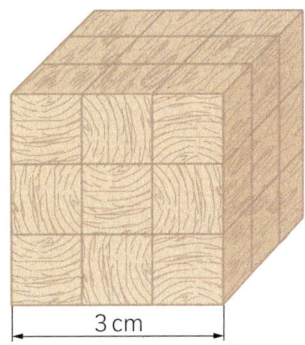

3 cm

⑤ Stefan besitzt viele Würfel mit der Kantenlänge 1 cm. Er möchte damit größere Würfel bauen.

a) Wie viele kleine Würfel benötigt er zum Bau eines Würfels mit einer Kantenlänge von 2 cm (4 cm, 6 cm)?

b) Er hat einen Würfel aus 125 kleinen Würfeln zusammengesetzt. Wie groß ist die Kantenlänge dieses Würfels?

⑥ Iris will aus 24 (36) Würfeln mit der Kantenlänge 1 cm einen Quader bauen. Welche Kantenlängen (Länge, Breite, Höhe) kann der Quader haben? Notiere fünf verschiedene Möglichkeiten.

⑦ Ein Holzstück mit den angegebenen Maßen soll so durchgesägt werden, dass Würfel mit der größtmöglichen Kantenlänge entstehen.
Wie groß wird die Kantenlänge der einzelnen Würfel?
Gib die Anzahl der Würfel an.

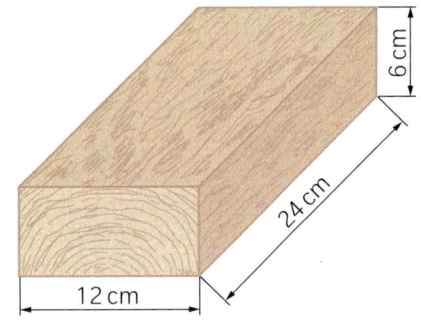

6 cm

24 cm

12 cm

8 Stell dir vor, der Würfel wird wie in der Abbildung geschnitten. Zeichne in deinem Heft im Schrägbild und im Netz die Schnittlinien ein.

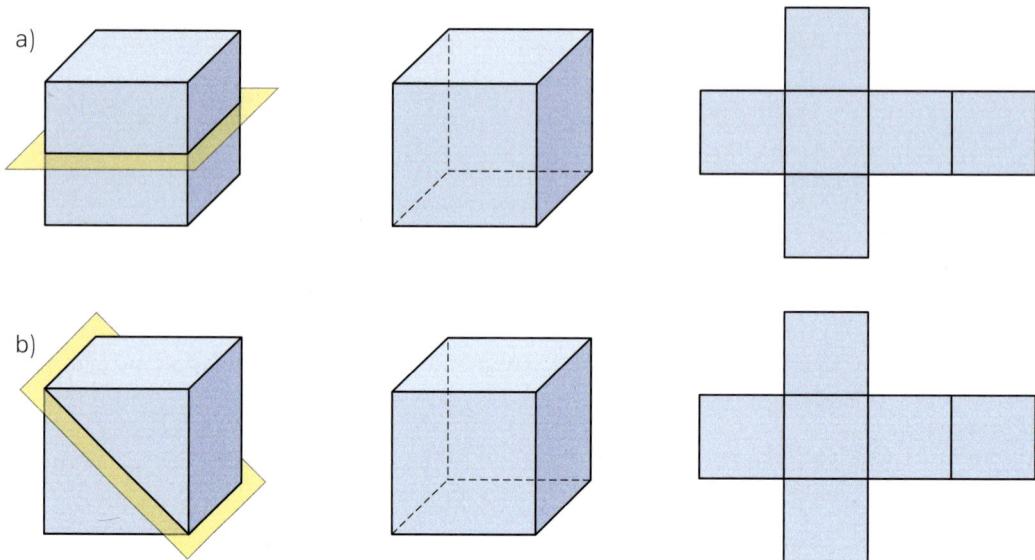

a)

b)

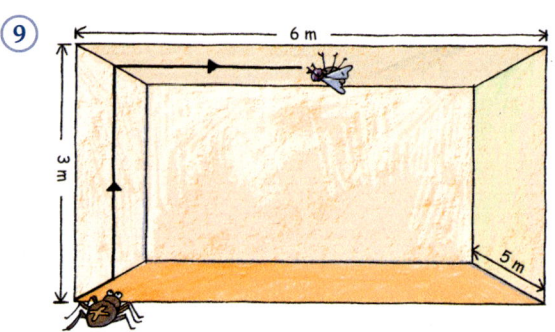

9 Genau in der Mitte der Decke sitzt eine fette Fliege. Die Spinne möchte zu ihr laufen.
a) Wie lang ist der eingezeichnete Weg?
b) Es gibt einen kürzeren Weg. Fertige dazu ein geeignetes Netz des Raumes an, in das du den kürzesten Weg einzeichnest. Maßstab 1:100.

10 Rechts siehst du das Schrägbild eines Würfels. Über die drei farbigen Außenflächen führt eine rote Linie.
a) Übertrage das Schrägbild in dein Heft.
b) Ermittle die wahre Länge des abgebildeten Streckenzuges.
c) Zeichne deinem Nachbarn eine weitere Linie in das Schrägbild ein und lass sie oder ihn wieder die wahre Länge bestimmen.
Kontrolliere und vergleiche mit dem Ergebnis in b).
Hinweis: Die Linie soll immer über alle drei Flächen laufen und an den Kanten genau auf einen Gitterpunkt treffen.
d) Untersuche, in welchen Fällen sich die wahre Länge besonders einfach bestimmen lässt.
In welchen Fällen gibt es besonders kurze, in welchen Fällen besonders lange Streckenzüge? Begründe deine Ergebnisse.

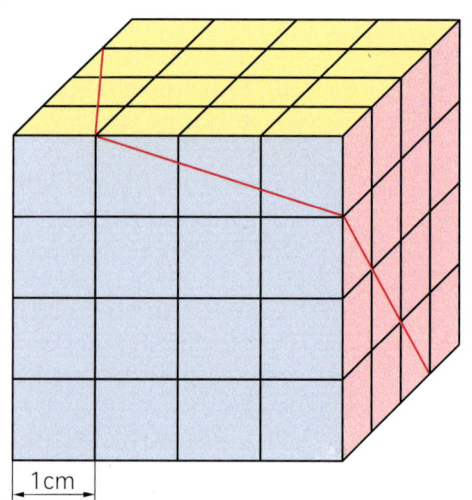

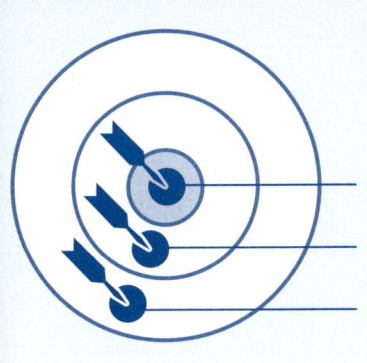

Löse die Aufgaben.

Schätze Dich mit Hilfe der **Zielscheibe** selbst ein.

Die Lösungen findest Du auf Seite 212.

→ zeigt Hilfen zu jeder Aufgabe.

Das kann ich.

Da bin ich mir **nicht ganz sicher.**

Das muss ich **unbedingt üben.**

Aufgabe	Du kannst …
1, 2, 4	geometrische Begriffe und Schreibweisen nutzen.
3	Punkte im Koordinatensystem einzeichnen.
5	ebene Figuren zeichnen.
6	ebene und räumliche Figuren aufgrund ihrer Eigenschaften erkennen.
7	Netze und Schrägbilder zeichnen.

→ Seite 109, 110 Merkkästen

1 Gerade, Halbgerade oder Strecke? Gib auch die mathematische Schreibweise an.

(1) P ⊢―――⊣ Q

(2) A ×―――― B ×

(3) R ⊢―――― S ×

(4) C ⊢―――⊣ D

→ Seite 109, 110

2 Erstelle zu der mathematischen Schreibweise eine passende Zeichnung.

a) $h = PQ$ b) $|\overline{BC}| = 3\ cm$ c) $A \notin g$ und $D \in g$ d) $S \in h$ und $S \in g$ e) $k(M;\ 4\ cm)$

→ Seite 116 Merkkasten

3 Zeichne ein Koordinatensystem und trage die Punkte ein.

A (3 | 5); B (7 | 1); C (0 | 3); D (4 | 6); E (2 | 0); F (5 | 5); G (5 | 7)

→ Seite 113 Merkkasten

4 Beschreibe die Lage der Geraden rechts zueinander. Überprüfe mit dem Geodreieck und notiere auch die mathematische Schreibweise.

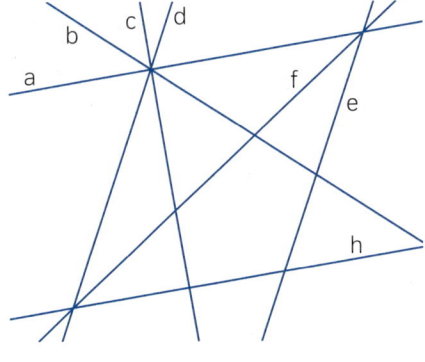

→ Seite 119, 124 Merkkästen
→ Seite 121 Aufgabe 5

5 Nimm ein Blatt Papier ohne Linien und Kästchen und zeichne die Figur.

a) Quadrat mit $|\overline{BD}| = 6\ cm$

b) Rechteck mit $|\overline{AB}| = 3\ cm$ und $|\overline{AC}| = 6\ cm$

c) Parallelogramm mit $|\overline{AB}| = 3\ cm$ und $|\overline{AD}| = 6\ cm$

d) Kreis mit $d = 10\ cm$

→ Seite 121, 128

6 a) Um welches Viereck handelt es sich?

    (1) Gegenüberliegende Seiten sind parallel, aber nicht alle Seiten gleich lang.

    (2) Jeweils zwei nebeneinanderliegende Seiten sind gleich lang.

    (3) Alle Seiten sind gleich lang. Die Figur besitzt nicht vier rechte Winkel.

b) Um welchen Körper handelt es sich?

    (1) Der Körper besitzt acht Ecken und alle Kanten sich gleich lang.

    (2) Die Seitenflächen sind Dreiecke und Vierecke.

    (3) Der Körper besitzt keine Ecken und Kanten.

→ Seite 130

7 a) Kannst du aus diesem Netz einen Quader bauen? Begründe.

b) Zeichne ein anderes Netz eines Quaders mit den gleichen Kantenlängen.

Pentominos

Figuren, die man aus fünf Quadraten bilden kann, heißen Pentominos. Die Quadrate haben mindestens eine Seite gemeinsam. Unten siehst du sechs der insgesamt zwölf verschiedenen Pentominos.

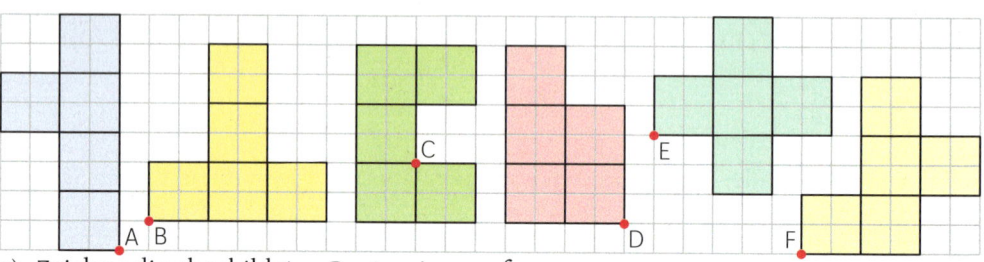

a) Zeichne die abgebildeten Pentominos auf ein Blatt und schneide sie aus.

b) Lege die Pentominos so, dass sie das rechts abgebildete Rechteck ohne Lücke ausfüllen.
Tipp: Lege A auf (0|4).
Gib die Koordinaten der Punkte B bis F an.

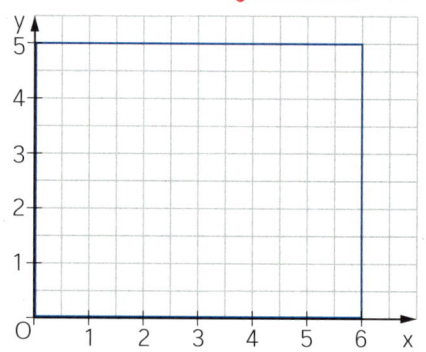

Kreise

a) Zeichne 3 Kreise mit 2 cm, 3 cm und 4 cm Radius, die sich jeweils in einem Punkt berühren (es reicht, wenn du eine mögliche Lösung findest).

b) Übertrage die Muster auf ein Blatt. Verwende dabei den doppelten Radius.

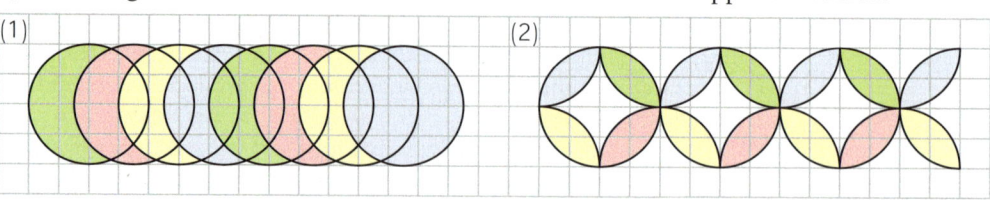

4

Quader

a) Schreibe auf, welche Kanten des Quaders senkrecht aufeinander stehen und welche parallel sind.

b) Der Quader wird nun zur Hälfte in Farbe getaucht. Übertrage die Quadernetze auf ein Blatt (Maßstab 1:4) und färbe sie entsprechend ein.

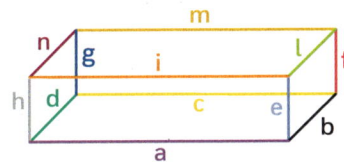

(1)  (2)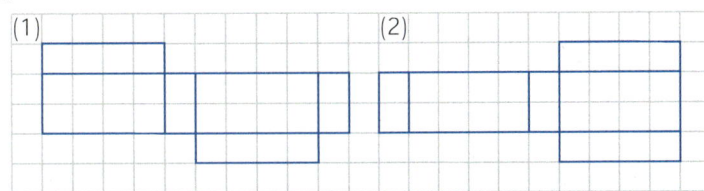

3

Koordinatensystem

Hier siehst du den Lageplan eines Grundstücks.

a) Zeichne das Grundstück mit dem Gartentor (T) und den Bach maßstabsgerecht (1 LE ≙ 10 m) in ein Koordinatensystem.

b) Vom Tor aus soll ein Weg senkrecht zum Bach führen. Zeichne ihn ein. Der Weg trifft den Bach im Punkt P. Gib die Koordinaten von P an.

c) Wie lang ist der Weg zum Bach?

d) Der Waldrand verläuft parallel zur Rückseite $\overline{CD}$ in 20 m Abstand. Markiere den Waldrand.

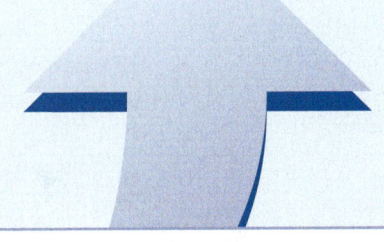

e) Im Grundstück werden an den Seiten $\overline{AD}$ und $\overline{BC}$ jeweils 5 m breite Streifen mit Büschen bepflanzt. Ergänze sie.

f) Die Zeichnung im Koordinatensystem stellt nur einen Ausschnitt dieser Gegend dar. Reicht der Waldrand irgendwo an den Bach, wenn beide in derselben Richtung weiter verlaufen? Begründe.

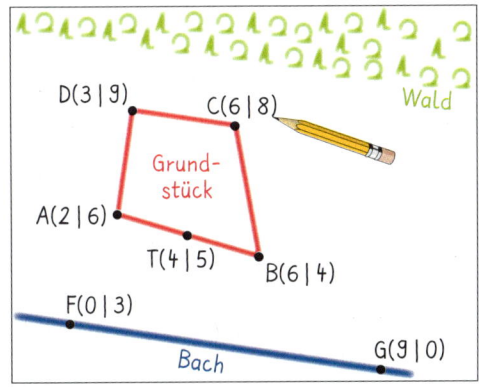

07

Ganze Zahlen

Wetterstation auf der Zugspitze

In den Bildern findest du Zahlen, mit denen du bis jetzt in der Mathematik noch nicht gerechnet hast. Wo begegnen uns diese Zahlen im Alltag noch?

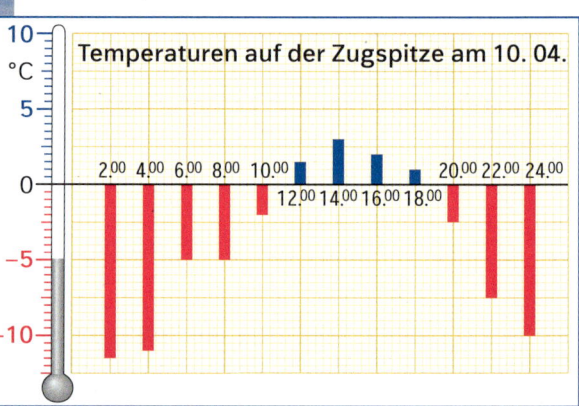

Temperaturen auf der Zugspitze am 10. 04.

Ijsselmeer

①

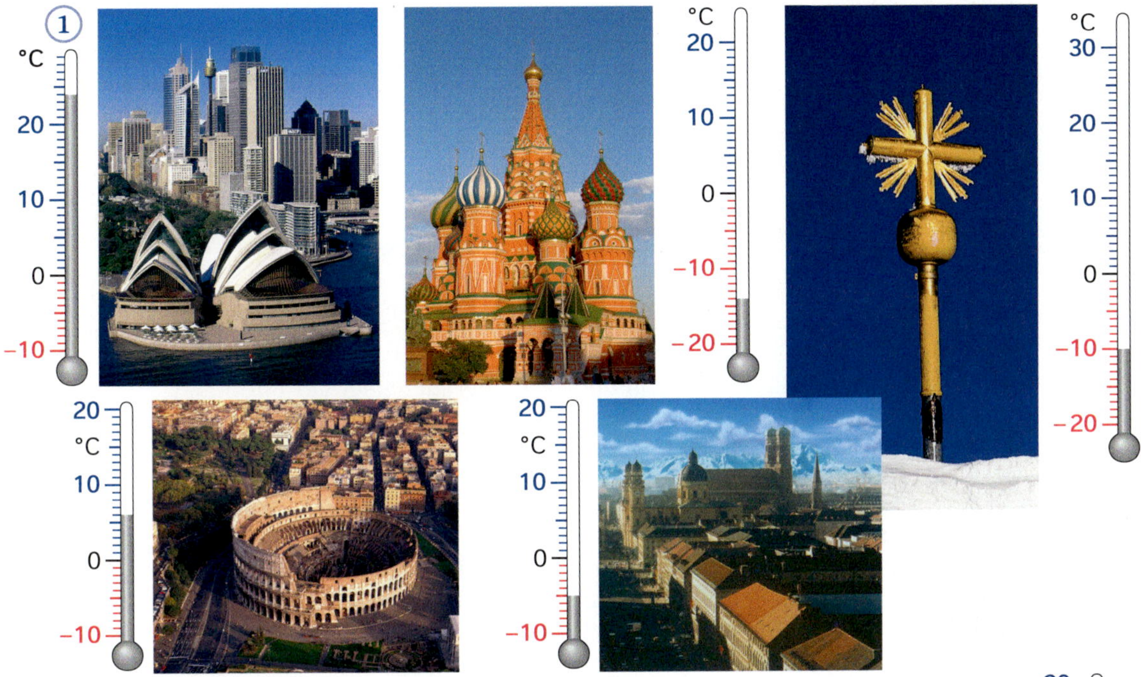

°C 20 10 0 −10

°C 20 10 0 −10 −20

°C 30 20 10 0 −10 −20

20 °C 10 0 −10

20 °C 10 0 −10

Das Vorzeichen „+" bei positiven Temperaturen wird fast immer weggelassen.

20 °C 10 0 −10 −20

a) Wie heißen die Orte auf den Bildern?

b) Lies an den Thermometern die Temperaturen für die einzelnen Orte ab.

c) Übertrage das Thermometer in dein Heft und markiere die Temperaturen. Temperaturen über Null Grad Celsius werden dabei mit dem Vorzeichen „+" und Temperaturen unter Null Grad Celsius mit dem Vorzeichen „–" gekennzeichnet.

(1) $-15\,°C$; $-13\,°C$; $-6\,°C$; $+6\,°C$; $-1\,°C$; $-3\,°C$

(2) $15\,°C$; $-11\,°C$; $-7\,°C$; $8\,°C$; $-9\,°C$; $-16\,°C$

(3) $-2\,°C$; $-14\,°C$; $-8\,°C$; $12\,°C$; $-4\,°C$; $-7\,°C$

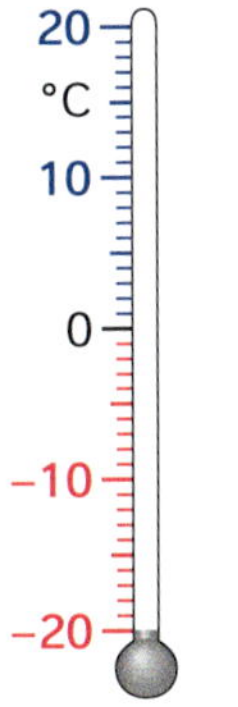

② Im folgenden Bild sind die Durchschnittstemperaturen einiger Monate auf der Zugspitze dargestellt.

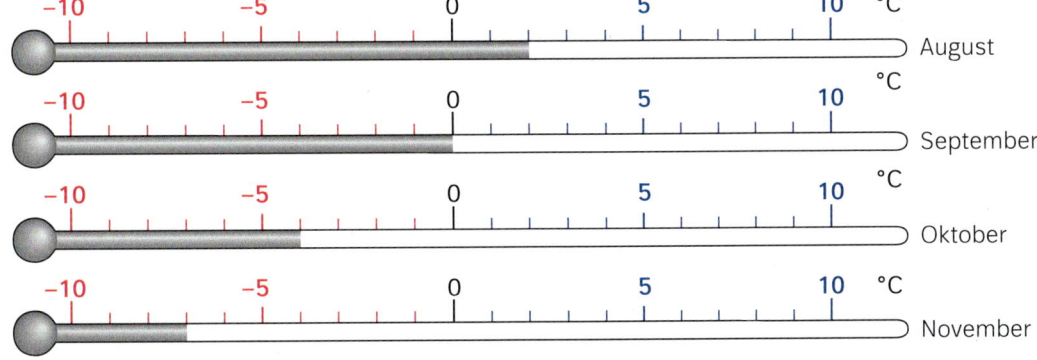

Welcher ist der kälteste (wärmste) Monat? Woran erkennst du das?

③ Vergleiche die Temperaturen. Setze in deinem Heft für den Platzhalter < oder > ein.

a) $-4\,°C$ ▢ $-7\,°C$ b) $0\,°C$ ▢ $-4\,°C$ c) $-7\,°C$ ▢ $-10\,°C$ d) $-11\,°C$ ▢ $-8\,°C$

    $+2\,°C$ ▢ $0\,°C$ $+18\,°C$ ▢ $-18\,°C$ $-7\,°C$ ▢ $0\,°C$ $-13\,°C$ ▢ $-15\,°C$

    $-16\,°C$ ▢ $-27\,°C$ $-13\,°C$ ▢ $-7\,°C$ $-1\,°C$ ▢ $3\,°C$ $-3\,°C$ ▢ $-11\,°C$

    $+13\,°C$ ▢ $-20\,°C$ $+13\,°C$ ▢ $-8\,°C$ $+8\,°C$ ▢ $-4\,°C$ $-15\,°C$ ▢ $-7\,°C$

Ganze Zahlen

M Die Zahlen $+1; +2; +3; \dots$ sind **positive ganze Zahlen** oder natürliche Zahlen.
Die Zahlen $-1; -2; -3; \dots$ sind **negative ganze Zahlen**.
Die positiven ganzen Zahlen, die Null und die negativen ganzen Zahlen bilden die **Menge der ganzen Zahlen $\mathbb{Z}$**.
$\mathbb{Z} = \{\dots; -3; -2; -1; 0; +1; +2; +3; \dots\}$

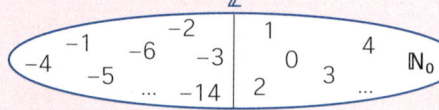

Zahlengerade

Die ganzen Zahlen lassen sich auf der **Zahlengeraden** anordnen.

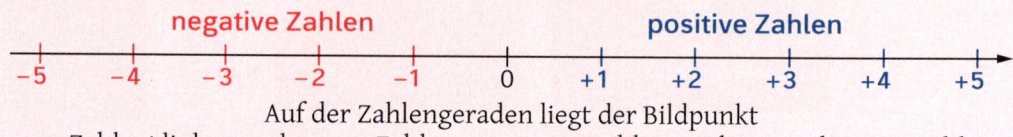

negative Zahlen   positive Zahlen

Auf der Zahlengeraden liegt der Bildpunkt
zur Zahl -4 links von dem zur Zahl -1 zur Zahl -1 rechts von dem zur Zahl -4
$-4 < -1$ $-1 > -4$

Übungen

(1) Wahr oder falsch?
a) (1) Die Zahl 4 ist sowohl eine natürliche als auch eine ganze Zahl.
   (2) Die Zahl –6 ist eine ganze Zahl, aber keine natürliche Zahl.
   (3) Die Zahl 5 ist eine natürliche Zahl aber keine ganze Zahl.
b) Stelle deinem Nachbarn ähnliche Aufgaben.

(2) Übertrage die Tabelle in dein Heft und fülle sie aus.

a)

Vorgänger	Zahl	Nachfolger
▨	-5	▨
-13	▨	▨
▨	▨	0

b)

Vorgänger	Zahl	Nachfolger
-569	▨	▨
▨	-100	▨
▨	▨	-350

(3) Lies an den folgenden Zahlengeraden ab, wie die markierten Zahlen heißen.

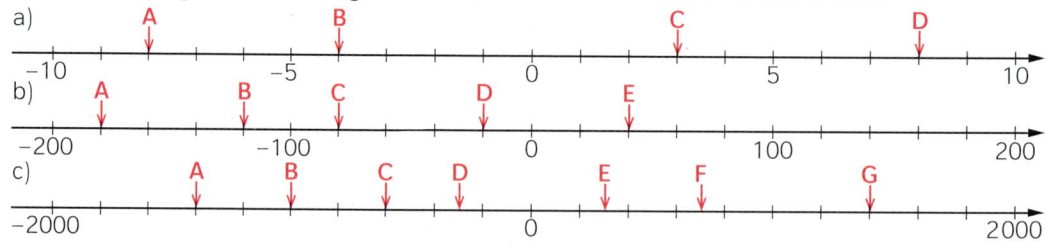

a)
b)
c)

(4) Vergleiche die Zahlen. Setze in deinem Heft für den Platzhalter die Zeichen $<$ oder $>$ oder Zahlen so ein, dass eine wahre Aussage entsteht.
a) -5 ▨ $+1$ b) -3 ▨ -2 c) -29 ▨ 23 d) -18 ▨ -13 e) ▨ $< -14 <$ ▨
   $+4$ ▨ -5 -1 ▨ -3 -45 ▨ -43 -37 ▨ -20 ▨ $< -75 <$ ▨

(5) Alina soll die Zahlen der Größe nach ordnen:
$-4; -2; +1; 0; -10; -1; -5; +3$
a) Beurteile Alinas Lösungsversuch und ihre Begründung. Versuche selbst das Ordnen negativer Zahlen mit Hilfe von Temperaturen zu erläutern.
b) Ordne die Zahlen der Größe nach. Beginne mit der kleinsten Zahl.

6 Zeichne eine Zahlengerade und trage darauf folgende Zahlen ein.
Wähle eine geeignete Längeneinheit. Beachte, dass die größte und kleinste Zahl auf die Zahlengerade passt. Ordne anschließend bei den Aufgaben a) bis c) nach der Beziehung „ist kleiner als" und bei den Aufgaben d) bis f) nach der Beziehung „ist größer als".
a) 0; −12; 3; −5; −9; 6; −7; 11; −13
b) −17; −11; 3; −24; 4; −13; −15; −19
c) 35; −30; −20; 25; −60; −15; −55; −5
d) −75; −110; 30; −45; 60; −130; −125
e) −85; −105; 20; −70; 5; −35; −50; −90
f) −600; 750; −550; 300; −250; −100

7

	(1)	(2)	(3)	(4)	(5)
Anfangstemperatur in °C	8	−1	−2	▨	▨
Temperaturänderung in °C	▨	12 Abnahme	▨	6 Zunahme	▨
Endtemperatur in °C	−2	▨	5	−5	▨

a) Wie hat sich die Temperatur in Garmisch geändert?
b) Welche Werte fehlen in der Tabelle? Zeichne ein Thermometer wie Luca oder eine Zahlengerade wie Emma.

8 Springe auf der Zahlengeraden dreimal vorwärts bzw. dreimal rückwärts. Wo landest du?

a) Gib die Sprungweite für das Bild oben an. Begründe.
b) Start: −3   Sprungweite: 12 (24, 36)
c) Start: −110   Sprungweite: 69 (46, 23)
d) Springe mit 5 (3, 15) Sprüngen von −34 bis −109. Wie groß ist die Sprungweite?

Skizze machen

9 Wie heißt die Zahl?
a) Sie liegt genau in der Mitte zwischen −12 und −2.
b) Sie liegt genau in der Mitte zwischen −12 und +2.
c) Sie liegt genau in der Mitte zwischen −14 und −4.
d) −1 liegt genau in der Mitte zwischen −5 und dieser Zahl.
e) 8 liegt genau in der Mitte zwischen dieser Zahl und 17.

S Ordne die Informationen aus der Aufgabe. Fertige eine Skizze an.

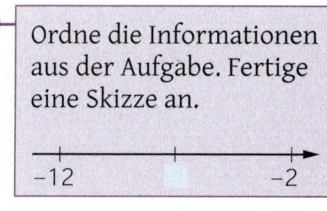

Seite 121

10 a) Was würdest du als Kandidat antworten?
b) Bist du mit der Fragestellung einverstanden? Begründe.

Welche Mindesttemperatur braucht Tiefkühlkost, um im Gefrierschrank dauerhaft zu lagern?
A: 0 Grad Celsius
B: −9 Grad Celsius
C: −18 Grad Celsius
D: −27 Grad Celsius

(1)

Wie viel Schulden haben Steffi und Leon?

(2) Nenne zu jeder Zahl die Zahl, die die gleiche Entfernung vom Nullpunkt hat.

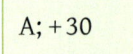

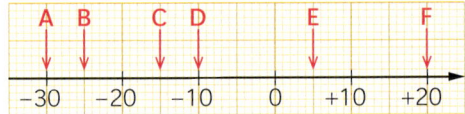

M

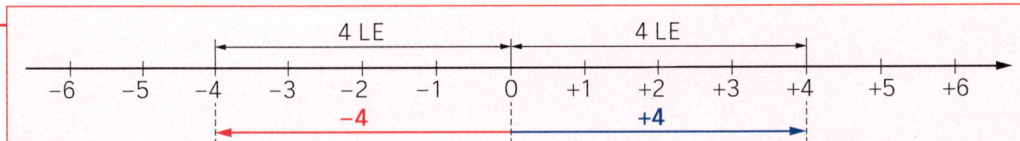

Die zu den Zahlen +4 und −4 zugehörigen Zahlenpfeile haben entgegengesetzte Richtung, aber die gleiche Länge **4** LE.
Die Maßzahl 4 nennt man **Betrag** der Zahlen −4 und +4.

Betrag

Der Betrag einer Zahl wird mit Betragsstrichen geschrieben.
$|-4| = 4$ *lies:* Betrag von −4 ist 4; $|+4| = 4$ *lies:* Betrag von +4 ist 4

Gegenzahl

Die Zahlen −4 und +4 bezeichnet man als **Gegenzahlen.**
Gegenzahlen haben den gleichen Betrag, aber verschiedene Vorzeichen.

Übungen

(3) a) Gib jeweils den Betrag und die Gegenzahl an: −3; +15; +3; −1; −17; +125; −1 905
b) Finde drei positive und drei negative Zahlen, deren Betrag zwischen 5 und 11 liegt.
c) Finde drei Zahlen kleiner als Null, deren Betrag größer als 10 ist.

(4) Bestimme den Platzhalter.

| $|\ \ | = 9$ |
| $\ \ = +9$ oder $\ \ = -9$ |

a) $|-8| = \ $
$|+95| = \ $
$|-20| = \ $

b) $|-3| = \ $
$|-55| = \ $
$|+22| = \ $

c) $|\ \ | = 7$
$|\ \ | = 48$
$|\ \ | = 123$

d) $|-765| = \ $
$|\ \ | = 209$
$|+189| = \ $

(5) Setze in deinem Heft für den Platzhalter die Zeichen < oder > oder = oder eine ganze Zahl so ein, dass jeweils eine wahre Aussage entsteht.
a) $-5 \ \ -3$
$|-5| \ \ |-3|$
$|-5| \ \ -3$
$-5 \ \ |-3|$

b) $+6 \ \ -6$
$|+6| \ \ |-6|$
$+6 \ \ |-6|$
$|-6| \ \ -6$

c) $-1 \ \ -4$
$|-1| \ \ |-4|$
$|-1| \ \ -4$
$-1 \ \ |-4|$

d) $|-3| + \ \ = 7$
$2 \cdot \ \ - |-8| = 4$
$|-6| + 3 \cdot \ \ = 24$
$\ \ - 4 \cdot |+2| = 5$

Seite 21

(6) Eine negative ganze Zahl hat drei Ziffern. Die mittlere Ziffer ist immer ungleich Null. Nun wird die linke Ziffer gestrichen.
a) Wird die Zahl größer oder kleiner?
b) Wie ändert sich der Betrag der Zahl?

1 Beim Spiel „Vor und zurück auf der Zahlengeraden" können in einer Gruppe zwei bis vier Personen mitmachen. Das Spielfeld erhältst du als Kopie von deinem Lehrer.

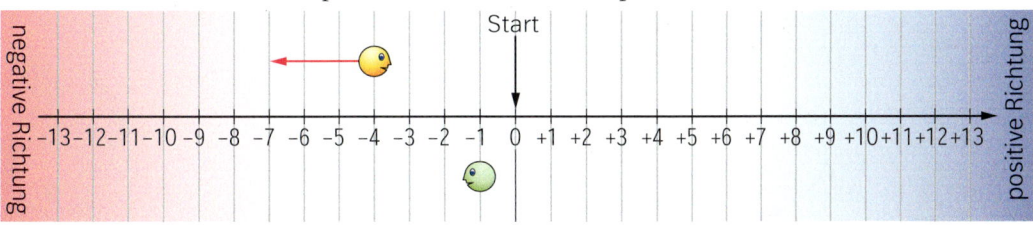

Material:
Ein „+/– Würfel" mit + und – auf je drei Flächen
Ein Würfel mit den Zahlen -1 ; -3 ; -5 ; $+2$; $+3$; $+4$
Pro Spieler eine Spielfigur mit Gesicht, damit man die Blickrichtung erkennen kann.

Spielregeln:
Bei Spielbeginn stehen alle Spielfiguren auf der Linie zur Zahl 0.
(1) Wirf zuerst deinen „+/– Würfel". Er gibt das Rechenzeichen an.
 + oben bedeutet: Drehe deine Spielfigur so, dass sie in die positive Richtung blickt.
 – oben bedeutet: Drehe deine Spielfigur so, dass sie in die negative Richtung blickt.
(2) Wirf jetzt deinen Zahlenwürfel.
Eine positive Zahl oben bedeutet: Gehe vorwärts.
Eine negative Zahl oben bedeutet: Gehe rückwärts.
(3) Gewonnen hat, wer seine Spielfigur als erster über eines der grünen Zielfelder hinaus bringt.

Deine gelbe Spielfigur steht bei -4, die grüne Figur der generischen Mannschaft bei -1 (s. Abbildung oben).
Mit dem „+/– Würfel" wirfst du ein + . Drehe deine Spielfigur in die positive Richtung.
Mit dem Zahlenwürfel würfelst du -3. Gehe 3 Felder (Einheiten) rückwärts.
Du landest bei -7.

Führe das Spiel mit deiner Gruppe durch. Erfasse jeden Zugvorgang deiner Spielfigur in einer Tabelle

Feld	gewürfeltes Rechenzeichen	gewürfelte Zahl	neues Feld
0	–	$+4$	-4
-4	+	-3	-7
-7			

2 Aufgaben zum Spiel „Vor und zurück auf der Zahlengeraden" könnt ihr durch Gehen lösen.
Markiert dazu eine Zahlengerade auf dem Fußboden. Gebt euch gegenseitig zu den Aufgaben passende Anweisungen und nennt das Ergebnis.

Für das Notieren der Rechnung brauchst du Klammern.

$(-2) + (-5)$
Start: -2
Drehe dich in die positive Richtung.
Gehe 5 Felder rückwärts.
Ziel: -7

a) $(-2) - (-5)$
    $(+2) - (-5)$
b) $(-6) + (+4)$
    $(+6) + (+4)$
c) $(-7) + (+3)$
    $(-3) - (-3)$

① Die Wetterfee regelt von einer großen Wolke aus die Lufttemperatur auf dem blauen Planeten. Lehrling Patch soll ihr dabei helfen.
Die Beiden haben kalte Blasen und warme Blasen zur Verfügung.

> Wenn die Luft zu heiß ist, wirf eine kalte Blase hinunter, dann fällt die Temperatur um 1 °C. Wenn du eine warme Blase hinunterwirfst, dann steigt die Temperatur um 1 °C.

a) Patch ist nicht der schlaueste Lehrling und tut sich mit vielen Dingen schwer. Erkläre ihm noch einmal den Zweck der warmen und kalten Blasen.
b) Lehrling Patch soll in die 10°C warme Luft nur zwei warme Blasen hinunter werfen. Ihm fallen jedoch sechs warme Blasen hinunter. Wie kann er mit Hilfe von kalten Blasen dennoch die gewünschte Lufttemperatur bekommen?

Seite 92

② Um sicher zu gehen, dass Lehrling Patch keine Fehler macht, stellt ihm die Wetterfee einige Aufgaben. Ergänze in deinem Heft die Platzhalter.

Text	Bild	Zahlengerade	Rechnung
a) Wirf in die + 2 °C warme Luft drei warme Blasen hinein.	+2°C	(+3) 0 2	$(+2) + (+3) =$ ▢
b) Gib zur – 2 °C kalten Luft vier kalte Blasen hinzu.	–2°C	(–4) –2 0	$(-2) + (-4) =$ ▢
c) ▢	–4°C	▢	$(-4) + (-3) =$ ▢
d) Wirf in die + 2 °C warme Luft fünf kalte Blasen hinein.	+2°C	(–5) 0 2	$(+2) + (-5) =$ ▢
e) Wirf in die – 4 °C kalte Luft sechs warme Blasen hinein.	–4°C	(+6) –4 0	$(-4) + (+6) =$ ▢
f) ▢	+5°C	▢	$(+5) + (-8) =$ ▢

3 Die Wetterfee und ihre Lehrlinge Patch und Pitch diskutieren über die Aufgaben a) bis f) der vorigen Seite.

Die Aufgaben a) bis c) gehören zusammen, ebenso die Aufgaben d) bis f). Kannst du das begründen?

Bei a) bis c) haben beide Summanden gleiches Vorzeichen. Das nehme ich für den Summenwert. Ich muss dann nur noch addieren.

a) Was meinst du zu den Aussagen der Wetterfee und ihrem Lehrling?
b) Welche Aussage müsste Patch zu den Aufgaben d) bis f) auf der vorigen Seite machen?
c) Pitch und Patch erklären ihre Lösungswege für die folgenden Aufgaben.

(1) $(-32) + (-68)$ \hspace{2cm} (2) $(+32) + (-68)$

Ich addiere 32 + 68. Dann nehme ich das gemeinsame Vorzeichen, also Minus.

Ich subtrahiere 68 − 32. Dann übernehme ich das Vorzeichen von (− 68), also Minus.

Beschreibe die Vorschläge. Bestimme jeweils den Summenwert.

d) Löse wie in Aufgabe c) und erkläre.

(1) $(-32) + (-12)$ \hspace{1.5cm} (2) $(-32) + (+12)$ \hspace{1.5cm} (3) $(-32) + (+42)$

M

Addition ganzer Zahlen mit gleichen Vorzeichen

Addition

$(+ 2) + (+ 3) = + (2 + 3) = + 5$

$(- 2) + (- 3) = - (2 + 3) = - 5$

Setze das gemeinsame Vorzeichen.
Addiere dann die Beträge.

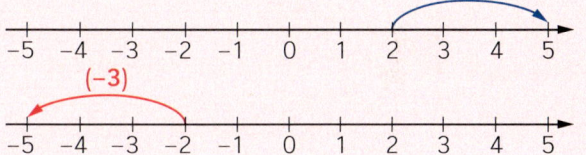

Addition ganzer Zahlen mit verschiedenen Vorzeichen

Vorzeichen

$(+ 7) + (- 3)$

Rechenzeichen

$(- 2) + (+ 3) = + (3 - 2) = + 1$

$(+ 2) + (- 3) = - (3 - 2) = - 1$

Setze das Vorzeichen der Zahl mit dem größeren Betrag.
Subtrahiere vom größeren Betrag den kleineren Betrag.

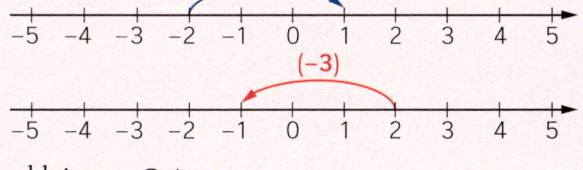

Übung

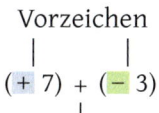

$(+ 17) + (- 23)$
$= - (23 - 17)$
$= -6$

4 Welches Vorzeichen hat das Ergebnis? Berechne anschließend.

a) $(+3) + (+8)$ \hspace{1cm} b) $(-18) + (-7)$ \hspace{1cm} c) $(+33) + (-42)$ \hspace{1cm} d) $(+74) + (+99)$
  $(-3) + (+8)$ \hspace{1.3cm} $(-18) + (+7)$ \hspace{1.3cm} $(+33) + (+42)$ \hspace{1.3cm} $(-74) + (-99)$
  $(+3) + (-8)$ \hspace{1.3cm} $(+18) + (+7)$ \hspace{1.3cm} $(-33) + (-42)$ \hspace{1.3cm} $(+74) + (-99)$
  $(-3) + (-8)$ \hspace{1.3cm} $(+18) + (-7)$ \hspace{1.3cm} $(-33) + (+42)$ \hspace{1.3cm} $(-74) + (+99)$

1 Die Lufttemperatur auf dem blauen Planeten soll geändert werden. Die Wetterfee diskutiert mit dem Lehrling Patch über die Möglichkeiten.

A Die Lufttemperatur beträgt – 7 °C. Ich hole zwei kalte Blasen zurück. Dann steigt die Temperatur um 2 °C.

B Wenn ich zwei warme Blasen hinunterwerfe, steigt die Temperatur ebenfalls um 2 °C.

Ordne den zwei Aussagen A und B die richtigen Aufgaben zu und berechne.

(1) $(-7)+(+2)$ (2) $(-7)-(-2)=$ ▯

C Wenn ich aus der – 7 °C kalten Luft noch zwei warme Blase wegnehme, fällt die Temperatur um 2 °C.

D Die gleiche Temperatur erhalte ich, wenn ich zwei kalte Blasen dazugebe.

(3) $(-7)+(-2)=$ ▯   (4) $(-7)-(+2)=$ ▯

Ordne den zwei Aussagen C und D die richtigen Aufgaben zu und berechne.

2 Erstelle zu den Aufgaben passende Aussagen wie in Aufgabe 1, berechne. Was fällt dir auf?

a) $(-9)+(+3)$ b) $(+9)+(+3)$ c) $(+9)-(+3)$ d) $(-9)-(+3)$
    $(-9)-(-3)$ $(+9)-(-3)$ $(+9)+(-3)$ $(-9)+(-3)$

Subtraktion   **M**

> ### Subtraktion ganzer Zahlen
>
> $(-2)-(+3)=(-2)+(-3)=-5$ Du subtrahierst eine ganze Zahl, indem du die Gegenzahl addierst.
>
> $(-2)-(-3)=(-2)+(+3)=+1$

Übungen   **3** Schreibe die zugehörige Additionsaufgabe. Berechne.

$(-12)-(+17)$
$=(-12)+(-17)$
$=-29$

a) $(+4)-(+7)$ b) $(-28)-(-9)$ c) $(+36)-(-44)$ d) $(+64)-(+89)$
    $(-4)-(+7)$ $(-28)-(+9)$ $(+36)-(+44)$ $(-64)-(-89)$
    $(+4)-(-7)$ $(+28)-(+9)$ $(-36)-(-44)$ $(+64)-(-89)$
    $(-4)-(-7)$ $(+28)-(-9)$ $(-36)-(+44)$ $(-64)-(+89)$

4 Setze in deinem Heft für den Platzhalter richtig ein. Ergänze eine vierte Zeile.

a) $(+17)-(▯ 7)=+24$ b) $(-28)+(-▯)=-39$ c) $(-▯)+(-16)=-30$
    $(+17)-(▯ 7)=+10$ $(-28)-(+▯)=-39$ $(-▯)-(-16)=-30$
    $(-17)-(-▯)=+10$ $(+28)+(-▯)=-39$ $(-▯)-(+16)=-30$

Seite 21

5 Hat Anna recht? Begründe.

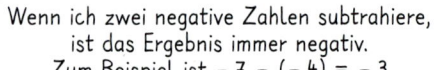

Wenn ich zwei negative Zahlen subtrahiere, ist das Ergebnis immer negativ. Zum Beispiel ist $-7-(-4)=-3$

1 Berechne den Summenwert oder Differenzwert. Vergleiche.

a) $(-11) + (-29)$ b) $(-11) - (-29)$ c) $(-11) + (+29)$ d) $(-11) - (+29)$
   $(-29) + (-11)$ $(-29) - (-11)$ $(-29) + (+11)$ $(-29) - (+11)$

2 Übertrage die Tabelle in dein Heft und ergänze. Was fällt dir auf?

a	b	c	[a + b] + c	a + [b + c]
$(+7)$	(-4)	$(+3)$	$[(+7) + (-4)] + (+3) =$ ▢	$(+7) + [(-4) + (+3)] =$ ▢
(-7)	$(+4)$	(-3)	▢	▢
(-29)	(-57)	$(+19)$	▢	▢

Kommutativ-gesetz

Assoziativ-gesetz

Kommutativgesetz der Addition

$(-3) + (+8) = (+8) + (-3)$

Du darfst Summanden beliebig vertauschen.

Assoziativgesetz der Addition

$[(+3) + (-8)] + (-2) = (+3) + [(-8) + (-2)]$

Du darfst Summanden beliebig zusammenfassen.

Übungen

3 Vertausche, falls nötig, die Zahlen so, dass du vorteilhaft rechnen kannst.

$(-147) + (+74) + (-53) = (-147) + (-53) + (+74) = (-200) + (+74) = -126$

a) $(+44) + (-78) + (+66)$ b) $(-68) + (-99) + (-32)$ c) $(-428) + (-248) + (+428)$
d) $(+349) + (-7) + (+51)$ e) $(-195) + (-94) + (-56)$ f) $(-843) + (+733) + (-731)$
g) $(-79) + (+58) + (+29)$ h) $(-98) + (-127) + (-72)$ i) $(+636) + (-327) + (-523)$

Lösungen: $+8$; $+32$; -199; 22; -214; -248; -297; -345; $+393$; -841

4

Bei der Summe $(-8) + (-3)$ habe ich zwei Minuszeichen. Deshalb kann ich tauschen, also $(-8) + (-3) = (-3) + (-8)$

Nach deiner Logik müsste ich bei der Differenz $(+8) - (+3)$ auch tauschen können. Hier habe ich zwei Pluszeichen, also $(+8) - (+3) = (+3) - (+8)$

Nimm Stellung zu den Aussagen von Emilia und Sebastian.

Der Mathematiker L. Euler (1707–1783) erblindete im Jahre 1766 nach einer schweren Krankheit. Sein erstes großes Werk nach diesem Schicksalsschlag wurde die „Algebra". Aus diesem Buch ist hier ein kleiner Absatz aus dem 2. Kapitel wiedergegeben:

Also wenn Jemand Nichts im Vermögen hat, und noch dazu 50 Thl. schuldig ist, so hat er wirklich 50 Thl. weniger als Nichts; denn, wenn man ihm 50 Thl. schenken würde, um seine Schulden zu bezahlen, so würde er alsdann erst Nichts haben, während er doch jetzt mehr hat als vorher. (Thl. - Thaler)

1 Die Wetterfee und ihre zwei Lehrlinge Pitch und Patch überlegen, wie sie die Schreibweise beim Rechnen mit ganzen Zahlen vereinfachen könnten.
Was meinst du zu den Aussagen der drei?

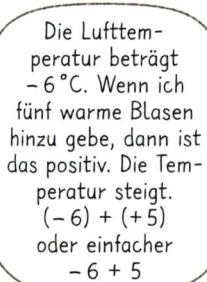

Die Lufttemperatur beträgt – 6 °C. Wenn ich fünf warme Blasen hinzu gebe, dann ist das positiv. Die Temperatur steigt. (– 6) + (+ 5) oder einfacher – 6 + 5

Wenn ich aus der – 6 °C kalten Luft fünf kalte Blasen wegnehme, dann ist das auch positiv. Die Temperatur steigt. (– 6) – (– 5) oder einfacher – 6 + 5

Ich gebe in die – 6 °C kalte Luft fünf kalte Blasen dazu. Das ist negativ. Die Temperatur fällt. (– 6) + (– 5) oder einfacher – 6 – 5

2

– 8 – 6 ist die Kurzform von – 8 + (– 6).

– 8 – 6 könnte aber auch die Kurzform von – 8 – (+ 6) sein.

Haben Ben und Melike recht?

M

Auflösen von Klammern

$+ (+) \rightarrow +$
$+ (-) \rightarrow -$
$- (+) \rightarrow -$
$- (-) \rightarrow +$

Summen und Differenzen kannst du auch ohne Klammern schreiben.

$(-8) + (+ 13) = -8 \; + \; 13$
$(+8) - (- 13) = \;\; 8 \; + \; 13$

Gleiche Zeichen

Die beiden gleichen Zeichen werden zu „+".

$(-8) + (- 13) = -8 \; - \; 13$
$(+8) - (+ 13) = \;\; 8 \; - \; 13$

Verschiedene Zeichen

Die beiden verschiedenen Zeichen werden zu „–".

Bei positiven Zahlen lässt man zudem das Vorzeichen weg.

---

3 Ergänze im Heft nach oben und nach unten jeweils um drei weitere Reihen. Berechne.

a)   ...
$(-6) - (-2)$
$(-6) - (-1)$
$(-6) - (+0)$
$(-6) - (+1)$
$(-6) - (+2)$
...

b)   ...
$(-6) + (+2)$
$(-6) + (+1)$
$(-6) + (-0)$
$(-6) + (-1)$
$(-6) + (-2)$
...

c)   ...
$-6 + 2$
$-6 + 1$
$-6 - 0$
$-6 - 1$
$-6 - 2$
...

M

Ganze Zahlen addieren und subtrahieren

Gleiche Zeichen

$+ 2 + 3 = + (2 + 3) = + 5$

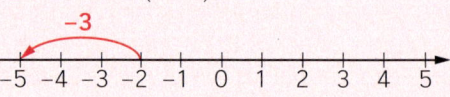

$- 2 - 3 = - (2 + 3) = - 5$

Verschiedene Zeichen

$- 2 + 3 = + (3 - 2) = + 1$

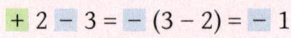

$+ 2 - 3 = - (3 - 2) = - 1$

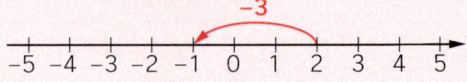

Übungen

(4) Löse die Klammern auf. Bestimme den Wert der Summe oder Differenz.

$(-11) - (-9) = -11 + 9$
$\qquad = -2$
$(+11) + (-9) = 11 - 9$
$\qquad = 2$

a) $(+7) + (-4)$
$(+7) + (+4)$
$(+7) - (+4)$
$(+7) - (-4)$
$(-7) + (-4)$

b) $(+16) - (+25)$
$(+16) - (-25)$
$(+16) + (-25)$
$(+16) + (+25)$
$(-16) - (-25)$

c) $(-13) - (+37)$
$(-13) + (+37)$
$(-13) - (-37)$
$(+13) - (-37)$
$(+13) - (+37)$

(5) Bestimme das fehlende Vorzeichen.

a) $8 - 9 = \blacksquare 1$
$-7 + 13 = \blacksquare 6$

b) $-14 - 7 = \blacksquare 21$
$19 + 6 = \blacksquare 25$

c) $-23 + 18 = \blacksquare 5$
$14 - 41 = \blacksquare 27$

d) $31 - 28 = \blacksquare 3$
$-17 - 32 = \blacksquare 49$

(6) Berechne.

a) $24 + 35$
$24 - 35$
$-24 + 35$
$-24 - 35$

b) $41 - 28$
$-41 - 28$
$-41 + 28$
$41 + 28$

c) $17 - 12$
$-15 + 56$
$-75 + 47$
$-56 - 12$

d) $-46 + 46$
$45 + 25$
$54 - 32$
$-39 + 27$

e) $-46 + 62$
$23 - 45$
$-34 + 56$
$12 - 56$

(7) Setze im Heft für ○ das richtige Rechen- oder Vorzeichen und für □ die richtige Ziffer.

a) $-919 - 2727 = ○□□□□$
Nebenrechnung: 2727
$○\ \ 919$
$□□□□$

b) $-919 + 2727 = ○□□□□$
Nebenrechnung: 2727
$○\ \ 919$
$□□□□$

(8) Berechne.

a) $245 + 845$
$245 - 845$
$-245 - 845$

b) $2137 - 3487$
$-2137 + 3487$
$-2137 - 3487$

c) $683 + 4569$
$-683 - 4569$
$683 - 4569$

d) $12\,456 - 8406$
$12\,456 + 8406$
$-12\,456 - 8406$

Lösungen: 5252; −3886; −5252; 1090; −1350; −600; −1090; −5624; 1350; 4050; 20 862; 20 872; −20 862

(9) Verbinde die Zahlen auf den Ziffernkärtchen so mit den Rechenzeichen + und −, dass
a) das Ergebnis möglichst groß (klein) ist.
b) das Ergebnis möglichst nahe bei Null liegt.
c) das Ergebnis 9 [−3] ist.

| **4** | **−6** | **−8** | **9** |

(10)

Wenn du die Zahlen −1, −2 und −3 geschickt mit den Rechenzeichen + und − und Klammern verknüpfst, erhältst du 0!

Ich kann das!
$0 = -3 - [(-2) + (-1)]$

Welche Zahlen von −6 bis 4 erhältst du als Ergebnis, wenn du die drei Zahlen jeweils nur einmal verwenden darfst?

(11) Übertrage die magischen Quadrate in dein Heft und vervollständige sie. Gib jeweils die magische Zahl an.

Mehr zu magischen Quadraten erfährst du auf Seite 36.

a)

−4	0	▨
▨	2	▨
▨	▨	8

b)

▨	−5	▨
23	−2	▨
▨	1	▨

c)

19	▨	▨
−18	−3	12
▨	▨	▨

1 Welche Rechenaufgaben ergeben den Wert -9?

A $\;-(-4-5)$ B $\;-4+5$ C $\;-5-4$ D $\;4-(-5)$ E $\;-14+5$ F $\;-5-(-4)$

$$-12-3-9=-6$$
$$-12-(3-9)=-6$$
$$-12-\;(-6)\;=-6$$
$$-12+\quad6\quad=-6$$

2 Setze im Heft Klammern so, dass die Rechnung stimmt.
a) $\;-17-9-21=-5$ b) $\;16-13+6-18=-21$
c) $\;47-17+59=-29$ d) $\;94+85-112+87=-20$
e) $\;-56+98-36=-118$ f) $\;-58-69-34+93=0$

3 Sophia und Carlotta haben unterschiedliche Lösungswege gefunden.
Für welchen Lösungsweg würdest du dich entscheiden? Begründe deine Antwort.

Sophia

$$\begin{aligned}
&\;-18+25-12+14-81+34\\
=&\;\underbrace{25+14+34}\;\underbrace{-18-12-81}\\
=&\quad\;\;73\qquad\qquad-111\\
=&\qquad\qquad-38
\end{aligned}$$

Carlotta

$$\begin{aligned}
&-18+25-12+14-81+34\\
=&\quad\;7\quad-12+14-81+34\\
=&\quad-5\quad\;+14-81+34\\
=&\qquad\;9\quad-81+34\\
=&\qquad\qquad-72\;+34\\
=&\qquad\qquad\qquad-38
\end{aligned}$$

4 Ordne zuerst und fasse dann zusammen.
a) $\;-14+12-13+34-45+10+21-11$ b) $\;-4+112-53+134-5+15+25-11$
c) $\;34-23+67-65+21-8+34$ d) $\;84-523+167-65+51-18+94$
e) $\;-45-90-34+12-97+3-12+11$ f) $\;41-190-4+102-39+13-2+51$
g) $\;-123+74-234-12+98-39$ h) $\;-123-234-74-22+198-79+48$

5 Erstelle einen passenden Rechenausdruck. Berechne.
a) Subtrahiere die Differenz der Zahlen -34 und -78 von 105.
b) Addiere zur Summe der Zahlen -176 und -24 die Gegenzahl von -100.
c) Addiere zum Betrag der Summe aus -27 und 23 die Gegenzahl von 14.
d) Addierst du zu einer Zahl die Zahl -75, so erhältst du 35.

Lösungen zu 4 und 5: $-286;\; -252;\; -236;\; -210;\; -100;\; -28;\; -7;\; -6;\; 8;\; 60;\; 61;\; 110;\; 213$

6 Der Sultan Mudulla besitzt einen fliegenden Teppich, dessen Muster aus 16 Rechtecken besteht. Vier Rechtecke zusammen ergeben ein großes Rechteck. Die Summe der Zahlen in einem großen Rechteck hat immer den gleichen Wert. Welche Zahlen werden vom Sultan verdeckt?

7

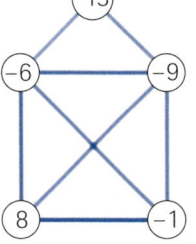

Das Haus vom Nikolaus kannst du in einem Zug nachfahren.
a) Fahre die Figur nach. Du darfst jede Linie nur einmal benutzen. Addiere die Zahlen auf deinem Weg. Deine Start- und Endzahl musst du auch berücksichtigen.
b) Finde weitere Wege durch das Haus vom Nikolaus und berechne die Summe. Was fällt dir auf? Begründe.

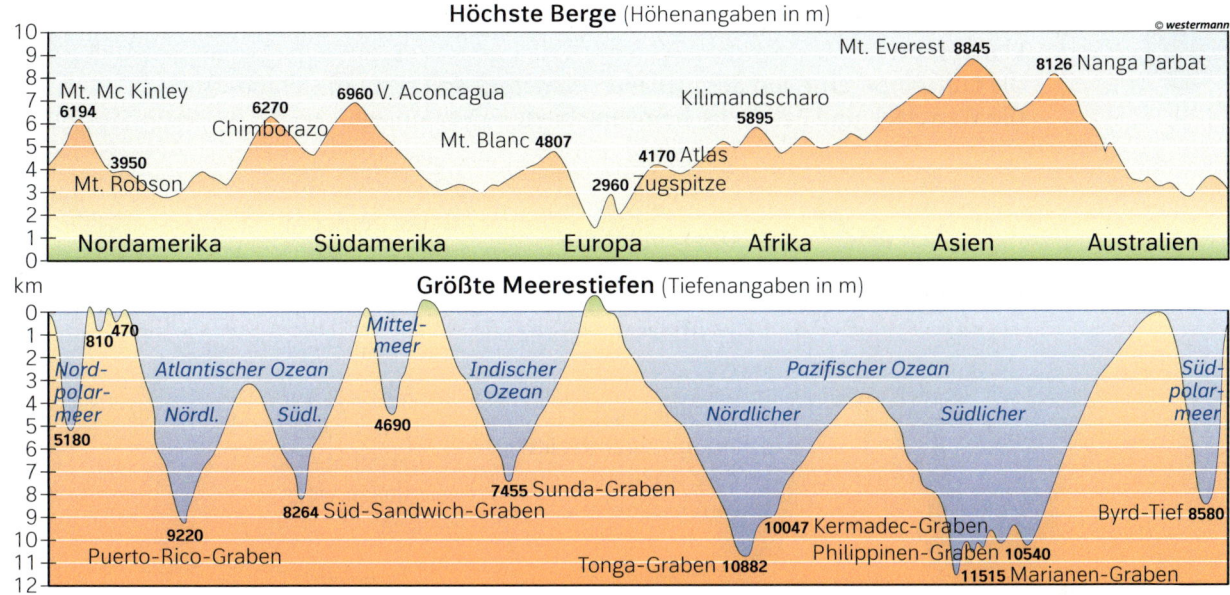

Höchste Berge (Höhenangaben in m)

Größte Meerestiefen (Tiefenangaben in m)

1 a) Ein Ballon steigt in der Nähe der Zugspitze aus 700 m Höhe auf eine Höhe von 1600 m. Anschließend sinkt er 70 m und noch einmal 40 m ab. Wie weit müsste er nun aufsteigen, um die Höhe der Zugspitze zu erreichen?

b) Ein U-Boot befindet sich im Mittelmeer 4650 m über der tiefsten Stelle. Es taucht zunächst 20 m und anschließend 70 m tiefer. Nun steigt es 60 m. Wie weit hätte es jetzt noch bis zur Wasseroberfläche?

Normalnull (NN) ist die für die Höhenmessung auf der Erde verwendete Bezugsfläche. Sie bezeichnet die durchschnittliche Höhe des Meeresspiegels.

2 Sebastians älterer Bruder plant eine Radtour durch Israel.
Er stellt dabei fest, dass die Oberfläche des Toten Meeres 428 m unter dem Meeresspiegel liegt.

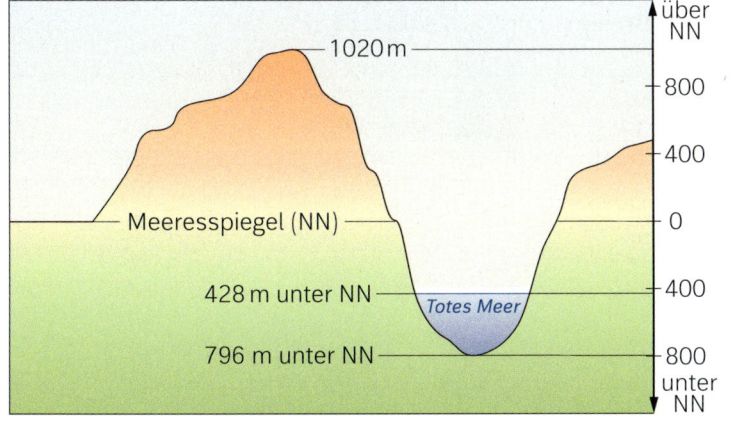

a) Welche Höhenunterschiede wird Sebastians Bruder auf einer Fahrt von Jerusalem über Bethlehem und Hebron zum Toten Meer überwinden müssen?

b) Wie tief ist das Tote Meer?

c) Der Fluss Jordan verbindet auf einer Länge von 210 km das Tote Meer mit dem See Genezareth (212 m unter NN). Der See Genezareth liegt nördlich vom Toten Meer. Seine Wasseroberfläche befindet sich 212 m unter NN. Begründe, in welche Himmelsrichtung der Jordan fließt.

Seite 92

1 Die Wetterfee und ihr Lehrling Patch sind wieder bei der Arbeit hoch über dem blauen Planeten.
Die Lufttemperatur auf dem „Blauen Planeten" soll sich um 6°C ändern.
Die Wetterfee und Patch machen verschiedene Vorschläge.

A Die Temperatur sinkt ruckzuck, wenn ich zwei Dreierpakete kalte Blasen hinunterwerfe.

B Sie sinkt auch, wenn ich zwei Dreierpakete warmer Blasen wegnehme.

C Die Temperatur steigt, wenn ich zwei Dreierpakete warmer Blasen hinunterwerfe.

D Sie steigt auch, wenn ich zwei Dreierpakete kalter Blasen wegnehme.

a) Ordne den Aussagen A bis D die Bilder E bis G passend zu. Skizziere das fehlende Bild.

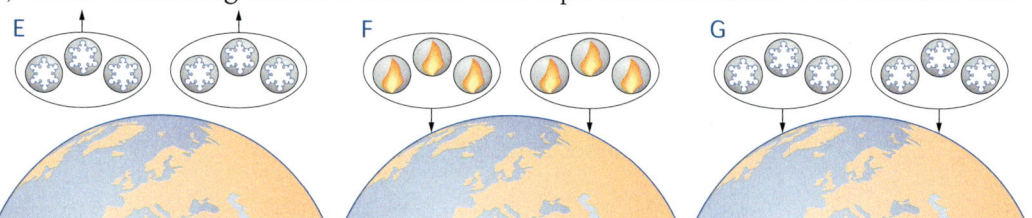

E   F   G

b) Welche Rechnungen passen zu den Aussagen A bis D? Berechne anschließend.

(1) $+2 \cdot (-3)$ (2) $+2 \cdot (+3)$ (3) $-2 \cdot (-3)$ (4) $-2 \cdot (+3)$

2

Welches Vorzeichen ergibt sich bei „Minus mal Minus" z.B. bei $-2 \cdot (-5)$?

Mit dem Malkreuz rechts kannst du das entscheiden. Du weißt:
$3 \cdot 4 = 12$
Für $3 \cdot 4$ kannst du z.B.
$(5 - 2) \cdot (9 - 5)$
schreiben.

$\cdot$	5	-2
9	45	-18
-5	-25	▨ 10

$45 + (-18) + (-25) + (\,\blacksquare\,10)$
$= 12$

Bestimme den Platzhalter.

3 (1)
$(+5) \cdot (+3) = +15$
$(+5) \cdot (+2) = +10$
$(+5) \cdot (+1) = +5$
$(+5) \cdot \ \ 0 = 0$
$(+5) \cdot (-1) = \blacksquare$
...

(2)
$(-5) \cdot (+3) = -15$
$(-5) \cdot (+2) = -10$
$(-5) \cdot (+1) = -5$
$(-5) \cdot \ \ 0 = 0$
$(-5) \cdot (-1) = \blacksquare$
...

(3)
$(-3) \cdot (+3) = -9$
$(-3) \cdot (+2) = -6$
$(-3) \cdot (+1) = -3$
$(-3) \cdot \ \ 0 = 0$
$(-3) \cdot (-1) = \blacksquare$
...

a) Wie verändern sich die Faktoren von Zeile zu Zeile?
b) Übertrage die Reihen in dein Heft und setze sie mit jeweils drei Aufgaben fort.
c) Zwei Zahlen werden miteinander multipliziert. Du erhältst einen Produktwert.
   Formuliere eine Regel für die Bestimmung des Vorzeichens beim Produktwert.

Multiplikation

$(+) \cdot (+) \rightarrow (+)$
$(-) \cdot (-) \rightarrow (+)$
$(+) \cdot (-) \rightarrow (-)$
$(-) \cdot (+) \rightarrow (-)$

Multiplikation zweier Zahlen mit	
gleichen Vorzeichen	**verschiedenen Vorzeichen**
$(+\,14) \cdot (+\,3) = +\,42$	$(+\,14) \cdot (-\,3) = -\,42$
$(-\,14) \cdot (-\,3) = +\,42$	$(-\,14) \cdot (+\,3) = -\,42$
Der Produktwert ist positiv.	Der Produktwert ist negativ.

Übungen

④ Entscheide, ob der Produktwert positiv oder negativ ist. Multipliziere anschließend.

$(-\,14) \cdot (+\,7)$
$= -\,(14 \cdot 7)$
$= -98$

a) $(-12) \cdot (+5)$ b) $(+3) \cdot (-19)$ c) $(-4) \cdot (-15)$ d) $(-21) \cdot (+6)$
   $(+12) \cdot (+6)$ $(+4) \cdot (+19)$ $(-6) \cdot (+15)$ $(-21) \cdot (-7)$
   $(-12) \cdot (-7)$ $(-5) \cdot (+19)$ $(+8) \cdot (-15)$ $(+21) \cdot (+8)$
   $(+12) \cdot (-8)$ $(-6) \cdot (-19)$ $(+9) \cdot (+15)$ $(+21) \cdot (-9)$

⑤ Übertrage in dein Heft und ergänze die fehlenden Vorzeichen und Zahlen.

a) $(-3) \cdot (+5) \cdot (\blacksquare\,7) = -\,\blacksquare$ b) $(+5) \cdot (\blacksquare\,3) \cdot (+6) = -\,\blacksquare$ c) $(\blacksquare\,4) \cdot (-3) \cdot (-6) = +\,\blacksquare$
   $(\blacksquare\,6) \cdot (-3) \cdot (+5) = +\,\blacksquare$ $(-8) \cdot (-4) \cdot (\blacksquare\,3) = +\,\blacksquare$ $(\blacksquare\,5) \cdot (+4) \cdot (-6) = -\,\blacksquare$
   $(-7) \cdot (\blacksquare\,8) \cdot (-4) = -\,\blacksquare$ $(+3) \cdot (\blacksquare\,6) \cdot (-5) = +\,\blacksquare$ $(-7) \cdot (\blacksquare\,5) \cdot (-6) = -\,\blacksquare$

⑥ Berechne.

Vereinfachte Schreibweise:
$(+4) \cdot (-3) = 4 \cdot (-3)$
$= -12$

a) $-5 \cdot 11$ b) $35 \cdot (-4)$ c) $25 \cdot (-8)$ d) $5 \cdot 3^2$
   $8 \cdot (-12)$ $-20 \cdot (-12)$ $-18 \cdot (-5)$ $-5 \cdot 3^2$
   $13 \cdot (-11)$ $15 \cdot 20$ $32 \cdot (-4)$ $-5 \cdot 6$
   $-15 \cdot (-7)$ $-17 \cdot (-11)$ $-41 \cdot 11$ $-5 \cdot 2^3$
   $-6 \cdot (-12)$ $24 \cdot (-4)$ $-17 \cdot (-5)$ $-5 \cdot 8$
   $13 \cdot (-3)$ $-52 \cdot 2$ $15 \cdot (-9)$ $-8 \cdot 5$

Lösungen: -451; -200; -143; -140; -135; -128; -104; -96; -96; -55; -45; -40; -40; -40; -39; -36; -30; 40; 45; 72; 85; 90; 105; 187; 240; 300

⑦ Finde alle Multiplikationsaufgaben mit dem Ergebnis 12 (-24, 30, -36). Die Faktoren sollen ganzzahlig sein.

⑧ a) Berechne die vier Rechenausdrücke. Was stellst du fest? Erkläre.
   b) Stelle die nächsten drei Rechenausdrücke auf. Überprüfe deine Feststellung aus Aufgabe a).

$64 \cdot (-1)$
$32 \cdot (-4)$
$16 \cdot (-16)$
$8 \cdot (-64)$
...

⑨ Du hast die rechts dargestellten weißen Ziffernkärtchen und die blauen Kärtchen für $+$ und $-$. Lege sie so wie die Platzhalter.

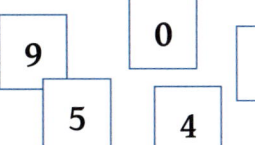

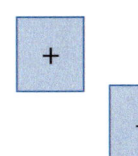

Der Produktwert soll
a) möglichst groß sein.
b) möglichst klein sein.
c) -405 betragen.

Seite 45

⑩ Aus zwei negativen Zahlen, die beide kleiner sind als -3, wird der Produktwert berechnet. Anschließend werden beide Zahlen um 2 vergrößert. Die beiden neuen Zahlen werden miteinander multipliziert. Wie groß ist nun der neue Produktwert im Vergleich zum ursprünglichen Produktwert?

A größer   **B** gleich   **C** kleiner

1 Übertrage in dein Heft und suche zu jeder Aufgabe die zugehörige Umkehraufgabe.

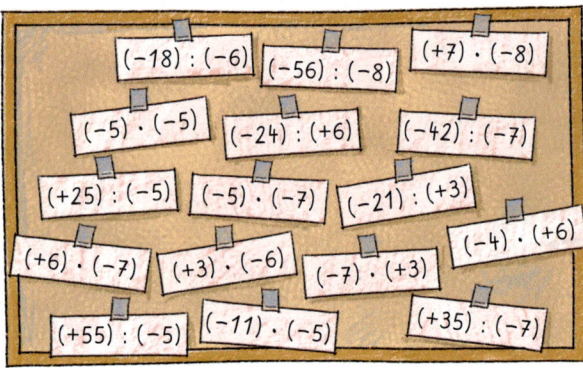

2 Berechne. Kontrolliere dein Ergebnis durch eine Multiplikation.

a) $(-49):(-7)$ b) $(-32):(-8)$ c) $(-85):(+5)$ d) $(-108):(-12)$

    $(+42):(-14)$ $(-45):(+9)$ $(+96):(+12)$ $(+144):(-9)$

Division

$(+):(+) \rightarrow (+)$
$(-):(-) \rightarrow (+)$
$(+):(-) \rightarrow (-)$
$(-):(+) \rightarrow (-)$

Division zweier Zahlen mit	
gleichen Vorzeichen	**verschiedenen Vorzeichen**
$(+12):(+3) = +4$	$(+12):(-3) = -4$
$(-12):(-3) = +4$	$(-12):(+3) = -4$
Der Wert des Quotienten ist positiv.	Der Wert des Quotienten ist negativ.

Die Division durch Null ist nicht zulässig.

Übungen

3 Übertrage in dein Heft und ergänze die fehlenden Vorzeichen und Zahlen.

a) $(-81):(\blacksquare 9) = -\blacksquare$ b) $(-144):(-\blacksquare) = \blacksquare 12$ c) $-\blacksquare:(+30) = \blacksquare 12$

   $\blacksquare 81:(-\blacksquare) = -3$ $(\blacksquare 144):(-\blacksquare) = +36$ $(-\blacksquare):(\blacksquare 60) = +6$

> **Vereinfachte Schreibweise**
> $(-15):(-3) = -15:(-3) = +5$
> $(-15):(+3) = -15:3 = -5$

4 Berechne. Ergänze eine vierte Zeile.

a) $-15:5$ b) $24:(-8)$ c) $105:(-3)$ d) $-54:3^2$

   $15 \cdot (-5)$ $-24 \cdot 8$ $-105 \cdot 3$ $-54:3^2$

   $15:(-3)$ $-24:(-12)$ $-105 \cdot (-7)$ $-54:6$

5 Übertrage die Aufgaben in dein Heft. Setze für den Kreis ○ das richtige Rechenzeichen oder Vorzeichen und für das Quadrat □ die richtige Ziffer.

a) $-91 \cdot (-2727) = ○\,□\,□\,□\,□\,□\,□\,□$ b) $-2457:91 = ○\,□\,□\,□$

    Nebenrechnung: $2\,727 \cdot 91$ Nebenrechnung: $2\,457:91 = 2\,□$

                 $2\,4\,5\,4\,3$ $-\ 1\,8\,2$

         $+$ $□\,□\,□\,□$ $6\,3\,□$

                $□\,□\,□\,□\,□\,□$ $-$ $□\,□\,□$

                                                      $□\,□\,□$

6 Rechne schriftlich.

a) $225 \cdot (-15)$ b) $-672:(-16)$ c) $-1323:21$ d) $385 \cdot (-11)$

   $225:(-15)$ $-672 \cdot (-16)$ $-1323 \cdot 21$ $-385:(-11)$

Lösungen: 32; -4235; 35; 42; $10\,752$; -63; $-27\,783$; -3375; -15

①

Du darfst die Faktoren beliebig vertauschen oder zusammenfassen.

Überprüfe, ob Felix recht hat.

(1) $[-19 \cdot (-5)] \cdot 20 = -19 \cdot (-5 \cdot 20)$

(2) $(-5 \cdot 17) \cdot 4 = -5 \cdot (17 \cdot 4) = -5 \cdot 4 \cdot 17$

Kommutativgesetz

Assoziativgesetz

Ⓜ

Kommutativgesetz der Multiplikation	**Assoziativgesetz der Multiplikation**
$-6 \cdot 4 = 4 \cdot (-6)$	$(-6 \cdot 4) \cdot (-2) = -6 \cdot [4 \cdot (-2)]$
Du darfst die Reihenfolge der Faktoren beliebig vertauschen.	Du darfst die Faktoren beliebig zusammenfassen.

$225 \cdot (-7) \cdot 4$
$= 225 \cdot 4 \cdot (-7)$
$= 900 \cdot (-7)$
$= -6300$

② Rechne vorteilhaft, indem du die Gesetze anwendest.

a) $8 \cdot (-25) \cdot (-125)$ b) $(-2) \cdot (-19) \cdot 50$ c) $25 \cdot (-35) \cdot (-4)$ d) $-4 \cdot (-17) \cdot 250$

e) $(-125) \cdot (-9) \cdot (-8)$ f) $-4 \cdot 59 \cdot (-25)$ g) $20 \cdot (-23) \cdot (-5)$ h) $32 \cdot (-5) \cdot 4 \cdot 25$

③ Berechne und vergleiche.

a) $4 \cdot (8 + 3)$ b) $(-3) \cdot (7 + 9)$ c) $(-8) \cdot (-6 - 4)$ d) $(-15 + 20) : (-5)$

    $4 \cdot 8 + 4 \cdot 3$ $(-3) \cdot 7 + (-3) \cdot 9$ $(-8) \cdot (-6) - (-8) \cdot 4$ $(-15) : (-5) + 20 : (-5)$

Distributivgesetz

Ⓜ

Distributivgesetz	
$-6 \cdot [4 + (-2)] = -6 \cdot 4 + (-6) \cdot (-2)$	$(-6 + 4) : (-2) = -6 : (-2) + 4 : (-2)$
Multipliziere die Zahl vor der Klammer mit jedem Summanden in der Klammer. Addiere die Ergebnisse.	Dividiere jeden Summanden in der Klammer durch die Zahl hinter der Klammer. Addiere die Ergebnisse.

Übungen

④ Übertrage in dein Heft und setze für die Platzhalter Zahlen oder Zeichen richtig ein.

a) $(-13 + \square) \cdot (-2) = -13 \cdot (\square) + 45 \cdot (-2)$ b) $-8 \cdot (\square - 21) = -8 \cdot 7 \square (-8) \cdot 21$

c) $\square \cdot 19 - \square \cdot (-5) = -4 \cdot [\square - (-5)]$ d) $-26 : 13 + 65 : \square = (-\square + \square) : 13$

⑤ Entscheide, ob die Rechengesetze richtig verwendet wurden. Wenn ja, bestimme das Ergebnis. Wenn nein, beschreibe den Fehler.

a) $(-27 \cdot 5) \cdot (-2) = -27 \cdot [5 \cdot (-2)]$ b) $(-27 \cdot 5) \cdot (-2) = -27 \cdot (-2) \cdot 5 \cdot (-2)$

c) $(-27 + 5) \cdot (-2) = -27 \cdot (-2) + 5 \cdot (-2)$ d) $-15 : (-3 + 5) = -15 : (-3) + (-15) : 5$

e) $[-15 + (-30)] : 5 = -15 : 5 + (-30) : 5$ f) $-15 + (-30 + 5) = [-15 + (-30)] + 5$

⑥ (1) 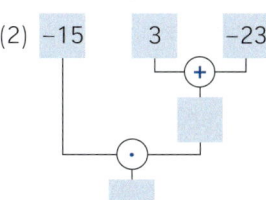   (2)   (3)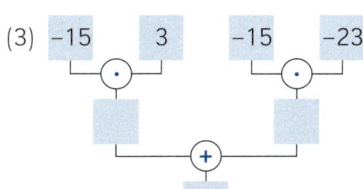

a) Erstelle zu jedem Rechenbaum einen passenden Rechenausdruck. Berechne.

b) Formuliere zu jedem Rechenausdruck eine Textaufgabe. Verwende dabei die Fachbegriffe „addiere", „multipliziere", „Summe" und „Produkt".

① Setze sechs passende Aufgaben zusammen.

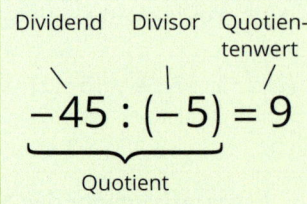

Die Vorfahrtsregeln kennst du schon von Seite 53!

Dividend	Divisor	Quotientenwert

$$-45 : (-5) = 9$$

Quotient

Dividend
-45 -100
88 -96
175
121 -330
-180 -51

Divisor
-6 -25
-17 110
-11 -5
20 -22
-12

Quotientenwert
-4 5
8 -7 -3
11 9
3 30

② Berechne, achte auf die Klammern.

a) $1 - 2 \cdot 3 - 4 \cdot (5 - 6)$
b) $1 - (2 \cdot 3 - 4 \cdot 5) - 6$
c) $(1 - 2) \cdot (3 - 4) \cdot 5 - 6$
d) $(1 - 2 \cdot 3) - (4 \cdot 5 - 6)$
e) $(1 - 2) \cdot 3 - 4 \cdot 5 - 6$
f) $1 - 2 \cdot (3 - 4 \cdot 5) - 6$
g) $(26 \cdot 3 - 18) : (-30)$
h) $-4 \cdot (17 - 33) - 46$
i) $117 - 17 \cdot (-15 + 5)$
k) $26 \cdot (3 - 18) : (-30)$
l) $-4 \cdot 17 - (33 - 46)$
m) $(117 - 17) \cdot (-15) + 5$

Lösungen: -1495; -55; -29; -19; -2; -1; -1; 1; 9; 13; 18; 29; 287

③ Übertrage die Aufgaben in dein Heft. Setze fehlende Klammern so, dass das vorgegebene Ergebnis stimmt.

a) $-5 \cdot 5 - 7 = 10$
b) $35 - 24 : (-8) = 38$
c) $4 \cdot 9 + 8 : (-2) = -22$
d) $-66 : 13 + 9 - 8 = -11$
e) $-5 \cdot 7 + 8 \cdot (-4) = 125$
f) $8 - 9 \cdot (-5) + 7 \cdot 4 = 240$
g) $-26 - 14 \cdot 5 = -200$
h) $-35 \cdot (-14) - 6 - 800 = -100$
i) $-3 \cdot 17 \cdot (-2) + 25 - 22 = 5$

④ Verknüpfe vier „negative Sechser" mit Rechenzeichen. Welche ganzen Zahlen von -9 bis $+9$ erhältst du?

Du hast viermal die Zahl -6. Wenn du die Zahlen geschickt mit Rechenzeichen verknüpfst, erhältst du -1.

Ich kann das! $-1 = -6 - [-6 : (-6) + (-6)]$

⑤ Setze die Ziffern 2, 4, 8, 16 so ein, dass

$$[\blacksquare \cdot (-\blacksquare) - \blacksquare] : (-\blacksquare) =$$

a) der Wert des Quotienten möglichst groß ist.
b) der Wert des Quotienten 8 ist.
c) Überlege dir weitere passende Aufgaben.

⑥ Der Termwert soll stets -100 betragen. Verknüpfe dazu drei benachbarte Zahlen geschickt durch Rechenzeichen. Finde mindestens drei Möglichkeiten.

$(-4) \cdot 30 + 20 = -120 + 20 = -100$
$204 : (-2) + 2 = -102 + 2 = -100$

-10	-11	204	33	-73
-7	5	-2	2	26
-4	45	50	23	-53
30	21	-7	-20	67
20	47	18	65	13

Seite 50

⑦ a) Welche Zahl muss man zu (-12) addieren um (-48) zu erhalten?
b) Welche Zahl muss man von (-12) subtrahieren um (-48) zu erhalten?
c) Welche Zahl muss man mit (-12) multiplizieren um (-48) zu erhalten?
d) Welche Zahl muss man durch (-12) dividieren um (-48) zu erhalten?
e) Löse die Aufgaben a) – d) mit den Zahlen (-15) und $(+60)$.

Seite 92

8 In der Abbildung siehst du zwei Rechenbäume.

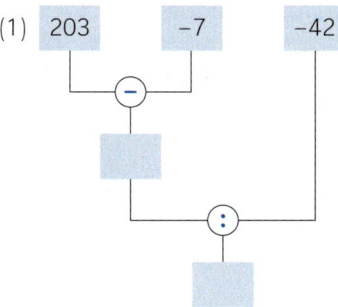

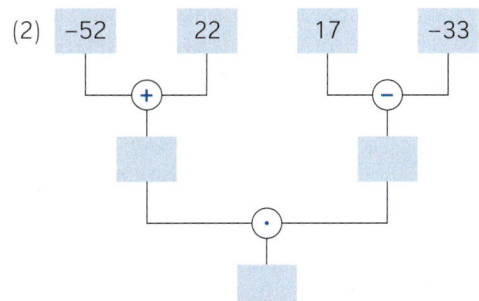

a) Gib die Werte der Platzhalter an.
b) Welcher der folgenden Rechenausdrücke passt zu (1), welcher zu (2)?
  A $203 - 7 : (-42)$ **B** $[203 - (-7)] : (-42)$ **C** $-52 + 22 \cdot 17 - 33$ **D** $(-52 + 22) \cdot [17 - (-33)]$
c) Einer der Texte (3) oder (4) passt zu einem der beiden Rechenbäume (1) oder (2).
  Ordne richtig zu.
  (3) Subtrahiere von der Zahl 203 die Zahl 7. Dividiere nun den Wert der Differenz durch − 42.
  (4) Dividiere die Differenz aus 203 und − 7 durch − 42.
d) Erstelle einen Rechenbaum zur folgenden Rechenaufgabe: $(-15 + 60) \cdot (-10)$
  Berechne. Schreibe einen passenden Text.

9 Berechne. Achte auf mögliche Rechenvorteile.
  a) $20 \cdot 189 \cdot (-5)$
  b) $-2 \cdot 89 \cdot (-8) \cdot 125$
  c) $12 \cdot (-87) + 12 \cdot (-13)$
  d) $127 \cdot 18 + (-27) \cdot 18$
  e) $(-11) \cdot 87 + 87$
  f) $-127 \cdot 9 + (-27) + 270$

10 Erstelle eine passenden Rechenausdruck und berechne.
  a) Multipliziere die Summe aus den drei Zahlen − 75, 68 und − 125 mit − 84.
  b) Dividiere die Differenz aus 4580 und 3260 durch − 66.
  c) Subtrahiere das Produkt aus 22 und − 34 von der Differenz aus − 9856 und 4297.
  d) Dividiere die Differenz aus − 4288 und − 9946 durch die Summe aus − 499 und 505.

  Lösungen zu 9 und 10: $-18\,900$; $-13\,405$; -1200; -900; -870; -20; 943; 1800; 9047; $11\,088$; $178\,000$

11 Familie Winter hat einen neuen Gefrierschrank gekauft und im $14\,°C$ warmen Keller aufgestellt. Bis der Gefrierschrank gefüllt werden kann, muss sich die darin befindliche Luft auf $-18\,°C$ abkühlen. In der Gebrauchsanleitung steht, dass eine Abkühlung um $4\,°C$ ca. drei Stunden dauert.
Nach welcher Zeit kann Familie Winter den Gefrierschank nutzen?

12 Das Diagramm zeigt die Veränderung der Besucherzahlen in den Monaten Januar bis Juni im Vergleich zum Vorjahr.
  a) Berechne, wie sich die Besucherzahl insgesamt im Vergleich zum Vorjahr geändert hat.
  b) „Im Monat Juli steigt die Anzahl der Besucher im Vergleich zum Vorjahr stark an. Der Anstieg ist doppelt so hoch wie in den Monaten Januar bis Juni zusammen"

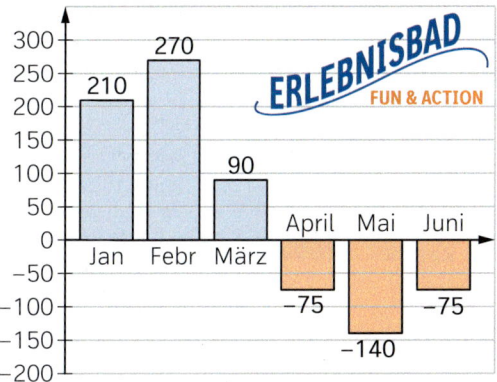

① Der Golfplatz von Maxlwang hat einen „Platzstandard" von 72 Schlägen. Profi Sepp Murx spielt schlechter und benötigt 74 Schläge. Er ist 2 Schläge über dem Platzstandard. In der Tabelle schreiben wir +2.
John Tiger benötigt nur 64 Schläge. Er bleibt 8 Schläge unter dem Platzstandard. Wir notieren −8. Auch jedes einzelne Loch hat eine Standardvorgabe. Diese ist z. B. 4 bei Loch 10, d. h. der Ball soll mit 4 Schlägen in das Loch befördert werden.

	Murx	Tiger	Lang	Higg	Stüve	Reagan
über/unter Platzstandard	+2	−8	+4	−12	−1	+1

a) Erstelle eine Rangliste für die in der Tabelle aufgeführten Spieler.
b) Der Profi Ballaro braucht 6 Schläge bei Loch 10. Zusätzlich weicht er bei den folgenden Löchern von der Standardvorgabe ab:

Loch	5	9	14	16	17	18
über/unter Standardvorgabe	−2	+1	−2	−2	−1	−1

Kommt Ballaro noch unter die ersten drei?

c) „Negative Zahlen können auch positiv sein!" Was meinst du?

②

a) Eismeister Frosty macht Eis für das Eishockeyspiel. Dazu kühlt er den Untergrund aus Beton. Anschließend spritzt er Wasser auf den kalten Beton. In jeder halben Stunde sinkt die Temperatur des Betons um 4 °C. Wie lange dauert der Kühlvorgang von 14 °C auf −2 °C?
b) Der Kontostand der Klostersee Puckhunter beträgt vor dem Spiel −500,50 €. Alle Eintrittsgelder des Heimspiels gehen auf das Konto. Wie hoch könnte dann der Kontostand ungefähr sein? Die notwendigen Informationen geben dir die Kinder unten.

Eintrittspreise:
ab 16 Jahre: 8,− €
ab 11 Jahre: 5,− €
bis 11 Jahre frei

Ein Zehntel aller Zuschauer sind Jugendliche von 11 bis 15 Jahren.

Ein Zehntel aller Zuschauer sind Kinder unter 11 Jahren.

10mal so viele Zuschauer wie im Bild oben kommen zum Spiel.

Die restlichen Zuschauer sind Erwachsene.

① Ein Spiel für zwei: Besorge ein Schafkopfspiel, setze einen Spielstein auf Start und spiele mit deinem Nachbarn nach folgenden Regeln:
- Jeder wählt einen Bereich (positiv oder negativ) und erhält 10 Karten.
- Gespielt wird in fünf Runden. In jeder Runde werden insgesamt vier Karten offen ausgelegt, abwechselnd von jedem Spieler eine Karte.
- Den Gesamtwert errechnet man nach der Vorschrift: $2 \cdot a - b + c - 2 \cdot d$
  Dabei steht a für den Wert der 1. Karte, b für den Wert der 2. Karte usw.
- Dann wird der Spielstein um den errechneten Wert je nach Vorzeichen nach rechts oder links gezogen.
- Nun beginnt der andere Spieler.
- Sieger ist derjenige, in dessen Bereich sich der Spielstein am Ende befindet.

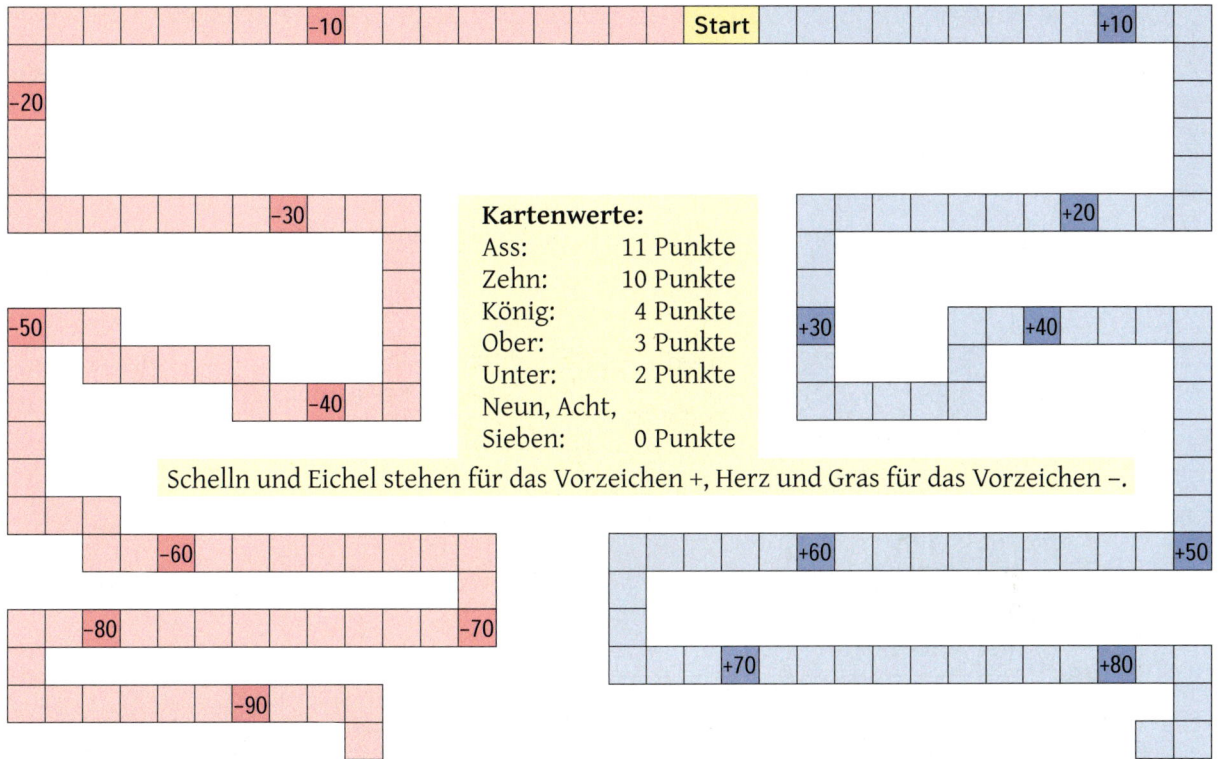

Kartenwerte:

Ass:	11 Punkte
Zehn:	10 Punkte
König:	4 Punkte
Ober:	3 Punkte
Unter:	2 Punkte
Neun, Acht, Sieben:	0 Punkte

Schelln und Eichel stehen für das Vorzeichen +, Herz und Gras für das Vorzeichen –.

Eine Spielvorlage erhältst du von deinem Lehrer oder deiner Lehrerin.

Hannah entscheidet sich für den negativen, Mike für den positiven Bereich.
Hannah legt den Eichel Ober. a = +3
Mike legt das Schelln Ass. b = +11
Hannah legt den Gras König. c = –4
Mike legt den Herz Unter. d = –2
Somit ergibt sich der Gesamtwert:
$2 \cdot (+3) - (+11) + (-4) - 2 \cdot (-2) = -5$
Der Spielstein rückt 5 Felder nach links.

Spielt auch dieses Spiel.

a) In der zweiten Runde beginnt Mike. Es werden der Reihe nach folgende Karten gelegt: Herz Acht, Schelln Zehn, Eichel König und Schelln Unter. Auf welches Feld kommt nun der Spielstein?

b) Findet eine Kartenkombination, bei der der Spielstein nach der ersten Runde auf das Feld der Zahl +14 gesetzt wird.

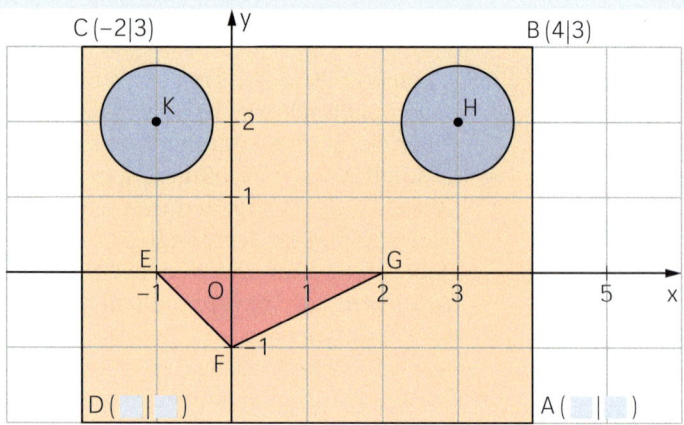

1 In der Abbildung ist eine Figur in einem Koordinatensystem dargestellt.
a) Gib die fehlenden Koordinaten der Punkte A und D an. Begründe.
c) Bestimme die Koordinaten der Punkte E, F, G, H, K, und O.

M Zwei Zahlengeraden, die senkrecht zueinander liegen, legen ein **Koordinatensystem** fest. Der Schnittpunkt heißt Ursprung O. Die nach rechts verlaufende Zahlengerade heißt x-Achse, die nach oben verlaufende Zahlengerade heißt y-Achse.

Koordinatensystem

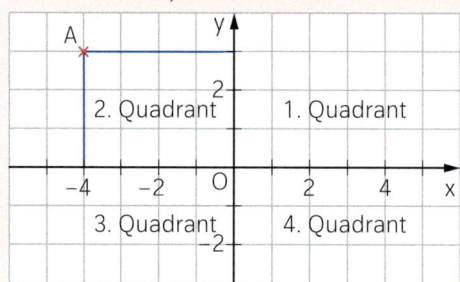

Ein Punkt im Koordinatensystem wird durch ein geordnetes Zahlenpaar (x|y) festgelegt.

Der Punkt A hat die **x-Koordinate** -4 und die **y-Koordinate** 3.
Man schreibt: A$(-4|3)$

Übungen

2 a) Gib die Koordinaten der benannten Punkte an.

x vor y im Alphabet

b) Zeichne eine eigene Figur. Lass deinen Nachbarn die Koordinaten ablesen.

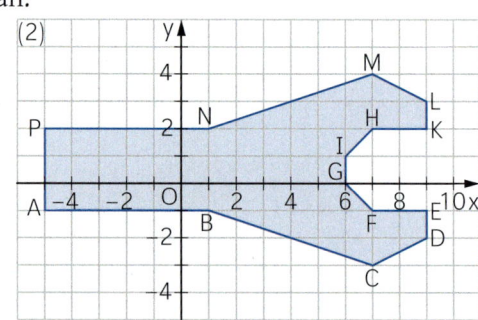

3 Zeichne ein Koordinatensystem (Einheit 1 cm). Trage die Punkte ein. Verbinde sie in der angegebenen Reihenfolge. Welche Figur erhältst du?

	Punkte	Reihenfolge
a)	A$(-5\|1)$, B$(-4\|-1)$, C$(-2\|-2)$, D$(4\|-1)$, E$(6\|1)$, F$(8\|3)$, G$(8\|-1)$, H$(6\|1)$, I$(4\|3)$, K$(-2\|4)$, L$(-4\|3)$	A, B, C, D, E, F, G, H, I, K, L, A
b)	A$(-2\|2)$, B$(-3\|0)$, C$(-6\|-1)$, D$(-6\|-2)$, E$(-5\|-2)$, F$(-4\|-3)$, G$(-3\|-3)$, H$(-2\|-2)$, I$(0\|-2)$, K$(1\|-3)$, L$(2\|-3)$, M$(3\|-2)$, N$(5\|-1)$, P$(5\|0)$, Q$(2\|2)$	A, B, C, D, E, F, G, H, I, K, L, M, N, P, Q, A

4 In Aufgabe 2 (1) wird die Strecke $\overline{LM}$ über M hinaus verlängert. Man erhält den Punkt P. Die Länge $|\overline{PM}|$ beträgt das Zehnfache der Länge $|\overline{LM}|$. Gib die Koordinaten von P an.

5 Wo liegen die Punkte?

a) Kennzeichne in einem Koordinatensystem die Lage aller Punkte, die die x-Koordinate 5 (y-Koordinate – 2) besitzen.

b) Beschreibe die Lage der Punkte, deren x-Koordinate gleich der y-Koordinate ist. Zeichne sie in das Koordinatensystem zu a) ein.

c) Beschreibe die Koordinaten aller Punkte, die im 3. Quadranten liegen.

d) Gib vier Punkte an, die von der x-Achse einen Abstand von 2 LE haben und in verschiedenen Quadranten liegen.

e) Beschreibe die Lage der Punkte, die eine negative y-Koordinate (positive x-Koordinate) haben.

6 In der Abbildung siehst du ein großes Rechteck PQRS. Dieses ist in ein gelbes Quadrat, in ein oranges und ein graues Rechteck unterteilt. Zusätzlich sind fünf blau gefärbte kleine Rechtecke zu erkennen.

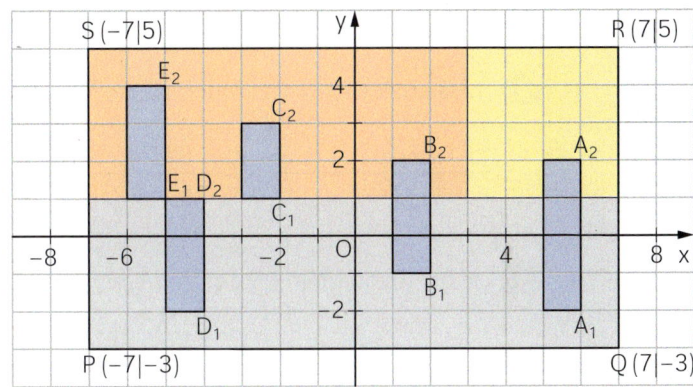

a) Gib die Koordinaten der Eckpunkte A_1, A_2, B_1, ..., E_2 an. Zeichne das graue Rechteck mit den blauen Teilfiguren.

b) Das gelbe Quadrat wird mit dem orangen Rechteck getauscht. Dazu schiebt man das gelbe Quadrat nach links, das orange Rechteck nach rechts.

Die blauen Teilfiguren werden dabei mitverschoben.

Dann wird z. B. aus dem Punkt R (7 | 5) ein neuer Punkt R′ (–3 | 5) oder aus dem Punkt E_2 wird ein neuer Punkt $E_2′$ (–1 | 4).

Gib die Koordinaten der neuen Punkte $A_2′$, $B_2′$, $C_2′$, $E_1′$; S′ an.

c)

Wenn man die Verschiebungen in Aufgabe b) durchführt, wird ein Rechteck weggezaubert.

Überprüfe, ob Chiara recht hat. Zeichne dazu die neue Lage des orangen Rechtecks und des gelben Quadrats mit ihren blauen Teilfiguren.

G

Der Mathematiker und Philosoph RENÉ DESCARTES (1596 – 1650) stammte aus Nordfrankreich. Sein 1637 veröffentlichtes Hauptwerk wurde in französischer Sprache geschrieben, entgegen der sonst üblichen Gelehrtensprache Latein, damit sein Inhalt weite Verbreitung finden konnte.

Auch die Anfänge des Koordinatensystems gehen auf DESCARTES zurück. Daher wird es auch kartesisches Koordinatensystem genannt, nach seinem lateinischen Namen CARTESIUS.

Eine Flasche Saftschorle kostet zusammen mit dem Flaschenpfand 1,30 €. Die Saftschorle kostet 1 € mehr als das Flaschenpfand. Wie teuer ist das Flaschenpfand?

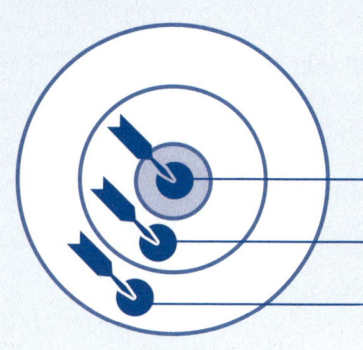

Löse die Aufgaben.
Schätze Dich mit Hilfe der **Zielscheibe** selbst
ein. Die Lösungen findest Du ab Seite 212.
→ zeigt Hilfen zu jeder Aufgabe.

Das kann ich.

Da bin ich mir **nicht ganz sicher.**

Das muss ich **unbedingt üben.**

Aufgabe	Du kannst ...
1	ganze Zahlen an der Zahlengeraden darstellen.
2, 3	ganze Zahlen ordnen.
5a	ganze Zahlen addieren und subtrahieren.
5b, 6	ganze Zahlen multiplizieren und dividiere
5, 7, 8	Rechengesetze anwenden.
4	Punkte im Koordinatensystem darstellen.
8	einen Rechenausdruck aufstellen.

→ Seite 144
Merkkasten

1 Lies an der Zahlengeraden ab, welche Zahlen an den Punkten A bis E liegen.

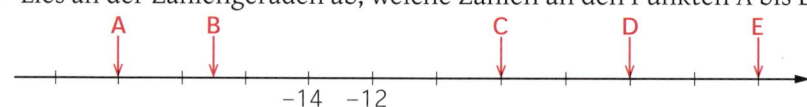

→ Seite 146
Merkkasten

2 Ordne die Zahlen der Größe nach. Verwende das Zeichen <.
a) -33; -303; -330; 303; 0 b) $|-5|$; -5; -1; $|+3|$; 0

→ Seite 145
Aufgabe 9

3 Wie heißt die Zahl?
Sie liegt genau in der Mitte zwischen -25 und 11.

→ Seite 164
Merkkasten

4 a) Zeichne die Punkte in ein Koordinatensystem: $A(-4|-4)$, $B(1|-1)$, $C(1|2)$, $D(0|3)$.
b) Die Strecke $\overline{BC}$ wird über B hinaus um das Dreifache verlängert. Du landest beim
Punkt E. Gib die Koordinaten von E an.

→ Seite 151,
159

5 Berechne. Mache es dir so einfach wie möglich.
a) $124 + 87 + (-24)$ b) $-4 \cdot 86 \cdot (-25)$ c) $(-14) \cdot 84 + (-14) \cdot 16$

→ Seite 159
Merkkästen

6 Welche Rechenaufgaben ergeben den Wert -16?
A $-2 \cdot 2^3$ **B** $-2 - 14$ **C** $-3 \cdot (-5 + 8) + 7$ **D** $-3 \cdot (-5 + 8) - 7$
E $2^5 : (-4)$ **F** $-32 : (-2)$ **G** $-64 : 2^2$ **H** $-18 + (-12 : 6)$

→ Seite 160

7 Gegeben sind die Zahlen -6; -2; 2; 6 und 8.
a) Setze in deinem Heft für jeden Platzhalter eine der gegebenen Zahlen so ein, dass
die Aufgabe stimmt.
$\blacksquare \cdot \blacksquare - \blacksquare = -10$
b) Begründe ohne Rechnung, warum die Aufgabe $\blacksquare \cdot \blacksquare - \blacksquare = -5$ mit den oben angegebenen Zahlen nicht lösbar ist.

→ Seite 161
Aufgabe 8

8 Schreibe zu folgendem Text eine Rechenaufgabe. Löse sie.
Subtrahiere vom Quotienten der Zahlen -24 und 12 die Summe der Zahlen -128 und 126.

Teilbarkeit

Man erzählt sich die unglaubliche Geschichte von einem Herrscher, der ein Gefängnis mit 100 Zellen und 100 Wächtern hatte. Täglich entließ er Gefangene nach folgender Methode: Die Wächter gingen von Zelle zu Zelle und machten Kreuze.

Der erste machte an jeder Zelle ein Kreuz, deren Zellennummer eine durch eins teilbare Zahl ist, der zweite an jeder Zelle, deren Zellennummer eine durch zwei teilbare Zahl ist, der dritte an jeder Zelle, deren Zellennummer eine durch drei teilbare Zahl ist und so weiter.

Anschließend kamen alle Gefangenen frei, an deren Zelle genau zwei Kreuze waren. Alle anderen durften sich neue Zellen aussuchen.

Welche Zellennummern würdest du den Gefangenen empfehlen?

Hinweis: Erstelle eine Liste aller Zellennummern und streiche jeweils ab.

(1) Unter den Geschwistern Anna, Maxi und Sophie gibt es immer wieder Streit beim Aufteilen einer Tafel Schokolade.

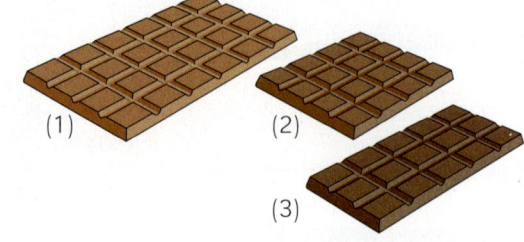

(1)   (2)

(3)

a) Welche der drei Tafeln können gerecht geteilt werden? Begründe.
b) Klappt das auch noch, wenn die Mutter mit isst?
c) In einer Tüte sind Pralinen. Unter den drei Geschwistern können sie nicht gerecht aufgeteilt werden. Es funktioniert auch nicht, wenn der Opa oder die Eltern mitessen.

Seite 37

Teiler

Vielfaches

M Eine Zahl ist durch eine andere Zahl teilbar, wenn die Division ohne Rest aufgeht.

ist Teiler von

4 12

ist Vielfaches von

Schreibweise: 4 | 12   (weil 12 : 4 = 3)
lies: 4 **ist Teiler** von 12
Daraus folgt: 12 ist ein Vielfaches von 4

Schreibweise: 5 ∤ 12   (weil 12 : 5 = 2 R2)
lies: 5 **ist nicht Teiler** von 12
Daraus folgt: 12 ist kein Vielfaches von 5

(2) Du findest jeweils ein Lösungswort.

	K	M	R	B	I	E	I	L	S	E	N
a) 48 ist ein Vielfaches von	36	12	10	96	480	8	16	5	4	24	100
b) 12 ist ein Teiler von	4	3	24	6	50	36	72	1	12	60	2
c) 30 ist ein Vielfaches von	10	60	5	8	90	15	6	4	2	120	150
d) 6 ist ein Teiler von	2	3	12	70	56	60	30	76	48	16	46

(3) a) Finde alle Teiler der folgenden Zahlen: 36, 48, 20, 18, 12.
b) Schreibe zu den ersten drei Vielfachen einer Zahl die nächsten vier Vielfachen auf.
     8; 16; 24; …   13; 26; 39; …   16; 32; 48; …   24; 48; 72; …

Teiler-menge

Vielfachen-menge

M Alle Teiler einer Zahl bilden ihre **Teilermenge.**
$$T_{20} = \{1; 2; 4; 5; 10; 20\}$$

Alle Vielfachen einer Zahl bilden ihre **Vielfachenmenge.**
$$V_8 = \{8; 16; 24; 32; …\}$$

Übungen

(4) Bilde die Teilermenge beziehungsweise die Vielfachenmenge. Gib bei der Vielfachenmenge jeweils die ersten sechs Elemente an.
a) T_{28} b) T_{32} c) T_{40} d) T_{45} e) T_{70} f) V_7 g) V_{110} h) V_{21} i) V_{30}

(5) Einige Teilermengen beziehungsweise Vielfachenmengen sind falsch angegeben. Suche sie heraus und schreibe sie richtig in dein Heft.
a) $T_{24} = \{1; 2; 3; 6; 8; 12; 24\}$ b) $T_{30} = \{2; 3; 5; 6; 10; 30\}$
    $T_{50} = \{1; 2; 5; 10; 25\}$ $T_{42} = \{1; 2; 3; 6; 7; 14; 21; 42\}$
    $V_{12} = \{24; 36; 48; 60; 72; …\}$ $V_{11} = \{11; 22; 33; 44; 55\}$

(6) Welche Zahlen fehlen? Notiere die Teilermenge beziehungsweise Vielfachenmenge.
a) $T_■ = \{1; ■; 25\}$ b) $T_■ = \{1; 3; ■\}$ c) $T_■ = \{1; 2; 3; 4; ■; 12\}$
d) $T_■ = \{1; 3; ■\}$ e) $V_■ = \{■; 12; ■; 24; ■;…\}$ f) $V_■ = \{■; 62; 93; 124; …\}$

①

5233	68 000	144	765	3488	329
715	820	332	70 050	65 020	1774	2727
1608	470	2500	135	1596	1003
1110	950	3553	17 179	3582	275	2225

a) Schreibe alle Zahlen auf, die durch 2 (5; 10; 100) teilbar sind.
b) Erkläre, woran du die Teilbarkeit durch 2 (5; 10; 100) erkennst.

② Auch die Teilbarkeit durch 4 oder durch 25 lässt sich durch Überlegen finden.
Finde jeweils eine Regel für die Teilbarkeit.
a) durch 4 teilbare Zahlen: 4; 108; 612; 716; 6540; 79 520; 100; 200; 3000; 40 000; ...
b) durch 25 teilbare Zahlen: 25; 950; 675; 125; 56 750; 96 575; 100; 200; 300; 7000; ...

Endziffern-regel

Eine Zahl ist **durch 2 teilbar,** wenn die letzte Ziffer eine gerade Zahl ist.
Eine Zahl ist **durch 5 teilbar,** wenn die letzte Ziffer eine 0 oder eine 5 ist.
Eine Zahl ist **durch 10 teilbar,** wenn ihre letzte Ziffer eine 0 ist.
Eine Zahl ist **durch 100 teilbar,** wenn ihre beiden letzten Ziffern eine 0 sind.
Eine Zahl ist **durch 4 teilbar,** wenn die beiden letzten Ziffern eine 0 sind oder eine durch 4 teilbare Zahl.
Eine Zahl ist **durch 25 teilbar,** wenn die beiden letzten Ziffern 25, 50, 75 oder 00 lauten.

Übungen

③ Finde immer die nächstkleinere Zahl, die durch 5 teilbar ist, die nächstgrößere Zahl, die durch 2 teilbar ist und die nächstkleinere Zahl, die durch 4 teilbar ist.
Notiere jeweils in deinem Heft.
a) 534   b) 7077   c) 1024   d) 4018
e) 9079   f) 1000   g) 2225   h) 10 800

> Zahl 423:   5 | 420;   2 | 424;   4 | 420

④ Schreibe alle Zahlen zwischen 31 und 41 auf, die teilbar sind
a) durch 2, aber nicht durch 5   b) durch 5, aber nicht durch 2
c) durch 2 und durch 5   d) durch 4 und durch 5
e) durch 4, aber nicht durch 5   f) weder durch 2 noch durch 5

⑤ Bei richtiger Lösung erhältst du die Namen von drei europäischen Städten.
a) Welche Zahlen sind durch 4 teilbar?
b) Welche Zahlen sind durch 25 teilbar?
c) Welche Zahlen sind durch 2, aber nicht durch 4 teilbar?

> Hier helfen Ziffernkarten!

312	446	774	875	900	558	364	834	1300	1950	3725	4936
W	P	A	M	I	R	L	I	N	S	K	A

⑥ Die verflixte Vier
a) Bilde aus den Ziffern 8, 5, 7, 4 und 3 alle fünfstelligen Zahlen, die durch 4 teilbar sind.
b) Schreibe eine elfstellige Zahl auf, die durch 4 teilbar ist. Die beiden letzten Ziffern müssen voneinander verschieden sein.
c) Kannst du ohne zu rechnen für den Platzhalter eine passende Zahl finden? Begründe.
■ · 4 = 1 457 994

a) Überprüfe durch eine Rechnung, ob Lina tatsächlich Recht hat.
b) Überprüfe an einigen (kleinen sowie großen) Zahlen, ob es auch eine Quersummen-
   regel für die Zahl 3 gibt.

8 So kannst du feststellen, ob eine Zahl durch 3 oder 9 teilbar ist.

B

	Ist 384 durch 3 teilbar?	Ist 384 durch 9 teilbar?
• Bilde die Quersumme.	$3 + 8 + 4 = 15$	$3 + 8 + 4 = 15$
• Überprüfe, ob die Quersumme ohne Rest durch 3 oder 9 teilbar ist.	$15 : 3 = 5$	$15 : 9 = 1\ R6$
• Schreibe das Ergebnis auf.	384 ist teilbar durch 3. *Schreibe: 3 | 384*	384 ist nicht teilbar durch 9. *Schreibe: 9 ∤ 384*

Welche Zahlen sind durch 3 teilbar? Sind diese auch durch 9 teilbar?
a) 123   828   457   5679   2637   6193   b) 8955   16 729   45 297   94 995   87 413

M

Quersummen-regel

Eine Zahl ist **durch 3 teilbar,** wenn ihre Quersumme durch 3 teilbar ist.
Eine Zahl ist **durch 9 teilbar,** wenn ihre Quersumme durch 9 teilbar ist.

Übungen

9 Sarah hat fünf Fehler gemacht. Suche sie heraus und schreibe die Aussagen richtig in dein
   Heft. Die Kennbuchstaben ergeben, richtig zusammengesetzt, ein Lösungswort.

3 | 555 B	9 ∤ 8808 U	3 | 2202 K	9 | 63 981 M
3 ∤ 596 L	9 | 5436 I	9 ∤ 5409 E	3 | 77 765 S
3 | 787 N	9 ∤ 1809 A	3 | 1004 R	9 ∤ 72 802 T

10 Ersetze den Platzhalter im Heft so durch eine Ziffer, dass die Zahl durch 3 (9) teilbar ist.
   Manchmal gibt es mehrere Möglichkeiten.
   a) 24▮5   b) 2▮65   c) 22▮5   d) 428▮   e) 5▮38   f) 515▮5   g) 18▮20

11 Ein Händler verkauft auf dem Markt jeden Artikel für 3 €. Als er am Schluss seine Einnahmen zählt und feststellt, dass es 466 € sind, ist er überrascht. Warum wohl?

Seite 121

12 Erkläre, warum jede zehnstellige Zahl mit lauter verschiedenen Ziffern durch 9 teilbar ist.

So kannst du die Häuser nachzeichnen.

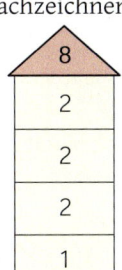

① Im Bild sind die Zahlenhäuser der Zahlen 5, 8, 9, 10, 11, 12 und 17 mit ihren jeweiligen „Stockwerken" abgebildet.

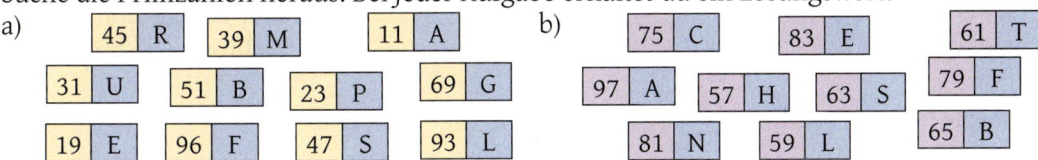

a) Erkläre, wie die Stockwerke entstanden sind.
b) Eines der Häuser ist falsch dargestellt. Zeichne dieses Haus richtig.
c) Gruppenarbeit: Zeichnet in Gruppen verteilt alle Zahlenhäuser für die Zahlen 1 bis 30.

Primzahlen

M | Natürliche Zahlen, die nur durch 1 und sich selbst teilbar sind, heißen **Primzahlen.** Die Zahl 1 selbst ist aber keine Primzahl, da sie nur einen Teiler besitzt.

Übungen

② Suche die Primzahlen heraus. Bei jeder Aufgabe erhältst du ein Lösungswort.

a)

45	R		39	M		11	A
31	U		51	B		23	P		69	G
19	E		96	F		47	S		93	L

b)

75	C		83	E		61	T
97	A		57	H		63	S		79	F
81	N		59	L		65	B

③ Die Primzahlen bis 100 kannst du leicht nach einem Verfahren finden.

G | Dieses Verfahren wird dem griechischen Mathematiker ERATOSTHENES, der vor über 2200 Jahren lebte, zugeschrieben. Man nennt es auch **Sieb des Eratosthenes.** Dabei werden alle Zahlen, die keine Primzahlen sind, gestrichen.

1̶	2	3	4̶	5	6̶	7	8̶	9̶	1̶0̶
11	1̶2̶	13	1̶4̶	1̶5̶	16	17	18	19	2̶0̶
2̶1̶	22	23	24	25	26	27	2̶8̶	29	30
31	32	33	34	35	36	37	38	39	40

Lege eine Hundertertafel an. Die Zahl 1 ist keine Primzahl und wird daher gestrichen. Die Zahl 2 ist eine Primzahl, aber nicht ihre Vielfachen. Also werden diese alle gestrichen. Verfahre ebenso mit der Zahl 3 und ihren Vielfachen. Verwende für die Vielfachen einer neuen Zahl ein anderes Zeichen oder eine andere Farbe. Die ersten Schritte kannst du bereits erkennen. Übertrage und setze fort. Warum nennt man dieses Verfahren wohl Sieb?

④ Jede natürliche Zahl größer als 1, die selbst keine Primzahl ist, lässt sich in ein Produkt aus Primfaktoren zerlegen. Man nennt das Verfahren **Primfaktorzerlegung** einer Zahl. So kannst du die Zahl 60 in Primfaktoren zerlegen.

B |
$60 = 2 \cdot 30$
$60 = 2 \cdot 2 \cdot 15$
$60 = 2 \cdot 2 \cdot 3 \cdot 5$
$60 = 2^2 \cdot 3 \cdot 5$

Beginne mit einem möglichst kleinen Faktor.
Der zweite Faktor wird immer kleiner und die Zerlegung immer einfacher.

a) 32   b) 80
c) 135   d) 136
e) 176   f) 188
g) 192   h) 208
i) 320   k) 400

Übung

⑤ Führe bei den Zahlen, die noch nicht in Primfaktoren zerlegt sind, die Zerlegung zu Ende.

a) $36 = 2^2 \cdot 9$ b) $44 = 2^2 \cdot 11$ c) $75 = 3 \cdot 25$ d) $60 = 3 \cdot 4 \cdot 5$
   $30 = 2 \cdot 3 \cdot 5$ $56 = 7 \cdot 8$ $48 = 2^4 \cdot 3$ $76 = 2^2 \cdot 19$

1 Sarah will in ihrer Klasse Schokolade verteilen. Sie hat verschiedene Tafeln.

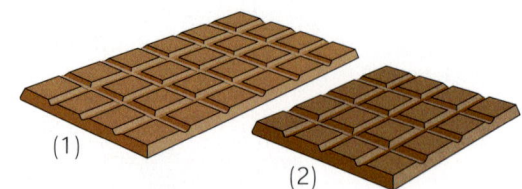

(1)

(2)

a) Auf wie viele Schüler kann sie die zwei abgebildeten Schokoladentafeln höchstens verteilen, wenn jeder von jeder Tafel gleich viele Stücke erhalten soll?

b) Sarah möchte den 16 Mädchen in ihrer Klasse Schokolade mitbringen. Sie wählt Tafel (1). Wie viele Tafeln braucht sie mindestens, damit jedes Mädchen gleich viel erhält?

2 a) Bestimme die Vielfachenmengen der Zahlen 3 und 5. Was stellst du fest.

b) Bestimme die Teilermengen der Zahlen 18 und 24. Was stellst du fest.

M

ggT

$T_{16} = \{1; 2; 4; \underline{8}; 16\}$

$T_{24} = \{1; 2; 3; 4; 6; \underline{8}; 12; 24\}$

Beide Teilermengen haben die gemeinsamen Teiler 1, 2, 4 und 8.
Der **größte gemeinsame Teiler** ist 8.
Man schreibt **ggT(16; 24) = 8**

kgV

$V_{16} = \{16; 32; \underline{48}; 64; 80; 96; 112; ...\}$
$V_{24} = \{24; \underline{48}; 72; 96; 120; 144; ...\}$

Beide Vielfachenmengen haben die gemeinsamen Vielfachen 48, 96, ...
Das **kleinste gemeinsame Vielfache** ist 48.
Man schreibt **kgV(16; 24) = 48**

Übungen

3 Bestimme jeweils.

a) ggT(45; 32) b) ggT(36; 8; 20) c) kgV(12; 30) d) kgV(15; 12; 6)

4 So kannst du den ggT und das kgV von 36, 54 und 90 mit Hilfe von Primfaktoren bestimmen.

B

$$36 = \boxed{2} \cdot 2 \cdot \boxed{3} \cdot \boxed{3}$$
$$54 = \boxed{2} \quad \cdot \boxed{3} \cdot \boxed{3} \cdot 3$$
$$90 = \boxed{2} \quad \cdot \boxed{3} \cdot \boxed{3} \cdot \quad 5$$
$$\overline{ggT(36; 54; 90) = \boxed{2} \quad \cdot \boxed{3} \cdot \boxed{3} \quad = 18}$$

$$36 = \boxed{2} \cdot \boxed{2} \cdot \boxed{3} \cdot \boxed{3}$$
$$54 = \boxed{2} \quad \cdot \boxed{3} \cdot \boxed{3} \cdot \boxed{3}$$
$$90 = \boxed{2} \quad \cdot \boxed{3} \cdot \boxed{3} \cdot \quad \boxed{5}$$
$$\overline{kgV(36; 54; 90) = \boxed{2} \cdot \boxed{2} \cdot \boxed{3} \cdot \boxed{3} \cdot \boxed{3} \cdot \boxed{5} = 540}$$

Der ggT ist das Produkt der Primfaktoren, die in **allen Zerlegungen gemeinsam** auftreten.

Das kgV ist das Produkt der Primfaktoren, die in **mindestens einer der Zerlegungen** enthalten sind.

a) ggT(56; 196) b) ggT(96; 216) c) kgV(72; 324) d) kgV(192; 144)

5 Bestimme den größten gemeinsamen Teiler.

a) ggT(18; 20) = ▢ b) ggT(17; 21) = ▢ c) ggT(32; 48) = ▢ d) ggT(16; 20) = ▢
   ggT(45; 60) = ▢   ggT(8; 42) = ▢   ggT(9; 35) = ▢   ggT(36; 48) = ▢

Lösungen: 1, 1, 2, 2, 4, 9, 12, 15, 16

6 Bestimme den größten gemeinsamen Teiler beziehungsweise das kleinste gemeinsame Vielfache.

a) ggT(56; 70) b) ggT(49; 24) c) ggT(24; 96) d) ggT(200; 500)
e) ggT(21; 99) f) ggT(16; 80; 160) g) kgV(33; 22) h) kgV(84; 126)
i) kgV(450; 120) k) kgV(16; 24) l) kgV(12; 20; 30) m) kgV(15; 12; 6)

Lösungen: 1, 3, 4, 14, 16, 24, 48, 60, 60, 66, 100, 252, 1800

7 Der ggT oder das kgV sind gegeben. Finde passende Zahlen.

a) ggT(12; ▢) = 4 b) kgV(▢; 12) = 48 c) ggT(24; ▢) = 12 d) kgV(5; ▢) = 60
   ggT(28; ▢) = 7   kgV(5; ▢) = 30   ggT(▢; 16) = 8   kgV(▢; 9) = 72

Ich kenne eine Regel für die Teilbarkeit durch 6.

1 a) Lege eine Tabelle an. Überprüfe folgende Zahlen auf ihre Teilbarkeit durch 2, 3 und 6:
42, 54, 72, 99, 84, 420, 312, 513, 825

b) Stelle eine Teilbarkeitsregel für die Zahl 6 auf.

c) Welche Zahlen sind durch 6 teilbar?
428   378   291   684   2781   6004   47 340   126 834   5003   62 840

Zahl	teilbar durch 2	teilbar durch 3	teilbar durch 6
42	X	X	X
54	▪	▪	▪
72	▪	▪	▪

2 Drei Riesenkängurus, von einem Flugzeug aufgeschreckt, hüpfen in großen Sprüngen davon. Nach welcher Entfernung sind ihre Fußabdrücke auf gleicher Linie, wenn ihre Sprungweiten 6 m, 10 m und 8 m betragen?

Seite 45

3 Eine rechteckige Fläche ist 18 cm lang und 12 cm breit und soll in Quadrate geteilt werden.
a) Bestimme die Seitenlänge des größten Quadrates und gib die Anzahl der entstehenden Quadrate an.
b) Gib die Seitenlängen für zwei weitere Quadrate an, mit denen das Rechteck ausgelegt werden könnte.

4 Welche Aussagen sind wahr? Begründe deine Antwort mit Hilfe von Zahlenbeispielen.
a) Es gibt Primzahlen, die unmittelbar aufeinanderfolgen.
b) Es gibt Primzahlen, zwischen denen nur eine natürliche Zahl steht.
c) Es gibt keine Primzahl, die als letzte Ziffer eine 9 hat.
d) Es gibt eine gerade Primzahl.
e) Nach jedem Vielfachen von 6 folgt immer eine Primzahl.
f) Zwischen 1 und 40 gibt es vier Vielfache von 6. Deren Vorgänger und Nachfolger ist dabei jeweils eine Primzahl.

5 Ersetze den Platzhalter so, dass eine wahre Aussage entsteht. Manchmal gibt es mehrere Möglichkeiten.
a) 2 | 359▪   b) 4 | 91▪   c) 5 | 986▪   d) 25 | 86▪5   e) 9 | 929 78▪   f) 6 | 62 11▪

6 Das Ergebnis von $1 \cdot 2 \cdot 3 \cdot \ldots \cdot 9$ lautet 362 8▪0.
Finde die fehlende Ziffer ohne das Produkt auszurechnen.

7 Ermittle die größtmögliche Zahl, von der alle Teiler auftreten.
Du erhältst jeweils ein Lösungswort, indem du die Teiler der Größe nach ordnest.

a)
1	K		28	E		24	T
30	U		6	M		2	L
14	S		4	A		12	R		7	S

b)
4	E		10	I		40	S
5	M	50	U	2	H		6	T
1	C		30	K		20	E

G Seit 1951 werden Primzahlen von Computern berechnet. Im Jahr 2016 wurde die bisher größte Primzahl mit 22 338 618 Stellen gefunden. Auf Rechenkaros geschrieben wäre diese Zahl über 111 km lang.

Jahr	Anzahl der Stellen
1951	79
1971	6002
1992	227 832
2016	22 338 618

8  Nicole stellt für die Freiarbeit Karteikarten aus farbigem Tonpapier her. Die Karten sollen eine quadratische Form haben und aus Blättern ausgeschnitten werden, die 56 cm lang und 32 cm breit sind. Es soll kein Papierrest übrig bleiben.
Welches ist das größtmögliche Maß für eine quadratische Karteikarte?
Wie viele Karteikarten erhält Nicole aus einem Blatt Tonpapier?

9 Lisa und Heinz kommen immer zusammen mit der Bahn um 13:20 Uhr von der Schule zurück. Sie müssen noch mit dem Bus weiterfahren. Lisas Bus fährt zur vollen Stunde und alle 12 Minuten. Der Bus von Heinz fährt jeden Tag um 12:00 Uhr am Bahnhof ab und dann alle 32 Minuten. Zu welchem Zeitpunkt können beide gleichzeitig weiterfahren, falls Bahn und Busse pünktlich sind?

10 Betrachte das magische Quadrat.
 a) Wie heißt die magische Zahl?
 b) Ergänze die fehlenden Zahlen.
 c) Es handelt sich um ein besonderes magisches Quadrat. Erkläre.

101	5	
	59	89
47		17

Seite 50

11 Familie Fürst fährt mit dem Auto in den Urlaub. Multipliziert man die Anzahl der Räder des Autos mit dem Alter des Fahrers und der Anzahl der mitfahrenden Personen, so erhält man 372.

12 Die Seeräuber *Schlauauge* und *Schwarzbart* finden am Strand eine zerrissene Perlenkette. Sie können noch 24 Perlen aufsammeln. Doch sie geraten in Streit, wer sich daraus eine neue Kette knüpfen darf. Schließlich einigen sie sich auf folgendes Spiel:
Jeder darf zwischen 1 und 3 Perlen nehmen. Wer die letzte Perle oder die letzten Perlen nimmt, hat gewonnen und erhält alle Perlen.

 a) Nehmt 24 Spielchips und führt das Spiel mehrmals zu zweit durch. Findet Möglichkeiten, um zu gewinnen.
 b) *Schlauauge* behauptet: Wenn *Schwarzbart* beginnt, gewinne ich immer. Stimmt das? Begründet mit Hilfe der Zeichnung.

○○○○ ○○○○ ○○○○
○○○○ ○○○○ ○○○○

 c) Wie müsst ihr vorgehen, wenn nur 23 Perlen zur Verfügung stehen?
 d) Eine der Spielregeln wird geändert: Jeder darf nun 1 bis 5 Perlen nehmen. Wie müsst ihr nun vorgehen um zu gewinnen?

Seite
21,93

13 Ein Händler möchte sein Badekugelsortiment in kleinere Geschenkverpackungen zusammenfassen. Er überlegt: „Wenn ich jeweils drei Badekugeln in eine Verpackung gebe, bleibt eine übrig. Wenn ich jeweils vier zusammenfasse, bleiben zwei übrig. Bei Verpackungen zu je fünf Badekugeln bleiben drei übrig."
Wie viele Badekugeln hat der Händler mindestens?

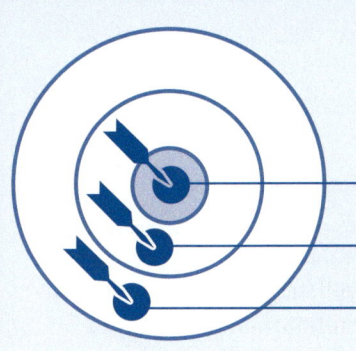

Löse die Aufgaben.
Schätze Dich mit Hilfe der **Zielscheibe** selbst ein.
Die Lösungen findest Du auf Seite 213.
→ zeigt Hilfen zu jeder Aufgabe.

Das kann ich.

Da bin ich mir **nicht ganz sicher**.

Das muss ich **unbedingt üben**.

Aufgabe	Du kannst ...
1	Teiler- und Vielfachen-mengen angeben.
2	Teilbarkeitsregeln anwenden.
3	Primzahlen erkennen und Zahlen in Primfaktoren zerlegen.
4, 5, 6, 7	ggT und kgV bestimmen.

→ Seite 168
Merkkästen

1 Bilde folgende Teilermengen beziehungsweise Vielfachenmengen.
Gib bei der Vielfachenmenge jeweils die ersten sechs Elemente an.
a) T_{48} b) T_{60} c) T_{72} d) V_{48} e) V_{60} f) V_{72}

→ Seite 169, 170
Merkkästen,
Beispiel

2 Ersetze den Platzhalter so, dass eine wahre Aussage entsteht.
a) $2 \mid 345\_4$ b) $5 \mid 3452\_$ c) $10 \mid 3457\_$ d) $100 \mid 345\_0$
e) $4 \mid 3458\_$ f) $25 \mid 345\_0$ g) $3 \mid 345\_4$ h) $9 \mid 345\_6$

→ Seite 171
Aufgabe 5

3 Zerlege die folgenden Zahlen in Primfaktoren.
a) 260   b) 198   c) 270   d) 275   e) 784

→ Seite 172
Aufgabe 4

4 Bestimme den größten gemeinsamen Teiler oder das kleinste gemeinsame Vielfache.
a) ggT(36; 60)   b) ggT(72; 180)   c) ggT(75; 90; 225)
d) kgV(56; 84)   e) kgV(35; 54; 63)   f) kgV(28; 35; 56)

→ Seite 172
Merkkasten

5 Jonas, Daniel und Jannik treffen sich am 1. Ferientag im Freibad. Jonas geht jeden dritten Tag zum Schwimmen, Daniel regelmäßig alle sechs Tage und Jannik jeden 5. Tag.
Am wievielten Ferientag treffen sich alle Jungen wieder im Schwimmbad?

---

6 Die Weide des Pferdezüchters Köllner ist 150 m lang und 144 m breit. Sie soll neu eingezäunt werden. An der Längs- und an der Breitseite sollen Pfosten in der gleichen
Entfernung stehen. Berechne die größtmögliche Entfernung. Wie viele Pfosten werden
benötigt?

---

7 In einem Getriebe wird ein großes Zahnrad mit
72 Zähnen von einem kleinen Zahnrad mit
48 Zähnen angetrieben. Das kleine Zahnrad
dreht sich 42-mal in einer Minute.
a) Nach wie vielen Umdrehungen des großen
Zahnrades stehen sich die Markierungen
wieder gegenüber?
b) Wie viele Umdrehungen führt das große
Zahnrad in einer Minute aus?

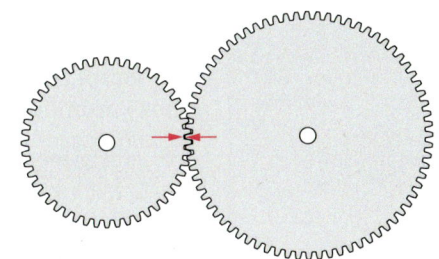

1

Riskant – Ein Würfelspiel für 2 Spieler

Beim Spiel „Riskant" befinden sich in der „Kasse" 25 Spielmarken. Jeder Mitspieler hat ein Kapital von 15 Spielmarken. Wer beim Würfeln mit einem normalen Würfel die größere Augenzahl wirft, bekommt aus der „Kasse" so viele Spielmarken, wie sein Würfel Augen anzeigt. Der oder die andere muss so viele Spielmarken an die Bank zahlen, wie der Verliererwürfel Augen anzeigt. Das Spiel endet nach fünf Würfen oder wenn ein Spieler keine Spielmarken mehr hat. Sieger ist, wer am Schluss die meisten Spielmarken hat. Bei Gleichstand entscheidet der nächste Wurf.

> Ricardo und Emily spielen: Emily hat im ersten Wurf eine 5 und Ricardo eine 3, daher bekommt Emily 5 Spielmarken aus der „Kasse" und Ricardo muss 3 Spielmarken an die „Kasse" zahlen. In der Tabelle schreiben wir bei Emily +5 und bei Ricardo −3.

Spielt dieses Spiel.

	1. Wurf	2. Wurf	3. Wurf	4. Wurf	5. Wurf
Emily	+5	−1	+4	−5	−4
Rechnung		+5 − 1	☐	☐	☐
Gewinn +/Verlust −	+5	**+4**	☐	☐	☐
Ricardo	−3	+2	−2	+6	+5
Rechnung		−3 + 2	☐	☐	☐
Gewinn +/Verlust −	−3	−1	☐	☐	☐

Übertrage die Tabelle ins Heft und ergänze sie. Wie viele Spielmarken hat der Sieger?

2

Verfolgungsrennen auf der Zahlenbahn für 2 bis 4 Spieler

Ziel des Spiels ist es, so schnell wie möglich eine Runde zurückzulegen.

Spielregeln:

- Setze deine Spielfigur auf eines der blauen Startfelder (−36; 20; −18; 10; 4; 80; −15 oder −12). Wer die größere Augenzahl würfelt, darf beginnen.
- Multipliziere oder dividiere die Zahl auf der deine Spielfigur steht, durch die gewürfelte Augenzahl.
- Ergibt sich eine Zahl, die im nächsten Zahlensektor steht, darfst du deine Spielfigur auf diese Zahl vorrücken. Du kannst dabei die Bahn wechseln.
- Das Vorzeichen wechseln kannst du durch Werfen einer Euromünze. Dann muss das Motiv oben sein.

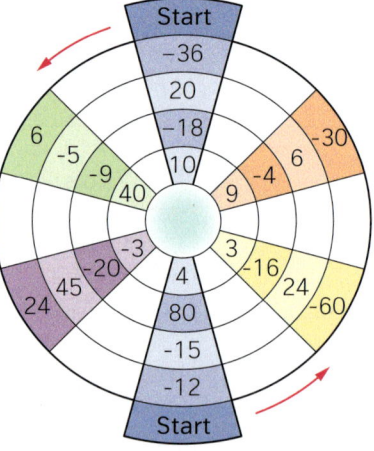

> Leo setzt seinen Spielstein im Startfeld auf die 10.
> Er würfelt eine 2 und wirft eine Münze. Das Motiv zeigt nach oben.
> Er rückt auf die −5 im nächsten Zahlensektor vor, denn 10 : (−2) = −5.

- Ist keine passende Zahl im nächsten Zahlensektor oder das Feld besetzt, setzt du aus.

Primfaktorenbingo

Bildet Gruppen mit drei bis vier Spielern. Jeder Mitspieler erhält ein Bingoquadrat und jede Gruppe erhält einen Primzahlwürfel (Augenzahlen 2, 3, 5, 7, 11 und 13) vom Lehrer oder der Lehrerin.

Spielregeln:
- Würfelt den Primzahlwürfel in eurer Gruppe **dreimal.**
- **Jeder** Spieler bildet aus den gewürfelten Zahlen das **Produkt** aus **mindestens zwei** der drei gewürfelten Zahlen (Kopfrechnen!)
- Nun sucht **jeder** Spieler das berechnete Produkt auf seinem Bingoquadrat. Ist es auf dem Feld dabei, darf er oder sie das Feld ausstreichen
- Die Mitspieler kontrollieren in jeder Runde, ob alle richtig gerechnet haben.
- Das Spiel ist zu Ende, wenn der erste Spieler „Bingo" (alle Felder in einer Zeile, Spalte oder Diagonale) hat.

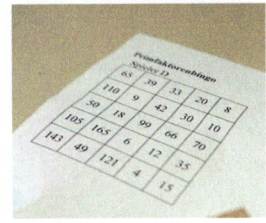

Eine Gruppe würfelt die Augenzahlen 2, 3 und 13.
Jeder Spieler kann entscheiden, ob er die 2 und die 3, die 2 und die 13 oder die 3 und die 13 multipliziert.

Triff die Zahl – Ein Würfelspiel für 2 bis 4 Schüler

Spielregeln:
- Es werden drei Würfel gleichzeitig geworfen.
- Jeder Mitspieler verknüpft die drei gewürfelten Augenzahlen so durch Vorzeichen und Rechenzeichen, dass das Ergebnis – 5 ist oder möglichst nahe bei – 5 liegt .
- Es muss immer mindestens eine Strichrechnung und eine Punktrechnung vorkommen.
- Wer sein Ergebnis am nächsten bei – 5 oder genau – 5 hat, erhält einen Punkt. Wer nach 5 Spielen die meisten Punkte hat, gewinnt.
- Variation: Spielt mit einer anderen Zielzahl.

Felix: $(5 - 6) \cdot 3 = -3$
Anna: $6 : 3 - 5 = -3$
Mia: $5 - 6 - 3 = -4$
Sebastian: $-3 \cdot 5 + 6 = -9$

Im Beispiel links siehst du die geworfenen Augenzahlen und die Rechnungen von Felix, Anna, Mia und Sebastian.
Wer bekommt einen Punkt?
Wer hat die Regeln nicht eingehalten?

09

Winkel

Um im Straßenverkehr sicher zurecht zu kommen, ist es wichtig, dass du den „Toten Winkel" kennst. Beschreibe, was du auf den Bildern siehst.

Es gibt noch weitere Winkel in deiner Umgebung, zum Beispiel Steigungswinkel, Höhenwinkel, Abwurfwinkel, Neigungswinkel, Anflugwinkel.

Wo kommen diese Winkel vor? Die Suche in geeigneten Medien kann dir weiterhelfen.

1 Mit einem einfachen Gerät kannst du die Größe des Gesichtsfeldes ermitteln.

a) Fertige dir aus Karton einen Halbkreis und klebe wie in der Skizze „Kimme und Korn" auf. Halte die Scheibe vor ein Auge, blicke über Kimme und Korn geradeaus. Schließe das andere Auge. Ein Mitschüler oder eine Mitschülerin bewegt einen Bleistift entlang des Kreises von hinten nach vorne und markiert die Punkte, an denen du den Bleistift siehst bzw. nicht mehr siehst. Markiere das Gesichtsfeld des Auges.

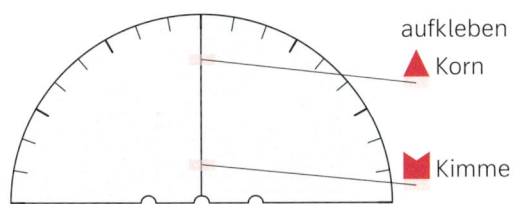

aufkleben — ▲ Korn
— ◤ Kimme

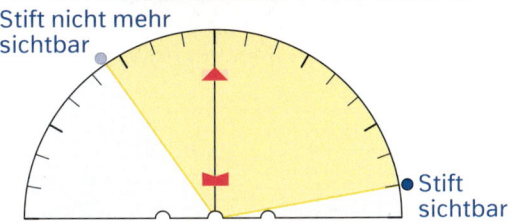

Stift nicht mehr sichtbar
● Stift sichtbar

b) Wiederhole den Vorgang mit deinem anderen Auge und markiere auch das Gesichtsfeld für das zweite Auge.

c) Die Gesichtsfelder deiner Augen überschneiden sich. Finde heraus, welche Bedeutung dieser Bereich für das menschliche Sehen besitzt.

d) Vergleiche das Gesichtsfeld eines Menschen mit dem einer Antilope. Warum unterscheiden sich diese wohl?

2 Jeder in deiner Klasse sieht die Tafel unter einem anderen Winkel. Es kommt darauf an, wo du im Klassenzimmer sitzt. Mit einfachen Hilfsmitteln kannst du diesen Winkel bestimmen. Du benötigst ein DIN A4-Blatt, eine 2 cm bis 3 cm dicke Styroporplatte derselben Größe, zwei rote und eine gelbe Pinnwandnadel.

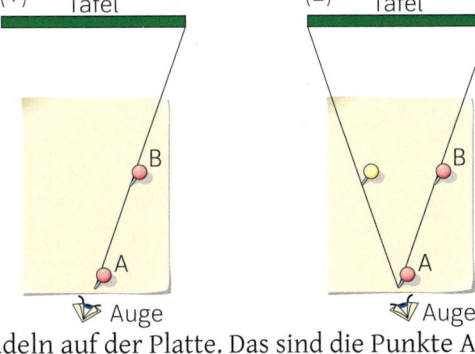

(1) Tafel   (2) Tafel
B   B
A   A
▽ Auge   ▽ Auge

a) Zeichne eine Halbgerade [AB als Peillinie auf das DIN A4-Blatt (Abbildung 1). Befestige das Blatt mit den beiden roten Nadeln auf der Platte. Das sind die Punkte A und B. Lege die Platte auf deinen Tisch und drehe sie so, dass du über A in Richtung B den rechten Tafelrand anpeilst. Jetzt darfst du die Platte nicht mehr verschieben! Stell dich nun so hin, dass du über A den linken Tafelrand anpeilst (Abbildung 2). Markiere mit der gelben Nadel deine Blickrichtung. Bezeichne diesen Punkt mit C.

b) Nimm die Nadeln und das Blatt von der Platte und ergänze die Halbgerade [AC. Markiere den Winkel zwischen den Halbgeraden, unter dem du die Tafel siehst.

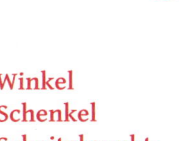

M

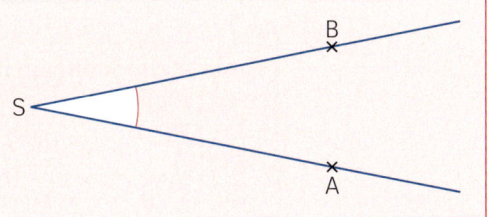

Ein Bereich wie das Gesichtsfeld oder der Blickwinkel des Auges wird von zwei Halbgeraden begrenzt. Ein solcher Bereich heißt **Winkel.** Die beiden Halbgeraden heißen **Schenkel,** der gemeinsame Anfangspunkt der Halbgeraden heißt **Scheitelpunkt.**

B
S
A

**Winkel
Schenkel
Scheitelpunkt**

① Dilara hat Aufgabe 2 auf der vorherigen Seite bearbeitet und ihren Blickwinkel rot gefärbt. Sie erhält aber noch einen weiteren Winkel und markiert diesen wie im Bild grün.

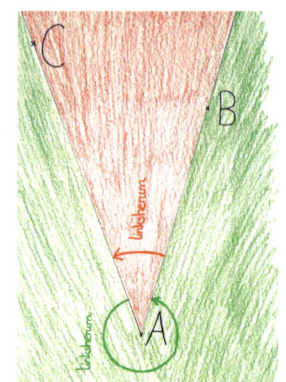

a) Verfahre wie Dilara. Zeichne einen Winkel und markiere ihn rot. Markiere den zweiten Winkel grün.

b) Der rot gefärbte Winkel entsteht, wenn der Schenkel [AB gegen den Uhrzeigersinn (linksherum) auf den Schenkel [AC gedreht wird. Beschreibe, wie der grün gefärbte Winkel entsteht.

M Wird eine Halbgerade um ihren Anfangspunkt gegen den Uhrzeigersinn gedreht, so entsteht ein **Winkel**.

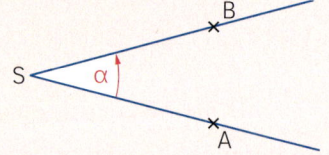 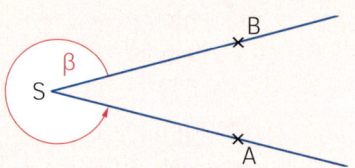

Winkel bezeichnen

> Suche weitere griechische Buchstaben.

Winkel werden stets gegen den Uhrzeigersinn bezeichnet.
Schreibe:

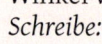

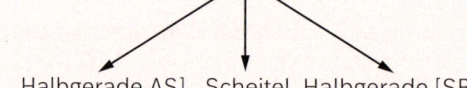

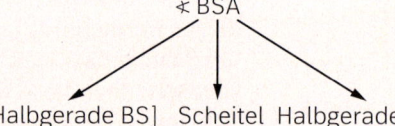

Lies: Winkel ASB   Winkel BSA

Winkel werden oft auch mit kleinen griechischen Buchstaben bezeichnet:
α (Alpha), β (Beta), γ (Gamma), δ (Delta), ε (Epsilon), φ (Phi), μ (My)

Übungen

② Bezeichne die eingezeichneten Winkel mit Hilfe der angegebenen Punkte.

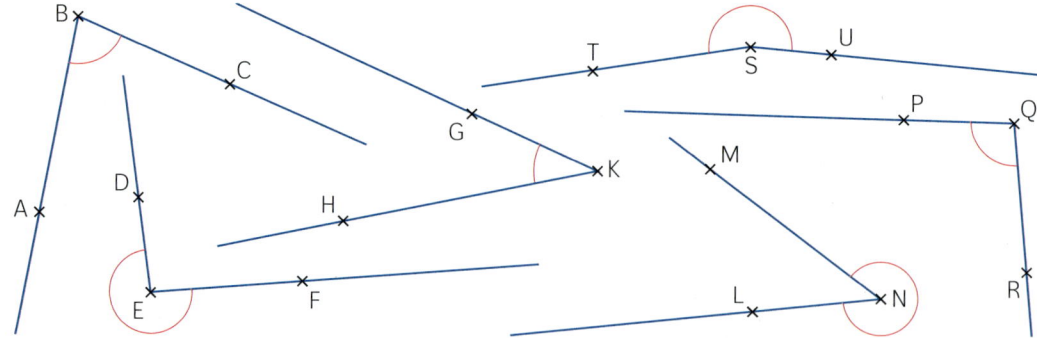

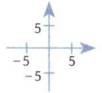

③ Zwei Halbgeraden [SA und [SB legen stets zwei Winkel fest. Trage die Halbgeraden in ein Koordinatensystem ein und kennzeichne den angegebenen Winkel durch einen Kreisbogen mit Pfeil.

a) S(1|3)   A(4|2)   B(1|5)   ∢ ASB
b) S(2|5)   A(−1|2)   B(2|−1)   ∢ BSA
c) S(−2|−3)   A(−4|−4)   B(2|−1)   ∢ BSA
d) S(3|3)   A(5|−2)   B(0|3)   ∢ ASB

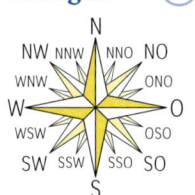

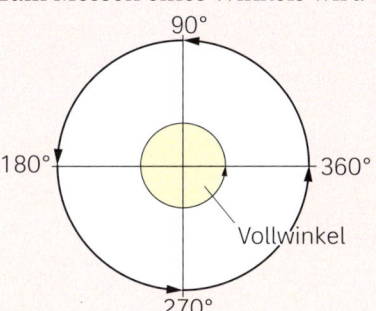

M Zum Messen eines Winkels wird ein **Vollwinkel** in 360 gleiche Teile geteilt.

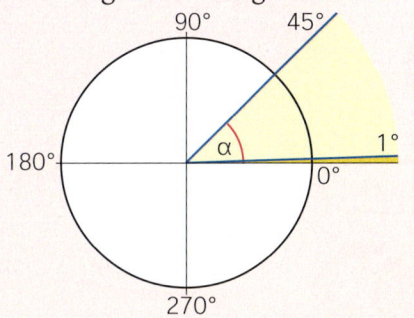

Das Maß eines Winkels wird in der Einheit **Grad** angegeben. 1 Grad (1°) ist der 360. Teil eines Vollwinkels. Unterteilung: 1° = 60' (Minuten).

Lies: α ist 45 Grad groß.   *Schreibe:* α = 45°

Es ist nicht klar, woher diese Einteilung kommt. Eine Vermutung ist, dass unsere Vorfahren bei rund 360 Tagen im Jahr den Weg der Erde an einem Tag so festlegten.

Übungen

① Die Abbildung zeigt die Einteilung einer Windrose. Zwischen zwei Himmelsrichtungen ist jeweils ein Winkelmaß messbar.

a) Ergänze im Heft die Tabelle.

	SO – N	O – NO	SW – O	O – NW	NNO – SSW	SW – SO
Winkelmaß	135°	▨	▨	▨	▨	▨

b) Zwischen welchen Himmelsrichtungen liegt ein Winkel von 45° (135°, 270°, 315°, 225°). Gib jeweils zwei Möglichkeiten an.

② Fertigt in Partnerarbeit eine Winkelscheibe aus dünnem Karton an.

zwei Kreise mit Radius 6 cm   Scheiben einschneiden

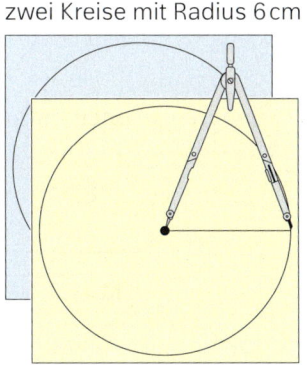

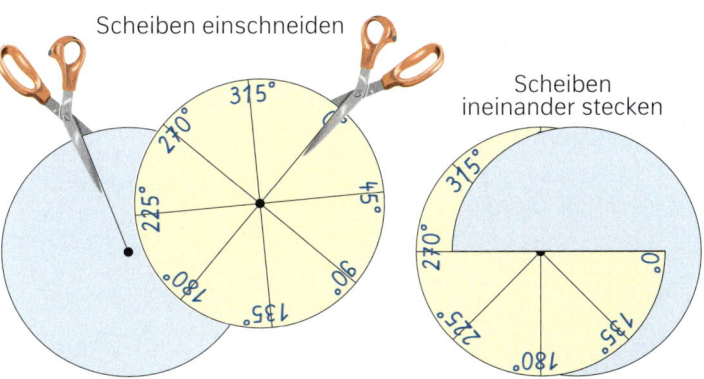

Scheiben ineinander stecken

Stelle durch Drehen der einen Scheibe in der anderen wie im Foto einen beliebig großen Winkel ein.

Lass deinen Partner das Winkelmaß schätzen (Beispiel: Das Winkelmaß liegt zwischen 90° und 135°).

Sag deinem Partner anschließend, wie gut er oder sie geschätzt hat.

1   Das Geodreieck ist ein geeignetes Hilfsmittel um das Maß eines Winkels zu bestimmen.

Hilfsmittel

Nachmachen!

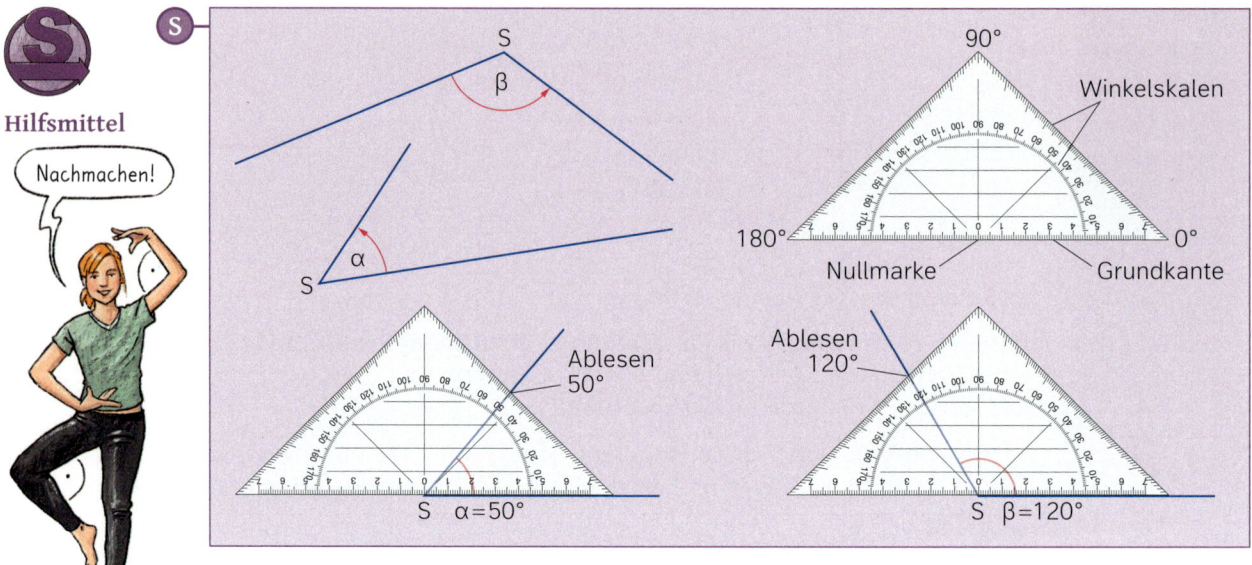

Beschreibe, wie du das Geodreieck zum Messen eines Winkels anlegen musst.

Übungen   **2**   Schätze die Maße der abgebildeten Winkel.
Überprüfe dann durch Messung.

Winkel	α	β	▪
geschätzt	65°	▪	▪
gemessen	▪	▪	▪

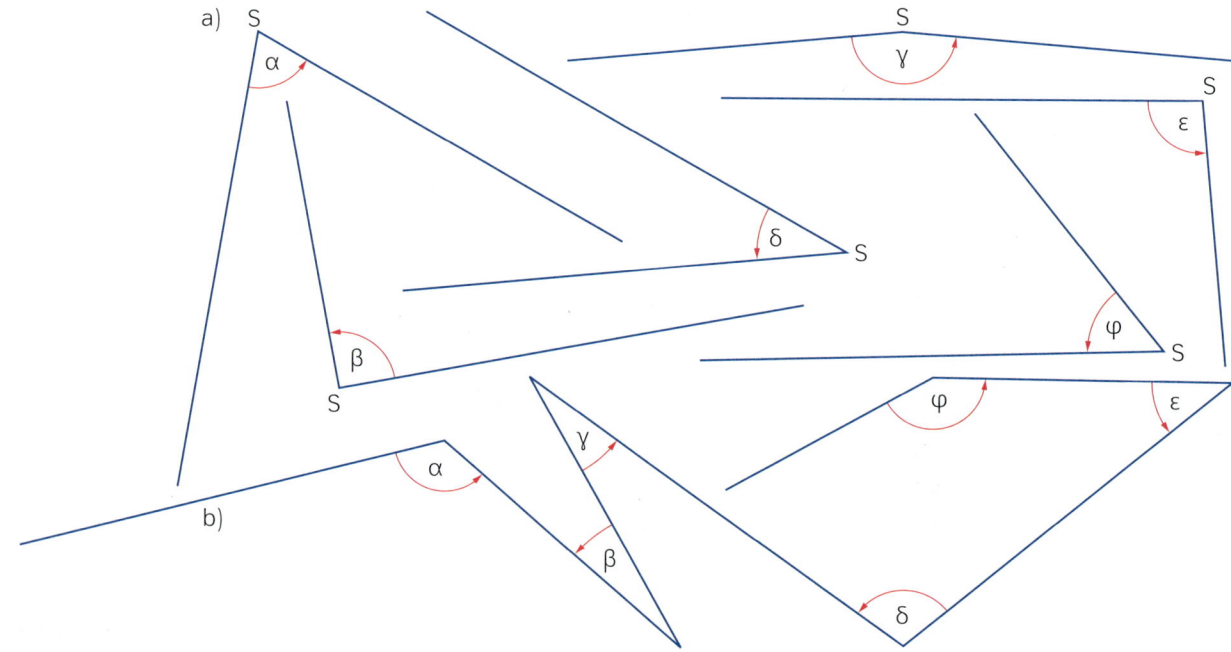

Lösungen: 90°; 105°; 70°; 20°; 95°; 40°; 35°; 125°; 170°; 25°; 53°; 150°

3   Bestimme zu den Aufgaben auf Seite 179 das Winkelmaß für das Gesichtsfeld beider Augen und für den Bereich des räumlichen Sehens. Miss dann den Winkel, unter dem du die Tafel siehst.

Seite 182

4 So kannst du einen 130° großen Winkel zeichnen. Es sind zwei Verfahren dargestellt.

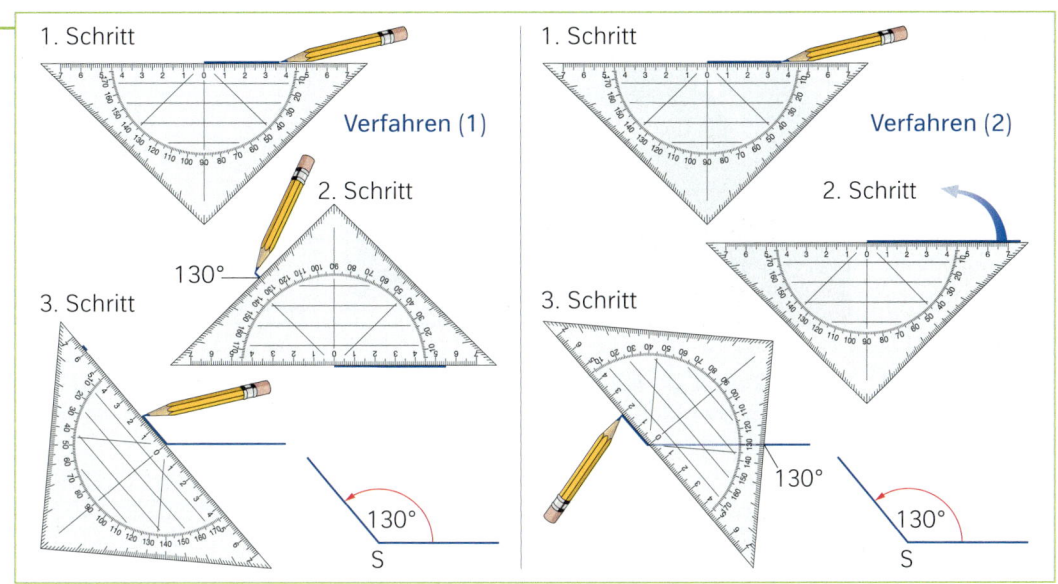

Beschreibe die beiden Verfahren und verwende dabei die Fachbegriffe für das Geodreieck aus dem Strategiekasten von Seite 182. Zeichne anschließend den Winkel in dein Heft.

5 Das Maß des links abgebildeten Winkels α liegt zwischen 180° und 360°.

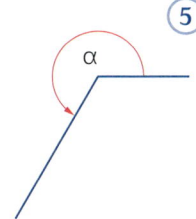

a) Beschreibe, wie du mit Hilfe des Geodreiecks das Winkelmaß bestimmen kannst (Abbildung rechts).

b) Finde einen zweiten Lösungsweg. Beschreibe ihn.

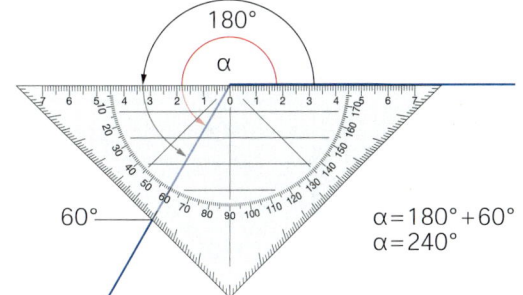

$\alpha = 180° + 60°$
$\alpha = 240°$

6 In der Figur sind einige Winkel benannt.

a) Bestimme durch Messen diese Winkelmaße.

b) Kannst du ohne Messung die Maße der Winkel neben γ_2 und φ_2 bestimmen? Begründe.

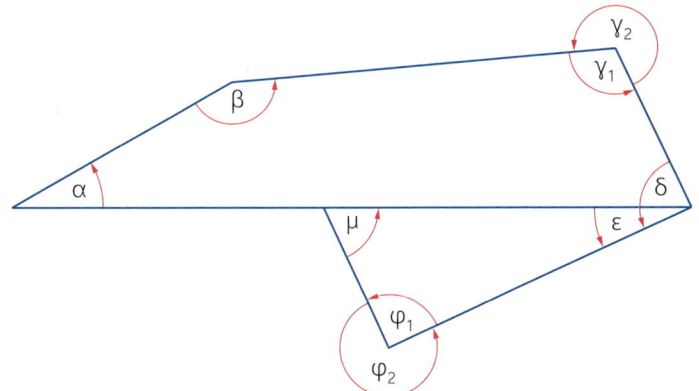

7 Zeichne jeweils einen Winkel mit den vorgegebenen Maßen. Markiere den Winkel mit einem Kreisbogen und einem Pfeil.

a) 40° 80° 25° 305° 100° 165°   b) 175° 215° 70° 45° 105° 90°

c) 153° 93° 18° 114° 66° 185°   d) 8° 107° 346° 155° 34° 123°

Wir messen Winkel mit Hilfe eines Geometrieprogramms.

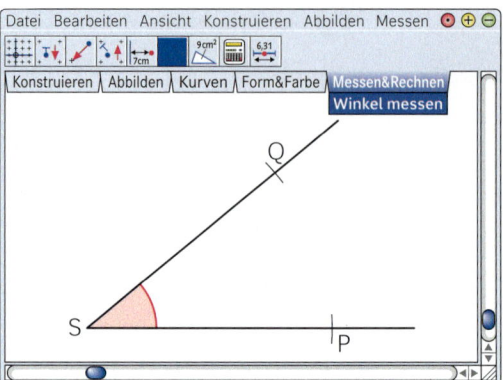

8 Winkel kannst du auch mit einem Geometrieprogramm zeichnen und messen.
a) Zeichne zunächst zwei Halbgeraden mit dem gleichen Anfangspunkt. Benenne die Punkte wie in der Skizze. Schätze die Größe des Winkels.
b) Im Menü Messen kannst du das Winkelmaß bestimmen lassen. Hast du richtig geschätzt?
c) Zeichne jeweils einen neuen Winkel mit dem Maß 40° (30°; 60°, 90°; 120°; 135°; 180°). Überprüfe durch Messen.

Winkelarten   **M**

Hier siehst du, wie die Winkel ihrer Größe nach eingeteilt sind.

Spitze Winkel sind kleiner als 90°.   Ein **rechter Winkel** ist 90° groß.

$0° < \alpha < 90°$ $\alpha = 90°$

Stumpfe Winkel sind größer als 90° und kleiner als 180°.   Ein **gestreckter Winkel** ist 180° groß.

$90° < \alpha < 180°$ $\alpha = 180°$

Überstumpfe Winkel sind größer als 180°.   Ein **Vollwinkel** ist 360° groß.

$180° < \alpha < 360°$ $\alpha = 360°$

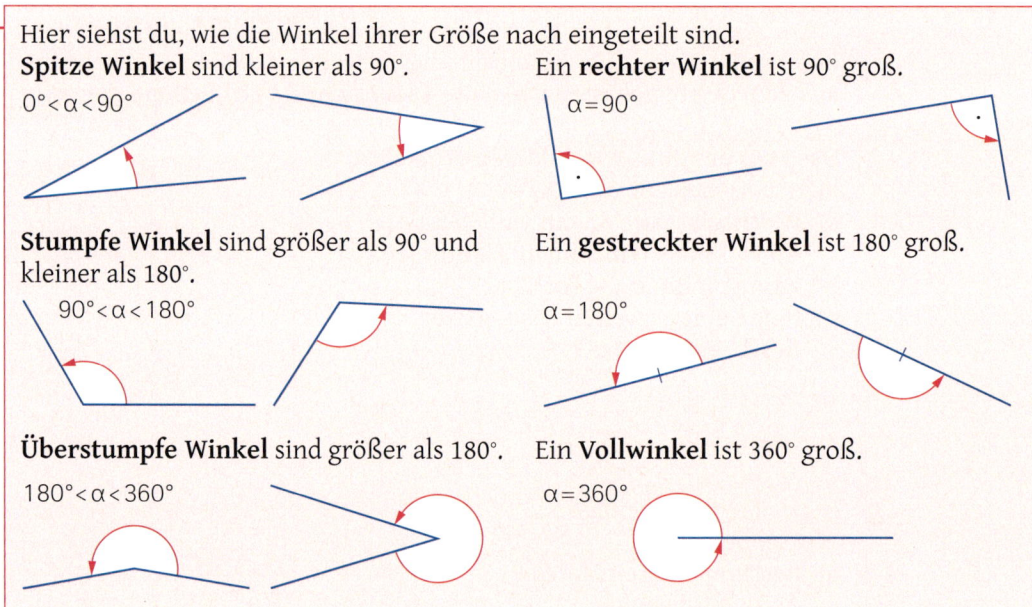

Mit rechten Winkeln hast du schon in Kapitel 6, z.B. S. 111 und 113 gearbeitet.

9 a) Von welcher Art ist ein 122° (90°, 47°, 235°, 180°) großer Winkel?
b) Zeichne je einen spitzen, stumpfen und überstumpfen Winkel in dein Heft. Gib jeweils das Winkelmaß an.

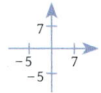

10 Zeichne folgende Punkte in ein Koordinatensystem:
S(1|−1), A(−2|−5), B(7|0), C(−1|−2), D(−3|−2), E(−1|5), F(6|1), G(2|5), H(4|−3), I(5|3), K(3|7), L(−2|1), M(−4|1), N(6|−2), P(−5|0), Q(3|−4), R(−2|−3), Z(7|−1)
Die Halbgerade [SZ ist ein Schenkel von verschiedenen Winkeln mit dem Scheitel S. Der zweite Schenkel verläuft durch einen der Punkte A bis R. Wenn du die folgenden Winkel der Reihe nach richtig einzeichnest, erhältst du den Namen eines berühmten Einwohners von Nürnberg.
9°   108°   326°   233°   45°   158°

Kreissektor?
→ Schlag auf
Seite 124 nach.

1 Zeichne einen Kreis mit dem Radius 5 cm. Unterteile den Kreis in 3 (5, 6 und 8) gleich große Kreissektoren. Berechne dazu jeweils den zugehörigen Öffnungswinkel der Kreissektoren.

2 Zeichne einen Kreis mit dem Mittelpunkt M(−1|1) und dem Radius 6 cm in ein Koordinatensystem. Der Kreis schneidet die Achsen in insgesamt 4 Punkten. Benenne diese Punkte mit A, B, C und D und verbinde sie mit M. Es entstehen 4 Kreissektoren. Wie groß sind die Öffnungswinkel? Schreibe so: ∢ AMB = ▮

3 M(3|−5) ist Mittelpunkt eines Kreises mit dem Radius 5 cm. Der Kreis berührt die x-Achse im Punkt A. Zeichne den Kreis in ein Koordinatensystem und trage die Kreissektoren ein, für die gilt: ∢ AMB = 37° und ∢ DMA = 80°.

4 Die Klassenleiterin der Klasse 5d befragt die 17 Schülerinnen und 13 Schüler, wie wohl sie sich in ihrer Klasse fühlen. Es ergibt sich folgendes Ergebnis:

Wie beurteilst du eure Klassengemeinschaft?			
Antworten	sehr gut	gut	geht so	könnte besser sein
Anzahl	18	6	3	3

So kannst du die Daten aus der Tabelle in einem **Kreisdiagramm** grafisch darstellen.

B

(1) Wähle einen geeigneten Radius und zeichne einen Kreis.

Radius: 5 cm

(2) Berechne zu jeder Anzahl den zugehörigen Winkel.

Anzahl „sehr gut":
18 Schüler
30 Schüler ≙ 360°
 1 Schüler ≙ 12°
18 Schüler ≙ 216°

(3) Zeichne die Winkel im Kreis ein und beschrifte sie.

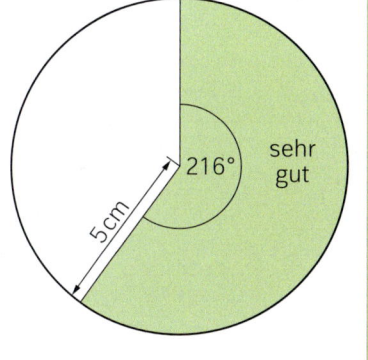

Zeichne das vollständige Kreisdiagramm in dein Heft.

5 Niklas erstellt als Hausaufgabe das Kreisdiagramm im Bild rechts.
a) Welche Informationen kannst du dem Kreisdiagramm entnehmen?
b) Ermittle die Zeit, die Niklas täglich mit Sport, Musik und Freunden verbringt.
c) Finde die Fehler im Diagramm. Zeichne das Kreisdiagramm richtig.

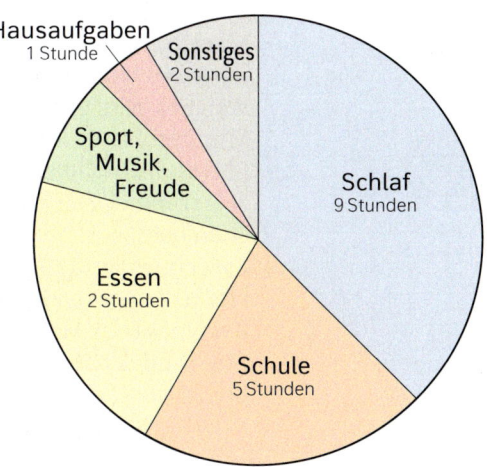

6 Beim Kugelstoßen, Diskuswurf, Hammerwurf, Speerwurf oder Weitwurf wird ein Kreissektor festgelegt, in dem das Wurfgerät landen muss, damit es sich um einen gültigen Versuch handelt.
Für das Kugelstoßen, Diskus- und Hammerwerfen beträgt das Maß des Öffnungswinkels des Sektors ca. 35° (genau 34,95°), für den Speer- und Weitwurf ca. 29° (genau 28,96°).

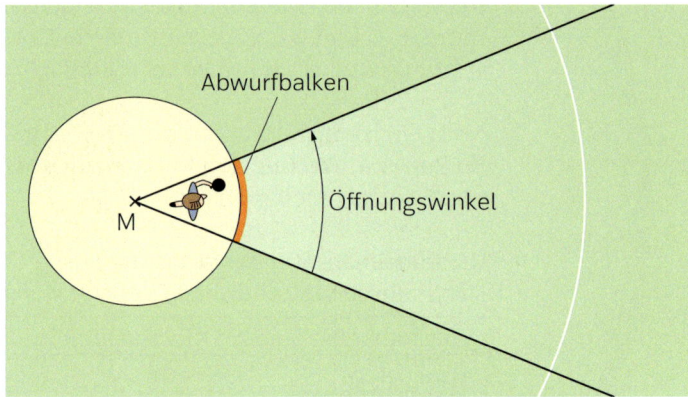

a) Erstelle eine gemeinsame Zeichnung für die beiden Sektoren. Kennzeichne den Bereich für das Kugelstoßen in grün und den Bereich für den Speerwurf in rot.

b) Warum gibt es für die einzelnen Wurfgeräte unterschiedliche Öffnungswinkel der Kreissektoren?

7 Die Zeiger einer Uhr begrenzen je nach Stellung unterschiedliche Kreissektoren und schließen damit Winkel ein. Winkel entstehen auch, wenn ein Uhrzeiger eine bestimmte Zeitspanne überstreicht.

a) Auf dem Zifferblatt der „Bayerischen Rückwärtsuhr" ist der Winkel orange markiert, den der große Zeiger während einer bestimmten Zeitspanne überstrichen hat. Gib die Anzahl der Minuten und das Maß der Winkel an.

(1) 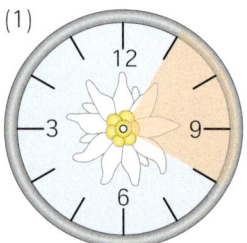   (2) 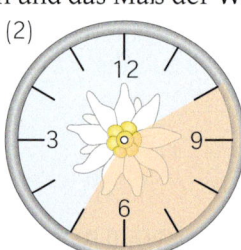   (3)    (4)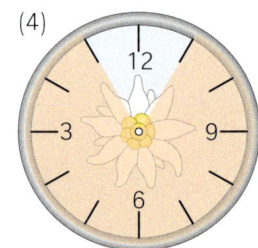

b) Zeichne einen Kreis mit dem Radius 4 cm. Ergänze die Markierungen für 1:00 Uhr, 2:00 Uhr, ..., 12:00 Uhr im richtigen Umlaufsinn.
Welches Winkelmaß liegt zwischen zwei Stunden (zwei Minuten)?

c) Bestimme das Maß β des Winkels, den der kleine Uhrzeiger in der Zeit von 12:00 Uhr bis 12:20 Uhr überstrichen hat.

Seite 91

d) Berechne das Maß γ des Winkels, den der große und kleine Zeiger um 12:20 Uhr miteinander einschließen.

e) Bestimme das Maß δ des Winkels, den die beiden Uhrzeiger um 12:50 Uhr (14:50 Uhr) miteinander einschließen.

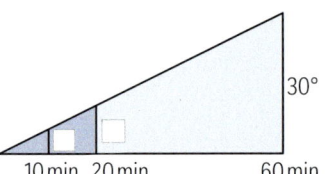

① Das Foto zeigt ein so genanntes Andreaskreuz.
a) Wo findest du ein solches Verkehrszeichen?
b) Durch die Balken des Andreaskreuzes werden vier Winkel gebildet. Stelle eine Vermutung über die Größe dieser Winkel auf.
c) Zeichne zwei Geraden, die sich schneiden, aber nicht senkrecht zueinander stehen. Miss die vier Winkel am Schnittpunkt und notiere ihre Maße.

d) Bilde jeweils die Summe zweier benachbarter Winkel. Was stellst du fest? Vergleiche mit deinem Nachbarn.

M

An zwei sich schneidenden Geraden gilt: Gegenüber liegende Winkel heißen **Scheitelwinkel.** Sie haben das gleiche Winkelmaß.

Scheitelwinkel

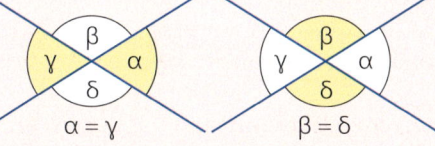

Die Winkel α und γ sowie β und δ sind Scheitelwinkel.

An zwei sich schneidenden Geraden gilt: Nebeneinander liegende Winkel heißen **Nebenwinkel.** Sie ergeben zusammen 180°.

Nebenwinkel

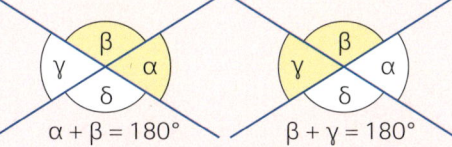

Die Winkel α und β, β und γ, γ und δ sowie δ und α sind Nebenwinkel.

Übung

② Bestimme die fehlenden Winkelmaße. Begründe.

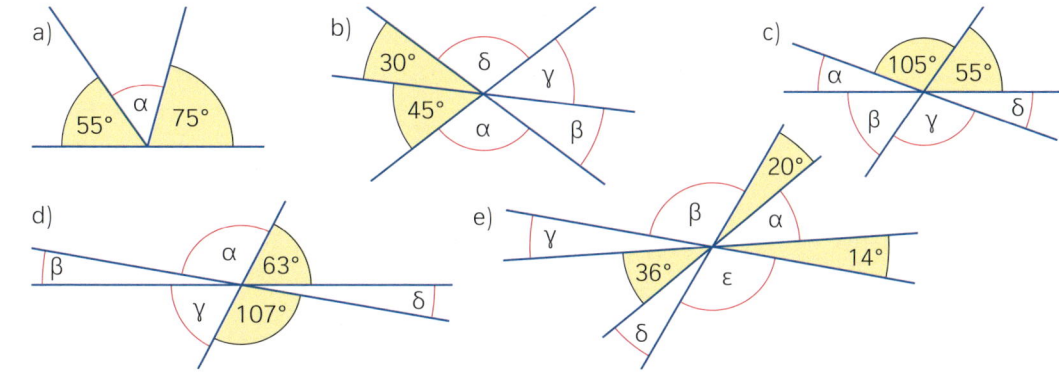

① Die Geraden g = AB und h = CD schneiden sich im Punkt S. Zeichne die Geraden in ein Koordinatensystem, gib die Koordinaten von S an und miss den Winkel ASC. Benenne die übrigen Winkel mit dem Scheitel S, z. B. ∢ CSA, und gib ihre Maße an.
a) A(−1|−1), B(3|7), C(3|−1), D(−6|5)
b) A(3|3), B(9|0), C(6|−1), D(9|5)

Lösungen: (7|1); (1|0); (0|1); 79°; 83°; 83°; 90°; 90°; 90°; 90°; 97°; 97°

② Zeichne die Punkte A(−2|−5), B(14|−7), P(−2|5) und Q(13|−5) in ein Koordinatensystem. Wähle als Längeneinheit ein Kästchen. Ergänze die Dreiecke ABP und AQP. Zu diesen Dreiecken gehören sechs spitze Winkel mit den Scheitelpunkten A, B, P oder Q. Welcher hat das größte, welcher das kleinste Winkelmaß?

③ Bestimme die fehlenden Winkelmaße
a)

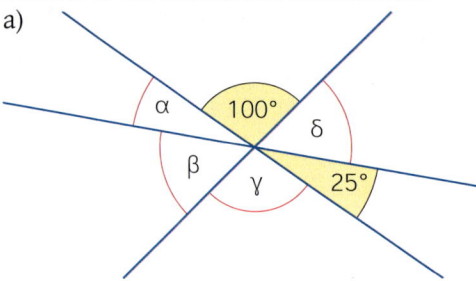

b)

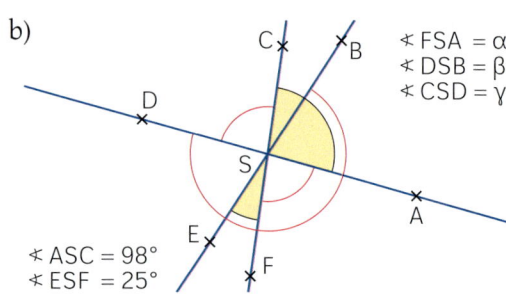

∢ FSA = α
∢ DSB = β
∢ CSD = γ

∢ ASC = 98°
∢ ESF = 25°

④ Zwei Geraden schneiden sich im Punkt S. Berechne das Maß des Winkels α.
a)

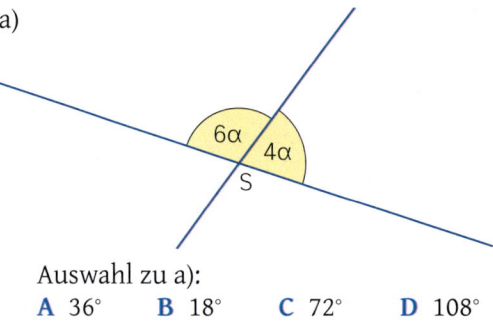

b)

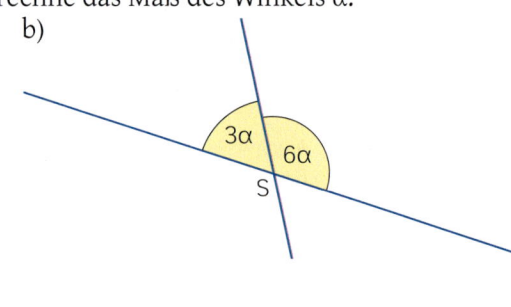

Auswahl zu a):
  A 36°   **B** 18°   **C** 72°   **D** 108°

⑤ S ist Anfangspunkt von vier Halbgeraden. Der Winkel DSB hat das Maß 60°, weiter ist ∢ DSC = 110° und ∢ ASC = 75°. Welches Maß hat der Winkel ASB?

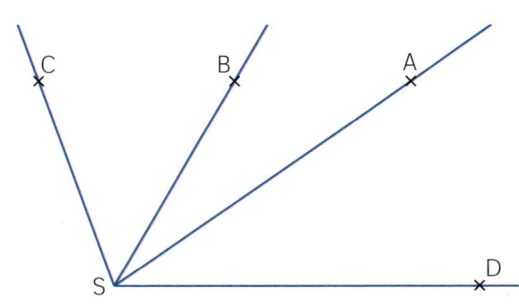

Seite 37

⑥ Ein Winkel α hat das Maß 37°. Wie groß ist sein Scheitelwinkel β und sein Nebenwinkel γ?

⑦ Der Winkel α ist doppelt (dreimal) so groß wie sein Nebenwinkel β. Bestimme die Maße der Winkel.

⑧ a) Der Winkel α ist um 40° größer als sein Nebenwinkel β.
b) Der Nebenwinkel zu α ist um 30° größer als das Doppelte des Winkels α.
c) Der Winkel α und sein Scheitelwinkel ergeben zusammen 116°.

Löse die Aufgaben.
Schätze Dich mit Hilfe der **Zielscheibe** selbst ein.
Die Lösungen findest Du ab Seite 213.
→ zeigt Hilfen zu jeder Aufgabe.

Das kann ich.

Da bin ich mir **nicht ganz sicher**.

Das muss ich **unbedingt üben**.

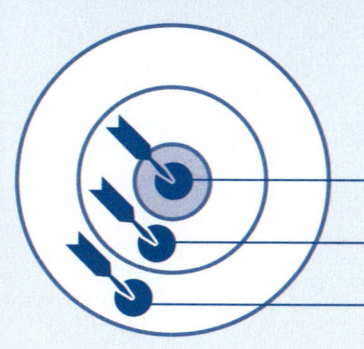

Aufgabe	Du kannst ...
1	Winkel benennen und beschreiben.
2	Winkel benennen und messen.
3, 6	Winkel zeichnen.
4, 5	Winkelmaße an sich schneidenden Geraden bestimmen.
6	Sachaufgaben zeichnerisch lösen.

---

1 Benenne die Winkel mit Hilfe der Punkte. Gib an, um was für Winkel es sich handelt.

→ Seite 180
Merkkasten
→ Seite 184
Merkkasten

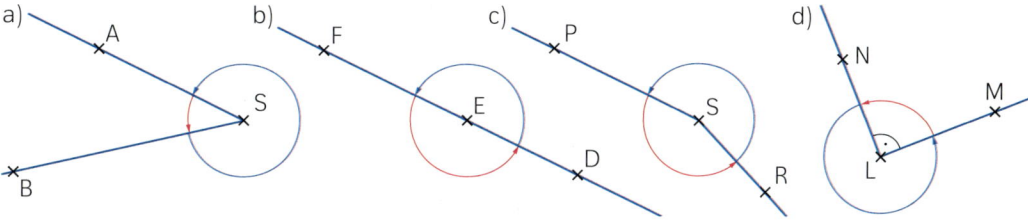

a) b) c) d)

→ Seite 182
Aufgabe 1
2 Trage die Punkte A(−4 | 3), B(2 | 6) und S(−1 | −5) in ein Koordinatensystem ein. S ist der Scheitelpunkt zweier Winkel mit den Schenkeln [SA und [SB. Kennzeichne die beiden Winkel durch einen Kreisbogen mit Pfeil. Bezeichne die Winkel mit Hilfe der Punkte. Bestimme die Winkelmaße durch Messen.

→ Seite 183
Aufgabe 4
3 Zeichne einen Winkel mit dem gegebenen Maß. Markiere ihn (Kreisbogen und Pfeil).
   a) 25°   b) 78°   c) 136°   d) 204°   e) 300°   f) 345°

→ Seite 187
Merkkasten
→ Seite 188
Aufgabe 4
4 Bestimme die fehlenden Winkelmaße.

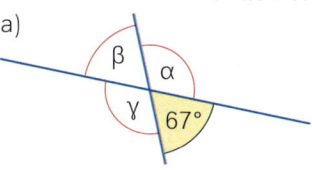

a) b) c)

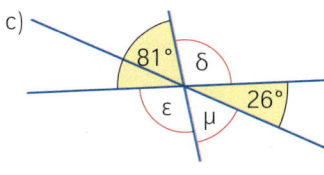

→ Seite 188
Aufgabe 7/8
5 Wie groß ist der Winkel α? Der Winkel α hat
   a) 60° mehr als sein Nebenwinkel.   b) zusammen mit seinem Scheitelwinkel 246°.

---

6 a) Ein Baum wirft einen Schatten von 12 m Länge. Die Sonne steht dabei 40° hoch (siehe Skizze). Fertige eine maßstabsgetreue Zeichnung (1 : 100) an und miss die Höhe des Baumes.

    b) Am Abend steht die Sonne 20° hoch. Wie lang ist der Schatten eines 2 m langen Stabes, der senkrecht zum Boden steht?

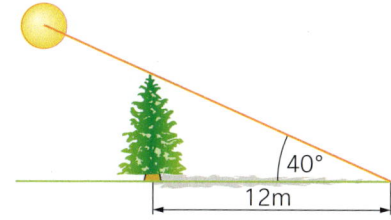

10
Umfang und Flächeninhalt

Die Zeichen auf den Fußgängerampeln zeigen einen gehenden und einen stehenden Fußgänger. Erstmals verwendet wurden diese Zeichen 1969 in Ostberlin.

In den Abbildungen unten sind zwei Ampelmännchen stark vereinfacht dargestellt. Welches Männchen hat den längeren Rand? Welches bedeckt die größere Fläche?

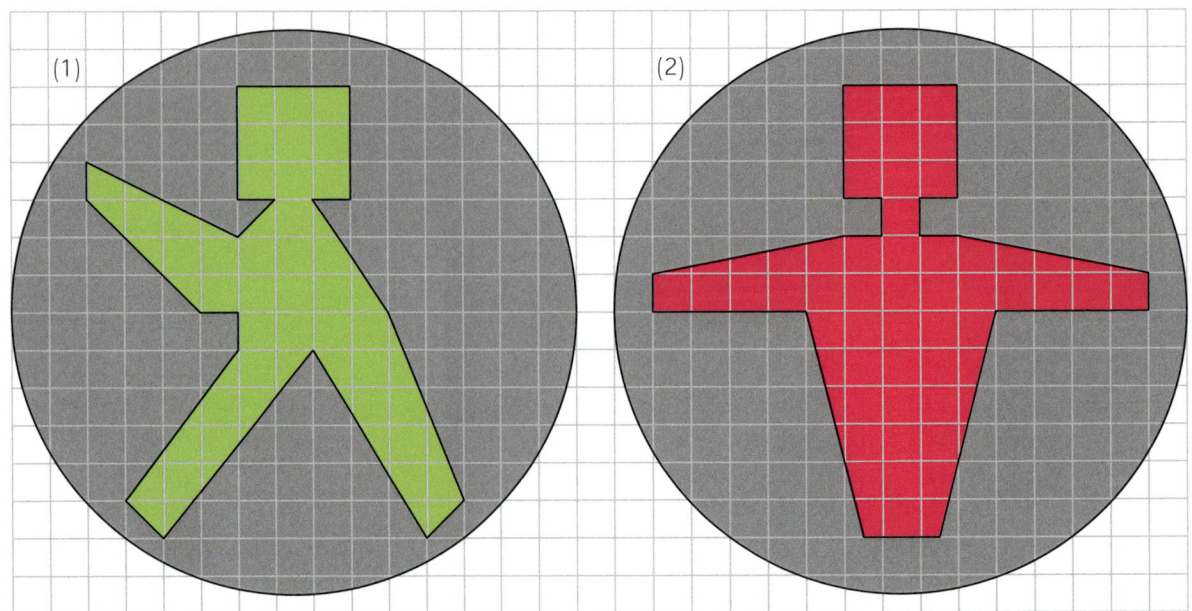

1 Die Theater-AG benötigt für die nächste Aufführung neue Kostüme. Pias Mutter will sie nähen. Dazu nehmen die Kinder mehrere Körpermaße von sich. Sie messen an der Hüfte (wie in der Abbildung), an der Taille, am Handgelenk und am Kopf.
Führe dieselben Messungen bei deinen Mitschülern durch.

2 Wie kannst du den Umfang von verschiedenen Gegenständen im Klassenraum bestimmen?

3 Miss den Umfang eines Baumes.

4 Zeichne die Umrisse von verschiedenen Dingen in dein Heft (z. B. Geodreieck, Lineal, Geldstück). Bestimme den Umfang.

5 Bei den folgenden Figuren ist die Entfernung zwischen zwei Punkten jeweils 1 LE.
  a) Gib den Umfang der Figuren in Längeneinheiten an.

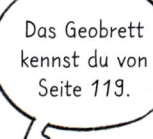
Das Geobrett kennst du von Seite 119.

(1) 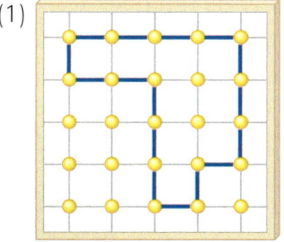   (2) 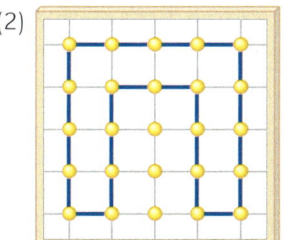   (3)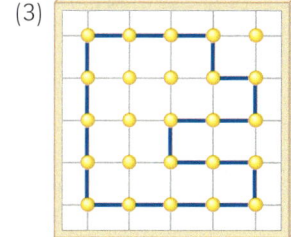

  b) Spanne auf dem Geobrett eine weitere Figur. Sie soll den gleichen Umfang wie die Figur (1) in Aufgabe a) haben. Vergleiche die Anzahl der umfassten Kästchen in deiner Figur mit der Anzahl der umfassten Kästchen in der Figur (1).
  c) Spanne auf deinem Geobrett ein Rechteck so, dass es den gleichen Umfang hat wie die gegebene Figur. Vergleiche wieder die Anzahl der umfassten Kästchen.

(1) 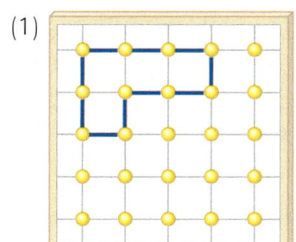   (2) 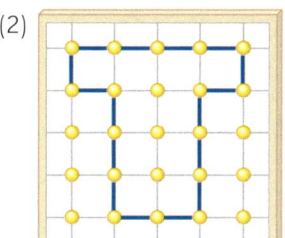   (3)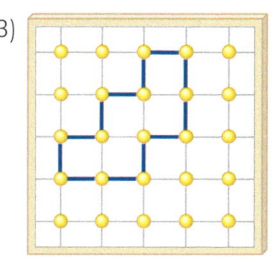

①

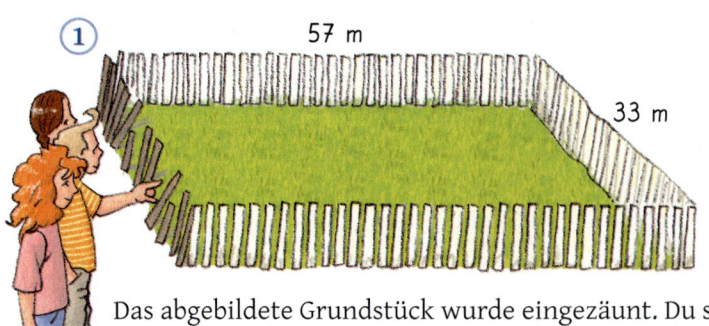

57 m

33 m

Umfang u des Grundstücks

57 m + 33 m + 57 m + 33 m = 180 m
oder
$2 \cdot 57$ m $+ 2 \cdot 33$ m $= 180$ m
oder
$2 \cdot (57$ m $+ 33$ m$) = 180$ m

Das abgebildete Grundstück wurde eingezäunt. Du siehst drei Möglichkeiten, wie der Umfang berechnet werden kann. Vergleiche die Lösungswege miteinander.

② Zeichne ein Quadrat mit der Seitenlänge a = 6 cm. Bestimme seinen Umfang. Es gibt zwei Lösungswege. Schreibe sie auf.

Umfang Rechteck und Quadrat

Ⓜ

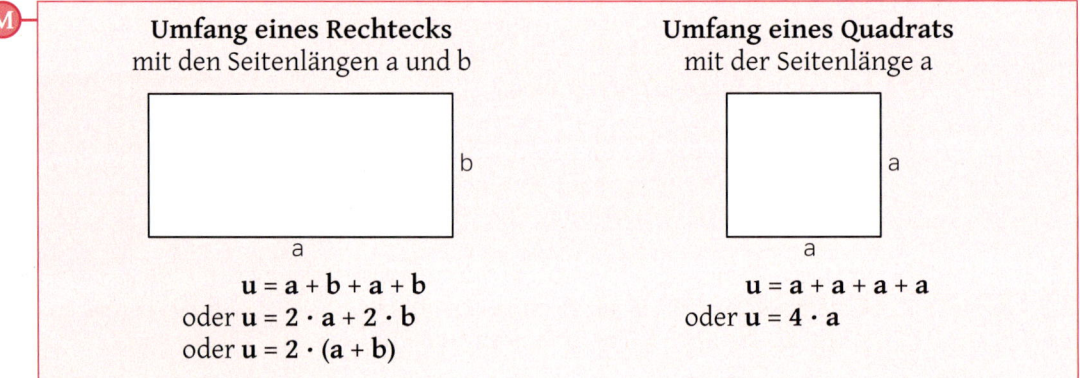

Umfang eines Rechtecks
mit den Seitenlängen a und b

b

a

$u = a + b + a + b$
oder $u = 2 \cdot a + 2 \cdot b$
oder $u = 2 \cdot (a + b)$

Umfang eines Quadrats
mit der Seitenlänge a

a

a

$u = a + a + a + a$
oder $u = 4 \cdot a$

Übungen

③ Wie groß ist der Umfang folgender Rechtecke? Achte auf die Einheiten.

	a)	b)	c)	d)	e)	f)	g)	h)	i)
Länge	20 cm	25 cm	78 cm	14 dm	81 mm	12,7 m	190 m	4,400 km	0,510 km
Breite	30 cm	35 cm	22 dm	140 cm	5 cm	127 dm	1010 m	440 m	5,100 km

④ Ein Tennisplatz soll eingezäunt werden. Der Zaun soll jeweils von den Grundlinien 6,50 m und von den Seitenlinien 4,50 m entfernt sein. Wie viel Meter Zaun werden benötigt?

10,97 m

23,77 m

Lösungen zu 3 und 4 (nur Maßzahlen): 113,48; 16,96; 100, 120, 182, 560, 262, 508, 596, 9680, 2400, 11 220

⑤ Vier gleichgroße Grundstücke haben durch den Verkauf von Teilflächen sehr verschiedene Formen bekommen. Berechne für jedes Grundstück den Umfang.

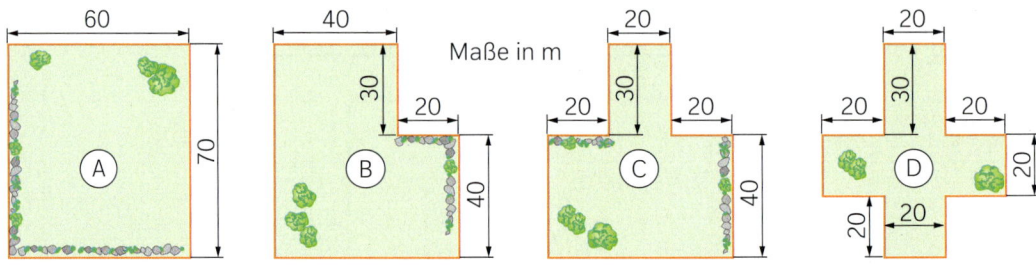

Maße in m

60 · 70 · A

40 · 30 · 20 · 40 · B

20 · 30 · 20 · 20 · 40 · C

20 · 20 · 30 · 20 · 20 · 20 · D

6 Spanne auf deinem Geobrett ein Rechteck mit einem Umfang von 8 LE (10 LE, 12 LE). Finde mehrere Lösungen.

7 Zeichne vier verschiedene Rechtecke mit dem Umfang u = 18 cm.

8 Übertrage die Tabelle rechts in dein Heft und berechne die fehlenden Werte.

	Umfang	halber Umfang	Länge	Breite
a)	60 cm		20 cm	
b)	80 cm			13 cm
c)	140 cm		50 cm	

9 Welche Rechtecke kannst du mit einer 60 m langen Leine abgrenzen? Gib mehrere Lösungen an. Die Seitenlängen sollen nur ganzzahlige Werte annehmen.

10 Berechne die fehlenden Seitenlängen.

a) u = 72 m

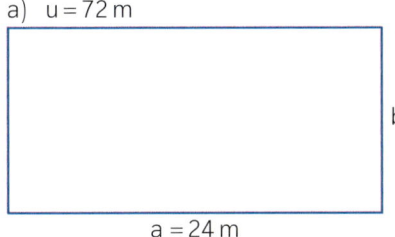

a = 24 m

b) u = 24 cm

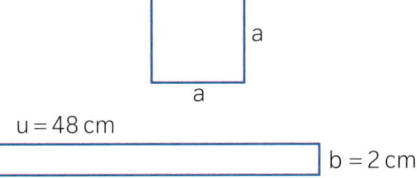

a

a

c) u = 32 dm

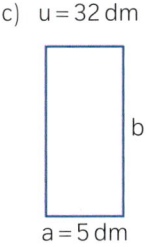

b

a = 5 dm

d) u = 48 cm

b = 2 cm

a

Lösungen (nur Maßzahlen): 6, 11, 12, 22, 44

11 Wähle die Punkte Q, R, S im Koordinatensystem so, dass ein Rechteck PQRS mit einem Umfang von 6 cm (8 cm, 10 cm) entsteht (1 LE ≙ 1 cm). Es gilt P (2 | 2). Beachte den Umlaufsinn. Gib die Koordinaten der weiteren Punkte an.

12 Zum Training laufen die Spieler achtmal um das 105 m lange und 75 m breite Spielfeld.
a) Welche Strecke hat jeder von ihnen dann zurückgelegt?
b) Wie viele Runden müssen sie für 3600 m laufen?

13 Ein Beachvolleyball-Platz besteht aus einem Spielfeld und einem Auslaufbereich. Das Spielfeld wird durch Kunststoffbänder markiert.

Der Abstand der Felder beträgt 3 m.

a) Bestimme die Gesamtlänge der Bänder.
b) Für ein Turnier stehen auf einem Gelände drei nebeneinander liegende Spielfelder zur Verfügung. Außen ist das Gelände durch Werbebanden abgegrenzt. Wie viel Meter Werbebande sind nötig?

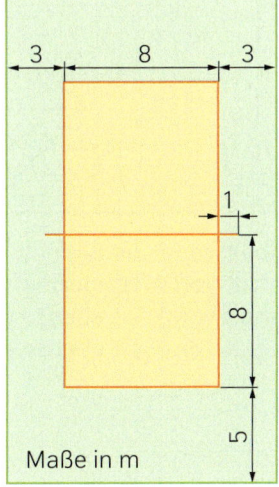

Maße in m

Vier radeln um die Wette
Heike fährt schneller als Steffi und Holger. Steffi fährt schneller als Holger, aber nicht so schnell wie Boris. Wer ist als Letzter im Ziel?

①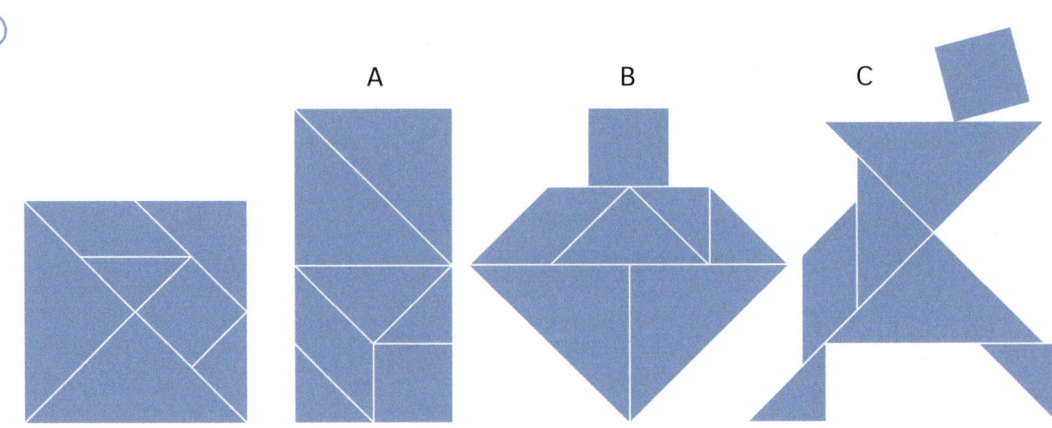

       A   B   C

a) Sophie und Jonas haben mit ihrem Tangram die abgebildeten Figuren gelegt. Fertige ein Tangram an und lege die Figuren A, B und C nach. Welche Figur bedeckt die größte Fläche?

b) Lege Figuren mit gleicher Fläche. Klebe sie in dein Heft.

Flächeninhalt

Ⓜ

Fläche A   Fläche B

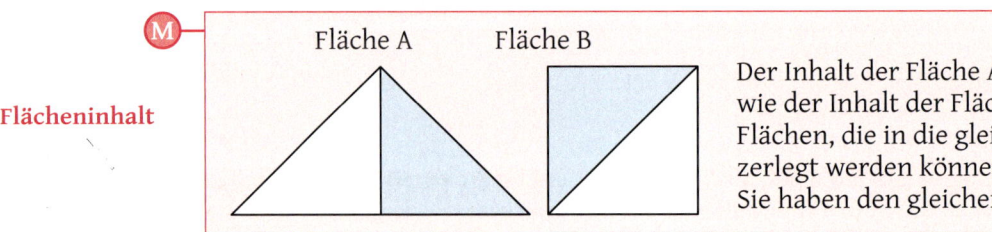

Der Inhalt der Fläche A ist ebenso groß wie der Inhalt der Fläche B.
Flächen, die in die gleichen Teilflächen zerlegt werden können, sind gleich groß.
Sie haben den gleichen **Flächeninhalt.**

Übungen

② Vergleiche die abgebildeten Flächen F_1 bis F_{12} miteinander. Ergänze die Sätze, so dass wahre Aussagen entstehen.

 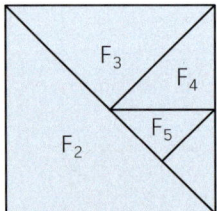 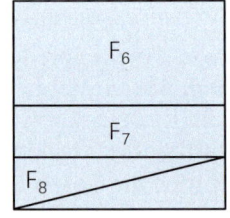 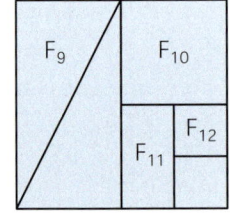

a) Der Flächeninhalt von F_1 ist doppelt so groß wie der Flächeninhalt von ▢.

b) Der Flächeninhalt von F_1 ist viermal so groß wie der von ▢.

c) Der Flächeninhalt von ▢ ist ebenso groß wie der von F_7 und der von ▢.

d) Der Flächeninhalt von ▢ ist ebenso groß wie der von F_8 und der von ▢.

③ Was meinst du?

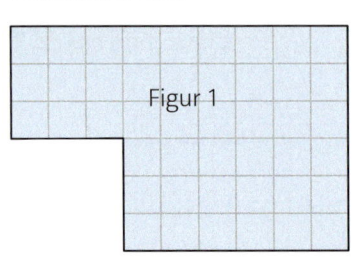  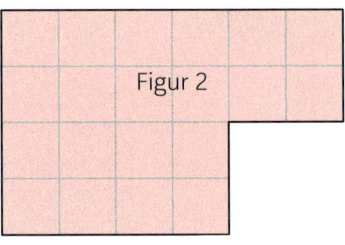

In die Figur 1 passen mehr Gitterquadrate als in die Figur 2. Deshalb hat die Figur 1 eine größere Fläche.

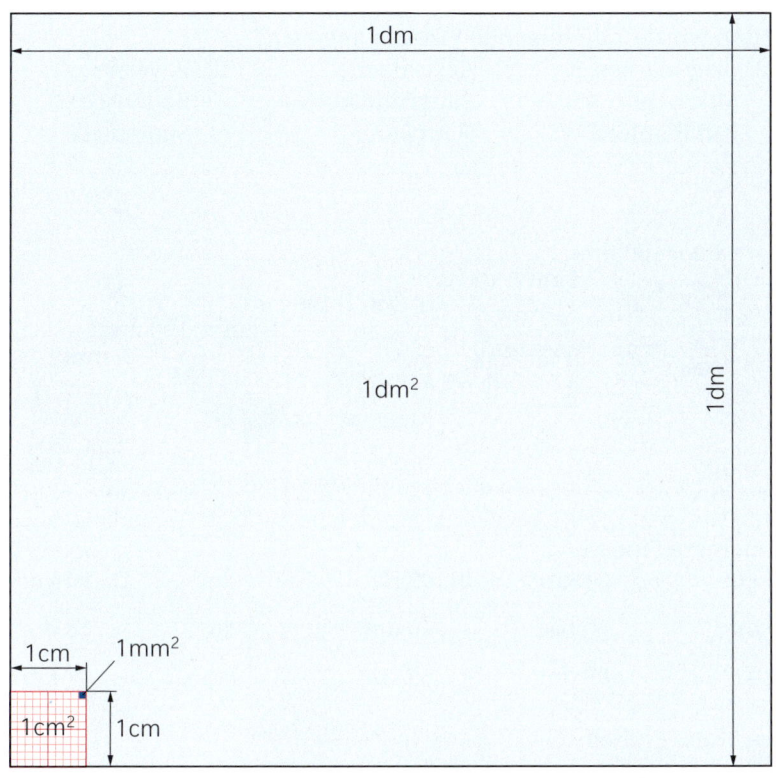

Zum Messen von Flächen-
inhalten werden Einheits-
quadrate mit festgelegten
Flächeninhalten verwendet.

Seiten-länge	Flächen-inhalt	Name
1 mm	1 mm^2	Quadrat-millimeter
1 cm	1 cm^2	Quadrat-zentimeter
1 dm	1 dm^2	Quadrat-dezimeter
1 m	1 m^2	Quadrat-meter
10 m	1 a	Ar
100 m	1 ha	Hektar
1 km	1 km^2	Quadrat-kilometer

Mit Größen habe ich schon auf Seite 79 gearbeitet.

M — Ein Quadrat mit der Seitenlänge 1 cm hat
den Flächeninhalt 1 cm^2.
Lies: „ein Quadratzentimeter"

$$1 \quad cm^2$$
Maßzahl   Maßeinheit

Größe

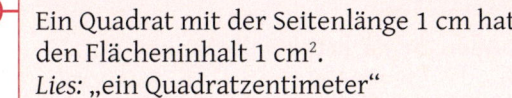

① In welchen Flächeneinheiten würdest du folgende Flächen angeben?

a) Teppichboden	b) Briefmarken	c) Ackerfläche	d) Bayern
Schulhof	Mikrochip	Baugrundstück	Bodensee
Postkarte	Familienfoto	Hauswand	Sportplatz

Flächen-einheiten

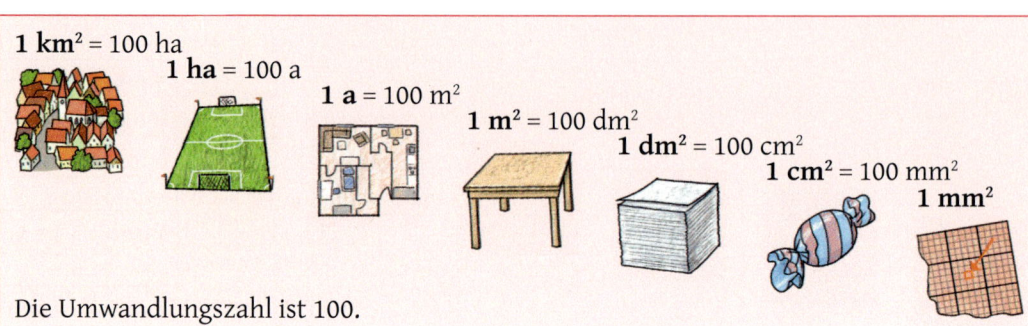

$1\ km^2 = 100\ ha$
$1\ ha = 100\ a$
$1\ a = 100\ m^2$
$1\ m^2 = 100\ dm^2$
$1\ dm^2 = 100\ cm^2$
$1\ cm^2 = 100\ mm^2$
$1\ mm^2$

Die Umwandlungszahl ist 100.

Übungen

② Wandle um in die nächstkleinere Einheit.

> $5\ dm^2 = 500\ cm^2$
> $\frac{1}{2}\ m^2 = 50\ dm^2$

a) $5\ m^2$	b) $6\ km^2$	c) $83\ km^2$	d) $99\ ha$	e) $\frac{1}{2}\ dm^2$	f) $90\ km^2$
$8\ dm^2$	$60\ dm^2$	$60\ ha$	$16\ dm^2$	$\frac{1}{4}\ dm^2$	$78\ dm^2$
$17\ m^2$	$81\ a$	$99\ dm^2$	$55\ cm^2$	$\frac{1}{2}\ km^2$	$7\ km^2$

③ Wandle um in die nächstgrößere Einheit.

> $500\ m^2 = 5\ a$

a) $6200\ ha$	b) $200\ m^2$	c) $5000\ m^2$	d) $2100\ cm^2$	e) $1500\ m^2$	f) $3900\ ha$
$8300\ ha$	$8900\ dm^2$	$4600\ mm^2$	$6700\ m^2$	$49\,000\ a$	$7800\ dm^2$
$1000\ ha$	$5200\ cm^2$	$62\,000\ a$	$9000\ a$	$300\ dm^2$	$540\,000\ m^2$

④ Übertrage die Tabelle in dein Heft und fülle sie aus.

km²		ha		a		m²		dm²		cm²		mm²		Schreibweisen
Z	E	Z	E	Z	E	Z	E	Z	E	Z	E	Z	E	
										1	7	8	6	17 cm² 86 mm² = 1700 mm² + 86 mm² = 1786 mm²
					3		5							▨▨▨▨▨▨
		4	4	9										▨▨▨▨▨▨
														▨ = ▨ = 661 dm²
														▨ = ▨ = ▨ = 22 045 m²
						1	5		4	6				▨▨▨▨▨▨

⑤ Gib den Flächeninhalt in der jeweils kleineren der beiden Flächeneinheiten an.

a) $4\ dm^2\ 16\ cm^2$	b) $6\ dm^2\ 3\ cm^2$
c) $3\ m^2\ 58\ dm^2$	d) $8\ m^2\ 7\ dm^2$
e) $8\ dm^2\ 32\ cm^2$	f) $17\ a\ 24\ m^2$
g) $9\ m^2\ 28\ dm^2$	h) $13\ m^2\ 9\ dm^2$
i) $9\ cm^2\ 47\ mm^2$	k) $20\ dm^2\ 30\ cm^2$
l) $11\ a\ 17\ m^2$	m) $17\ m^2\ 3\ dm^2$
n) $2\ dm^2\ 8\ cm^2$	o) $45\ cm^2\ 9\ mm^2$

> $2\ cm^2\ 85\ mm^2 = 285\ mm^2$
> $53\ dm^2\ 79\ cm^2 = 5379\ cm^2$
> $19\ m^2\ 30\ dm^2 = 1930\ dm^2$
> $7\ a\ 50\ m^2 = 750\ m^2$
> $5\ cm^2\ 2\ mm^2 = 502\ mm^2$
> $73\ dm^2\ 9\ cm^2 = 7309\ cm^2$

⑥ Wandle in die nächstgrößere und in die nächstkleinere Einheit um.

a) $61\,200\ cm^2$	b) $20\,400\ dm^2$	c) $450\,000\ cm^2$	d) $2500\ cm^2$
$61\,200\ m^2$	$20\,400\ m^2$	$450\,000\ m^2$	$2500\ m^2$
$61\,200\ a$	$20\,400\ a$	$450\,000\ a$	$2500\ a$

> $600\ a = 6\ ha$
> $600\ a = 60\,000\ m^2$

(7) Wie groß sind die angegebenen Grundstücke in Quadratmeter?

a) Grundstück 5 a 25 m²
   zu verkaufen
   Angebote unter …

b) folgende Grundstücke werden am 23.9.
   versteigert.
   1) Flurstück 25/113   zu 15 a 25 m²
   2) Flurstück 35/115   zu 77 a 53 m²
   3) Flurstück 35/124   zu 2 a 3 m²

c) Grundstück 12 a 5 m²
   günstig zu verkaufen

(8)

6 ha 75 a
= 600 a + 75 a
= 675 a

Verwandle wie im Beispiel.

a) 8 a 54 m²   b) 12 a 37 m²   c) 3 ha 89 a   d) 10 ha 56 a
e) 4 a 7 m²   f) 25 a 9 m²   g) 7 ha 30 a   h) 27 ha 9 a
i) 7 ha 3 m²   k) 40 a 6 m²   l) 9 ha 4 m²   m) 40 ha 8 m²

(9)

8 km² 5 ha
= 800 ha + 5 ha
= 805 ha

Schreibe in der kleinsten genannten Einheit.

a) 7 km² 55 ha   b) 5 ha 4 a   c) 14 m² 17 dm²   d) 70 dm² 30 cm²
   70 km² 50 ha   95 a 20 m²   40 m² 5 dm²   7 dm² 30 cm²
   55 ha 13 a   9 a 20 m²   6 m² 4 dm²   80 cm² 3 mm²

(10)

835 a
= 8 ha 35 a

Verwandle in die größere Einheit.

a) 458 m²   b) 1560 m²   c) 775 a   d) 368 ha
e) 704 m²   f) 2440 m²   g) 308 a   h) 505 ha
i) 20 908 m²   k) 300 225 m²   l) 107 050 a   m) 908 ha

(11) Vergleiche (<, >, =)

a)   230 cm² ▢ 23 dm²   b) 34 000 dm² ▢ 34 a   c)   1750 m² ▢ 1 dm² 75 cm²
   2500 mm² ▢ 25 cm²   57 000 ha ▢ 57 km²   4444 mm² ▢ 44 cm² 4 mm²
   10 000 a ▢ 1 km²   43 400 ha ▢ 43 km² 400 ha   13 500 a ▢ 13 ha 50 a
   1200 a ▢ 120 ha   51 000 mm² ▢ 5 dm² 10 cm²   90 909 dm² ▢ 9 a 9 m² 9 dm²

(12) Ordne den Flächen eine passende Einheit zu. Überlege zuerst, wo du startest. Bei der richtigen Zuordnung ergeben die zugehörigen Buchstaben einen Sinn.

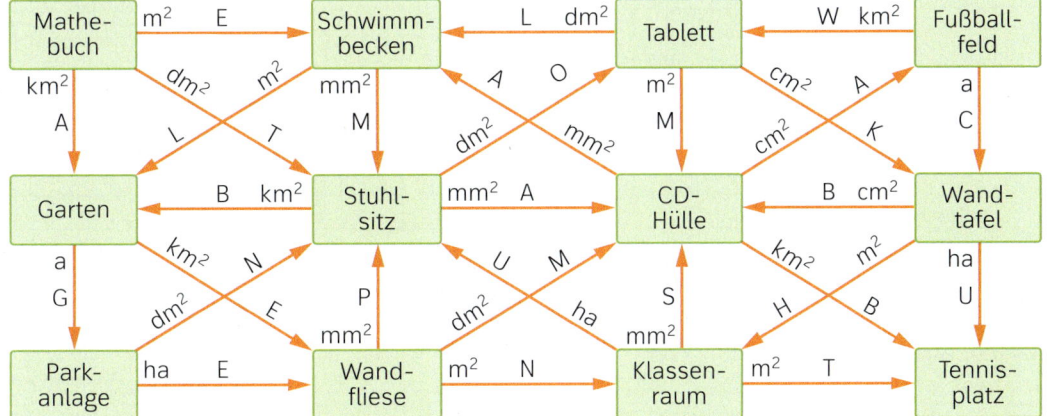

Auf der kleinen Wiese am Dorfweiher leben zusammen 13 Kaninchen und Enten. Die Tiere haben zusammen 40 Beine. Wie viele Kaninchen und wie viele Enten sind es?

Seite 121

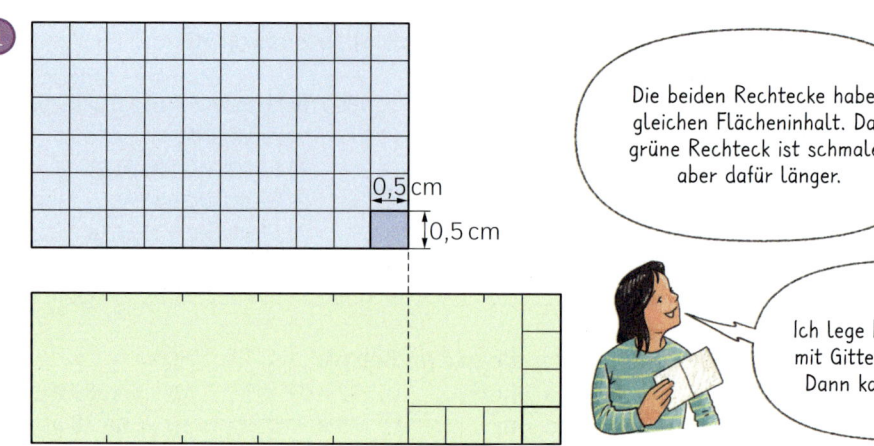

Die beiden Rechtecke haben gleichen Flächeninhalt. Das grüne Rechteck ist schmaler aber dafür länger.

Ich lege beide Rechtecke mit Gitterquadraten aus. Dann kann ich zählen.

a) Nimm Stellung zu den Aussagen von Anna und Felix.

b) Anna legt das blaue Rechteck mit Quadraten der Seitenlänge 1 cm aus.
So berechnet sie dann den Flächeninhalt: $A = 1\ cm^2 \cdot \blacksquare \cdot \blacksquare$
Setze für die Platzhalter passend ein. Überprüfe, ob das auch beim grünen Rechteck funktioniert.

c) Felix verzichtet bei der Bestimmung des Flächeninhalts auf das Auslegen mit Quadraten.
Er rechnet: $A = \blacksquare\ cm \cdot \blacksquare\ cm$.
Was setzt er für die Platzhalter beim blauen Rechteck ein?

d) Wie muss Felix bei der Bestimmung des Flächeninhalts für das grüne Rechteck vorgehen?

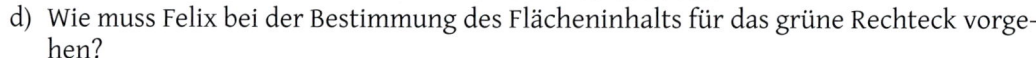

② Bestimme den Flächeninhalt der abgebildeten Rechtecke. Ergänze dazu die Tabelle im Heft.

Figur	Länge	Breite	Flächeninhalt
A	2 m	8 m	16 m²
B	3 dm	8 dm	$\blacksquare$ dm²

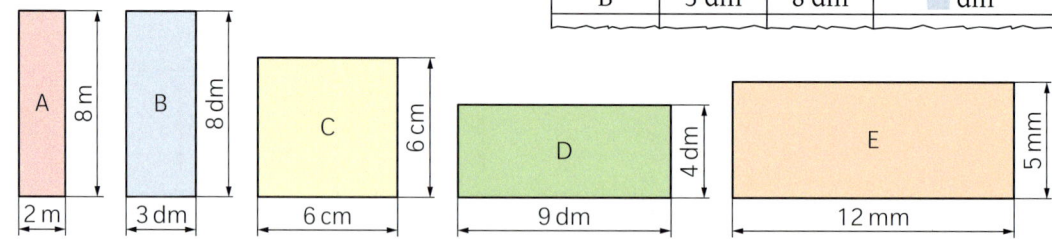

Ⓜ

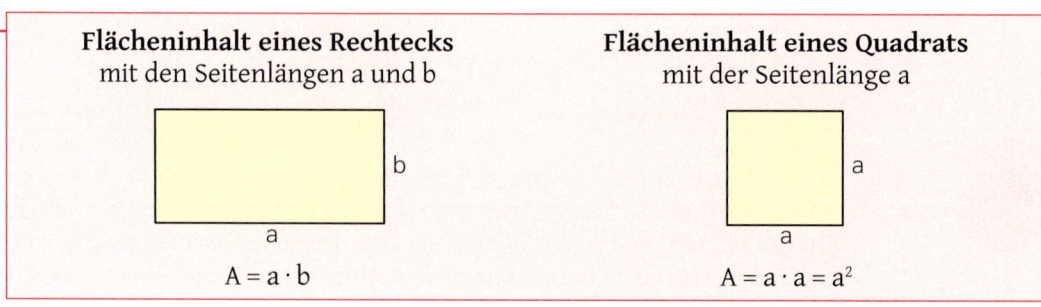

Flächeninhalt
Rechteck
und
Quadrat

Flächeninhalt eines Rechtecks
mit den Seitenlängen a und b

$A = a \cdot b$

Flächeninhalt eines Quadrats
mit der Seitenlänge a

$A = a \cdot a = a^2$

Übungen

3 Berechne den Flächeninhalt des Rechtecks mit den angegebenen Seitenlängen a und b.
Gib deine Lösung auch in der nächstgrößeren Flächeneinheit an.

$a = 34$ cm; $b = 150$ cm
$A = 34$ cm $\cdot$ 150 cm
$\quad = 5100$ cm^2
$\quad = 51$ dm^2

	a)	b)	c)	d)	e)	f)	g)
a	70 cm	550 cm	25 dm	260 m	50 mm	350 m	260 mm
b	40 cm	120 mm	84 dm	480 m	16 mm	24 m	45 mm

4 Berechne die fehlende Seitenlänge der abgebildeten Rechtecke.

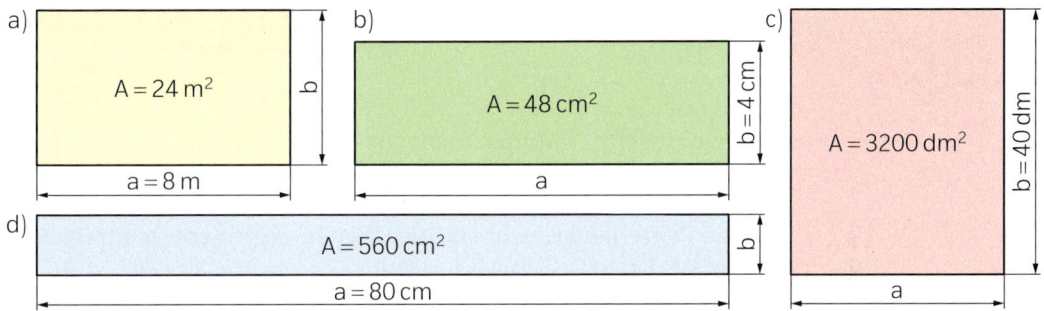

5 Das Quadrat mit den Seitenlängen 12 cm wird in vier flächengleiche Rechtecke zerteilt (siehe Abbildung).
a) Berechne den Flächeninhalt des Rechtecks A und dessen Breite.
b) Berechne den Umfang des Rechtecks B.
c) Berechne den Umfang des Rechtecks C.

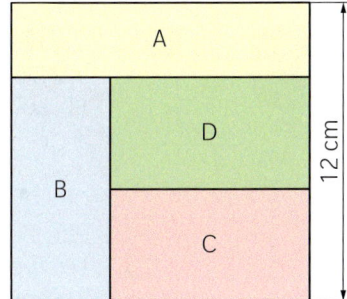

6 Berechne den Flächeninhalt der abgebildeten Figuren (Maße in m).

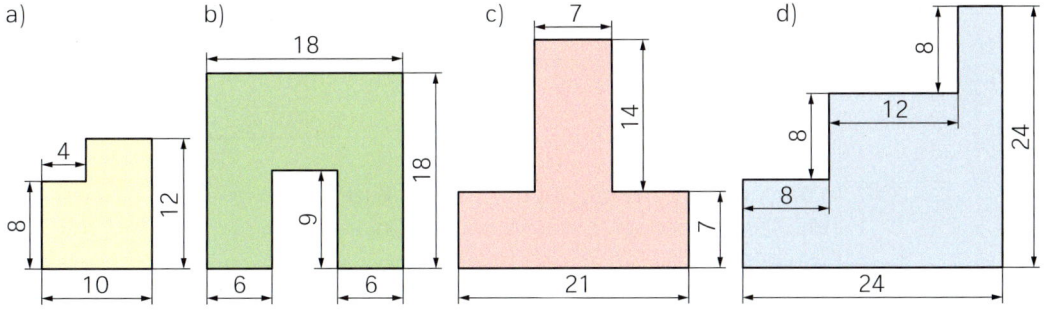

Lösungen 4, 5, 6 (nur Maßzahlen): 3, 3, 7, 12, 25, 26, 36, 80, 104, 245, 352, 270

Seite 21

7 Ein Rechteck ist mit Quadraten der Seitenlänge 1 cm ausgelegt. Sebastian behauptet:
„Wenn ich die Seitenlänge der Auslegequadrate halbiere, brauche ich doppelt so viele Quadrate".

1350 E

37 E

0 T

1 T   50 T

22 G   50 E

14 R

1 Achte auf die Flächeneinheiten.
  a) $12 \text{ m}^2 + \blacksquare \text{ dm}^2 = 1747 \text{ dm}^2$
  b) $345 \text{ cm}^2 - \blacksquare \text{ mm}^2 = 254 \text{ cm}^2$
  c) $623 \text{ cm}^2 + 6325 \text{ cm}^2 - \blacksquare \text{ cm}^2 = 50 \text{ dm}^2$
  d) $904 \text{ m}^2 - \blacksquare \text{ dm}^2 - 798 \text{ m}^2 = 48 \text{ m}^2$
  e) $\blacksquare \text{ mm}^2 - 345 \text{ mm}^2 + 19 \text{ cm}^2 = 2165 \text{ mm}^2$
  f) $45 \text{ dm}^2 - 356 \text{ cm}^2 + \blacksquare \text{ dm}^2 = 4744 \text{ cm}^2$
  g) $942 \text{ m}^2 - \blacksquare \text{ dm}^2 - 789 \text{ m}^2 = 12 \text{ dm}^2$
  h) $1255 \text{ mm}^2 - \blacksquare \text{ cm}^2 - 755 \text{ mm}^2 = 5 \text{ cm}^2$

  Lösungen (nur Maßzahlen): 0; 5; 6; 6,1; 547; 1948; 5800; 9100; 15 288

2 Rechne vom Kopf bis zum Schwanz der Schlange. Die Lösungszahlen der Zwischenergebnisse stehen vor den Buchstaben. Sie ergeben zusammen gesetzt das Lösungswort.

$12 \text{ dm}^2 + 1000 \text{ cm}^2 - 850 \text{ cm}^2 + 5000 \text{ mm}^2 + 23 \text{ dm}^2 + 1300 \text{ cm}^2 - 49 \text{ dm}^2 - 50 \text{ cm}^2 - 5000 \text{ mm}^2$

3 Susi hat quadratische Plättchen mit 3 cm Kantenlänge.
  a) Aus 16 Plättchen legt sie ein neues Quadrat. Berechne den Umfang und den Flächeninhalt des neuen Quadrates.
  b) Wie viele Plättchen braucht sie, um das nächstgrößere Quadrat zu legen? Welchen Umfang hat dieses Quadrat?
  c) Mit nur 8 Plättchen legt sie ein Rechteck, dessen Flächeninhalt nur halb so groß ist wie das Quadrat aus Teilaufgabe a). Ist der Umfang auch halb so groß?

Seite
121, 145

4

Rechtecke mit dem Umfang 24 cm haben alle den gleichen Flächeninhalt.

Überprüfe, ob Lukas recht hat.
Stelle deine Überlegungen und Ergebnisse übersichtlich dar.

5 a) Wie viele graue Flächen mit dem Inhalt 1 cm² passen in die gesamte Fläche?
  b) Bestimme die Summe der Längen der schwarz gefärbten Strecken.

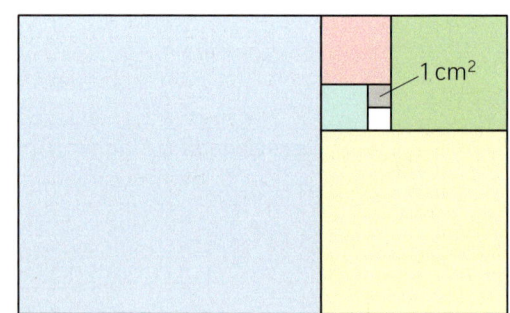

1 cm²

6 In den nebenstehenden Figuren A und B ist ein Gitter hinterlegt. Die Seitenlänge eines Kästchens beträgt in Wirklichkeit 1 cm.
  a) Ermittle jeweils die Gesamtlänge der roten Linien.
     Bestimme den Flächeninhalt der Figuren A und B.
  b) Jeder der beiden Figuren lässt sich nach einer Gesetzmäßigkeit vergrößern.
     Zeichne jeweils die nächste Vergrößerung. Wie verändert sich der Flächeninhalt?
  c) Berechne den Flächeninhalt der dargestellten Figuren, wenn die Seitenlänge eines Kästchens statt 1 cm nun 3 cm misst.

1 In der Abbildung unten siehst du das Netz eines Häuschens.
Das Häuschen soll im Maßstab 2:1 vergrößert werden.

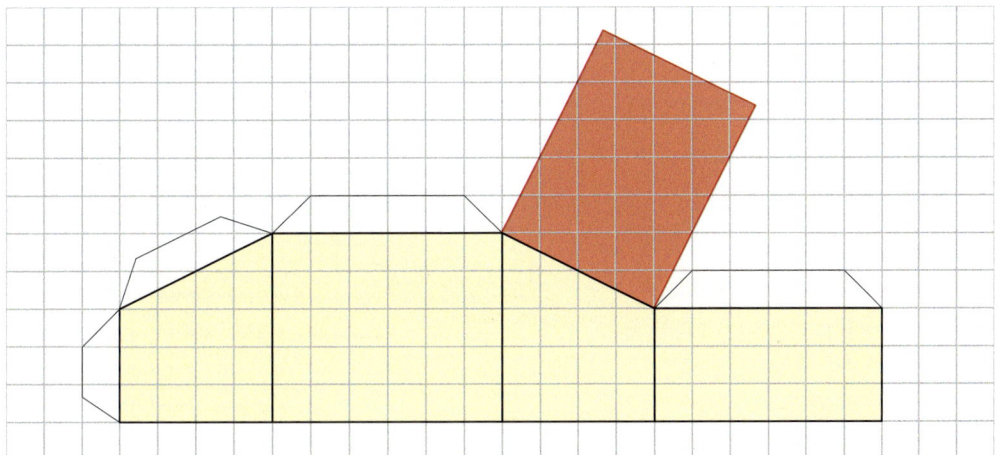

a) Zeichne das vergrößerte Netz. Lege dazu ein kariertes
DIN-A4 Blatt quer. Überlege, wie viel Platz du seitlich
und nach oben brauchst.
Die Klebelaschen haben keine feste Größe.
Du kannst sie zeichnen, wie du magst.

b) Emre behauptet: „Die Wandfläche des vergrößerten
Häuschens ist doppelt so groß wie die des Originals."
Stimmt das? Begründe.

c) Zeichne Fenster und Türen ein. Gestalte die Wandflä-
chen und das Dach bunt nach deinem Geschmack.
Schneide das Netz aus und stelle das Häuschen auf.

2 Familie Stanke besitzt ein 48 m langes und ein 36 m breites rechteckiges Grundstück. Im
Tausch soll sie von ihrer Gemeindeverwaltung ein quadratisches Grundstück mit einer
Seitenlänge von 42 m erhalten.

a) Ist der Tausch fair? Begründe.

b) Ist für das neue Grundstück ein längerer
Zaun notwendig? Begründe.

3 a) Bestimme anhand der Abbildung die
Größe der befestigten und bebauten
Flächen (Zufahrt und Haus).

b) Wie groß ist die restliche Fläche?

c) Der Garten und der Teich werden von
einer Gartenbaufirma gepflegt. Die Kosten betragen 8 € pro m².

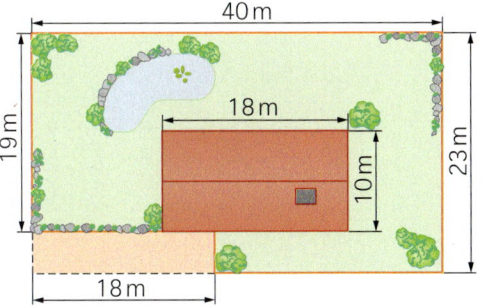

4 Ein Haus ist 16 m lang und 12 m breit. Um dieses Haus sollen in drei Reihen quadratische
Platten mit der Seitenlänge 40 cm gelegt werden.

a) Fertige eine Zeichnung im Maßstab 1 : 200 an.

b) Wie viele quadratische Platten werden mindestens benötigt?

c) Um wie viel Meter ist der Umfang der letzten Plattenreihe außen länger als der Umfang des Hauses?

1 *Aus der Zeitung:* „Kinderzimmer sind oft nicht größer als ein Stellplatz für ein Auto."
Ein Kinderzimmer sollte mindestens 10 m² groß sein. Empfohlen werden 14 m² pro Kind.
Bestimme den Flächeninhalt eines markierten Stellplatzes für ein Auto an deiner Schule
oder in deiner Stadt. Vergleiche mit den oben genannten Flächen.

2
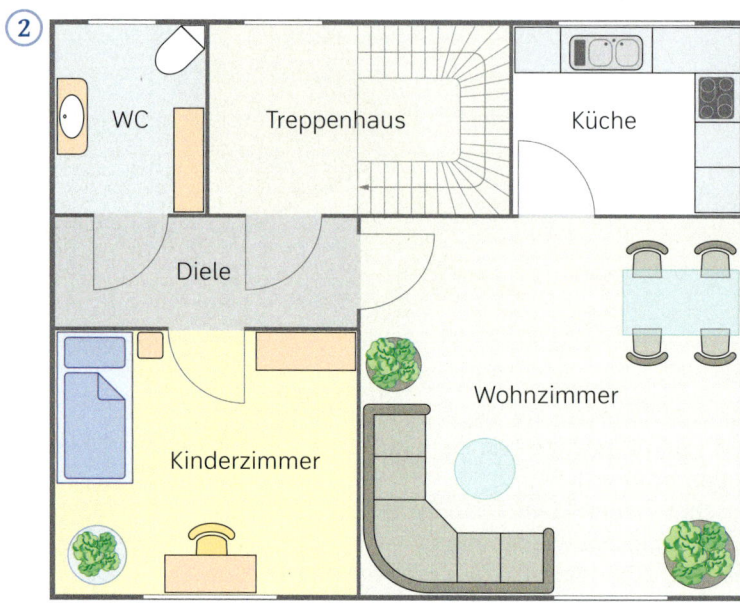

In der Abbildung siehst du einen Teil des Grundrisses der Wohnung von Familie Ober (Maßstab 1 : 100).

a) Bestimme die Größe der Fläche des Kinderzimmers.
   Vergleiche mit der Empfehlung in Aufgabe 1.

b) Bestimme die Fläche des Wohnzimmers einschließlich der Küche.

c) Das Kinderzimmer benötigt Fußleisten.
   Im Baumarkt gibt es Fußleisten mit 2400 mm Länge zu 8,90 €.

3 Tobias baut mit seinem Vater ein Kaninchengehege. Zusammen mit dem Tor wird der
Zaun 16 m lang. In der Abbildung siehst du drei Vorschläge. Beim zweiten und dritten
Vorschlag dient ein Teil des Schuppens zur Abgrenzung.
Die Maßzahlen der Seitenlängen sollen natürliche Zahlen sein.

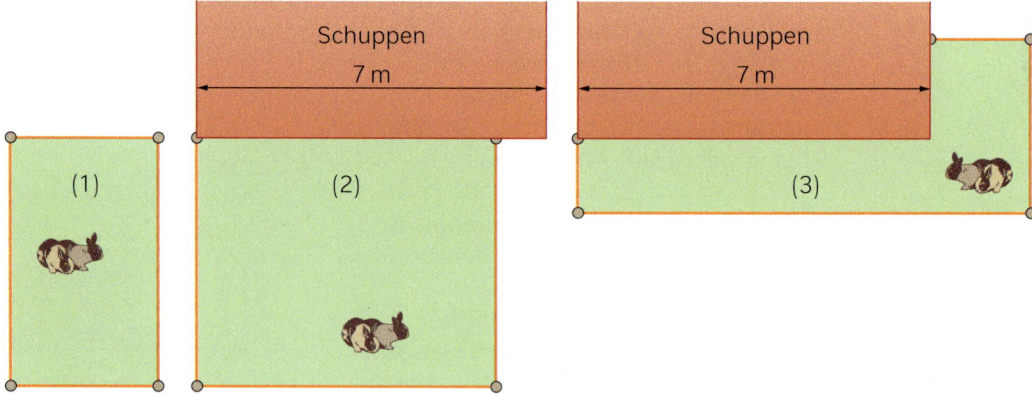

a) Zeichne für den Vorschlag (1) mögliche Flächen im Maßstab 1 : 100.
   Gib die Flächeninhalte an. Erstelle eine Tabelle.

Breite in m	2	
Länge in m	6	
Flächeninhalt in m²		

b) Fertige Zeichnungen zu den Vorschlägen (2) und (3) an. Bestimme die Flächeninhalte.
c) Wie würdest du den Zaun bauen? Begründe.

① Auf der Fraueninsel im Chiemsee gibt es Lindenbäume, die über tausend Jahre alt sind. Abgebildet ist ein Lindenblatt in wahrer Größe.

Ⓑ So kannst du den Flächeninhalt einer unregelmäßigen Figur abschätzen:
- Zerlege die Fläche in Quadrate.
- Ermittle, wie viele solcher Quadrate die unregelmäßige Figur ungefähr füllen kann.

Ein Lindenbaum hat ca. 200 000 Blätter. Vergleiche den Flächeninhalt aller Blätter mit dem Flächeninhalt deines Schulhofes.

② Jana und Paul versuchen auf unterschiedlichen Wegen den Flächeninhalt der Fraueninsel näherungsweise zu bestimmen.

Jana

Maßstab 1:10 000

Paul

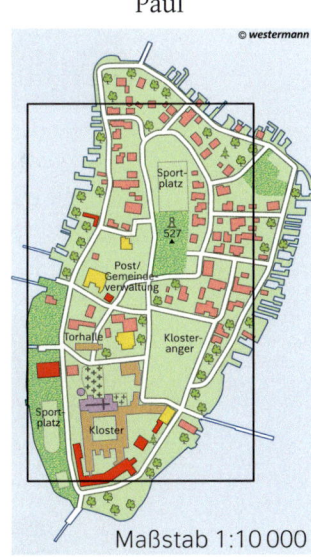

Maßstab 1:10 000

a) Beschreibe, wie Jana die Fläche der Fraueninsel zerlegt und wie Paul das macht.
b) Nach der Zerlegung der Fläche in Gitterquadrate muss sich Jana Gedanken machen, wie groß diese in Wirklichkeit sind.
Begründe: 1 cm auf der Karte entspricht 100 m in der Wirklichkeit. Der Flächeninhalt von einem Gitterquadrat mit 1 cm Seitenlänge entspricht 1 ha in Wirklichkeit.
c) Schätze jeweils den Flächeninhalt in Hektar nach der Methode von Jana und nach der Methode von Paul. Vergleiche.

① Ein deutscher Hemdenfabrikant nähte das größte Hemd der Welt. Es wurde dann in der Fußballarena in Düsseldorf ausgestellt.

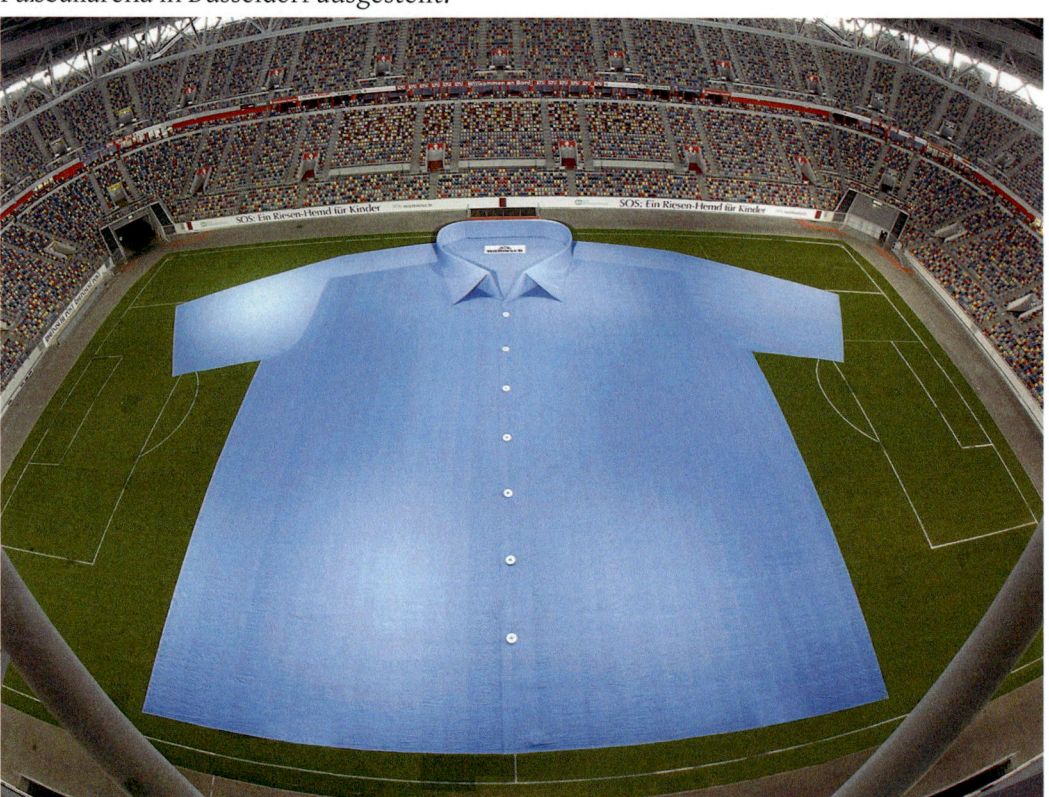

a) Ermittle in etwa die Fläche, die das Hemd im Stadion bedeckt.
b) Das größte Hemd der Welt hat Vorder- und Rückseite.
Für ein normales Kurzarmhemd braucht man ca. 2 m² Stoff.
Wie viele Kurzarmhemden könnte man mit dem Stoff des Riesenhemdes nähen?

② Im Bild unten siehst du passende Knöpfe zum größten Hemd der Welt.

a) Felix behauptet:
„Der Durchmesser eines Knopfes beträgt ungefähr 80 cm."
Überprüfe, ob Felix Recht haben könnte.
b) Schätze mit Hilfe der Abbildung unten den Flächeninhalt eines Knopfes mit dem Durchmesser 80 cm.

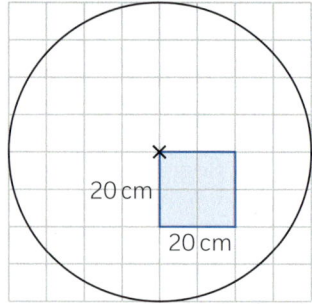

20 cm

20 cm

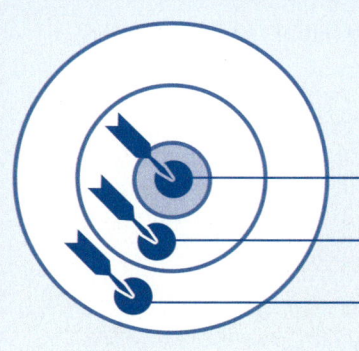

Löse die Aufgaben.
Schätze Dich mit Hilfe der **Zielscheibe** selbst ein.
Die Lösungen findest Du auf Seite 208.
→ zeigt Hilfen zu jeder Aufgabe.

____ **Das kann ich.**

____ Da bin ich mir **nicht ganz sicher.**

____ Das muss ich **unbedingt üben.**

Aufgabe	Du kannst ...
1	Figuren in Rechtecke zerlegen.
1, 4, 5	den Umfang eines Rechtecks bestimmen.
1, 3, 4, 5	den Flächeninhalt eines Rechtecks bestimmen.
2, 3	Flächeneinheiten umwandeln.
6	Flächeninhalte abschätzen.

→ Seite 192, 194
Merkkästen

1

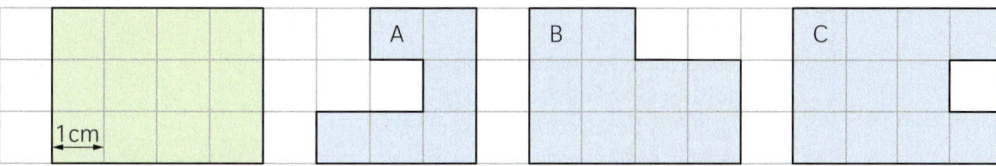

a) Vergleiche die Umfänge der blauen Figuren mit dem Umfang des grünen Rechtecks.
b) Vergleiche die Flächeninhalte der blauen Figuren mit dem Flächeninhalt des Rechtecks.

→ Seite 196
Merkkasten

2 Wandle in die in Klammern angegebene Einheit um.

a) 20 cm² [mm²]
   1800 mm² [cm²]
   800 cm² [dm²]

b) 200 cm² [dm²]
   1800 m² [a]
   8,5 m² [cm²]

c) 2 km² [ha]
   108 a [m²]
   80 000 m² [ha]

→ Seite 196, 198
Merkkästen

3

	Länge	Breite	Flächeninhalt
a)	6 cm	50 cm	3 dm²
b)	15 m	40 dm	60 m²
c)	13 m	10 m	130 m
d)	25 mm	4 cm	10 cm²

Welche Aufgaben hat Felix richtig gerechnet? Korrigiere falsche Ergebnisse im Heft.

→ Seite 192, 198
Merkkästen

4 Das Quadrat rechts wird in sechs gleich große Rechtecke und ein weißes Quadrat unterteilt. Jedes Rechteck ist halb so breit wie lang.
a) Berechne den Flächeninhalt des weißen Quadrats [eines Rechtecks].
b) Bestimme den Umfang eines Rechtecks.

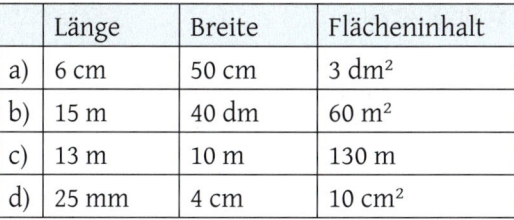

→ Seite 192, 198
Merkkästen

5 a) Ein Rechteck hat einen Umfang von 20 cm und einen Flächeninhalt von 24 cm².
   Welche Seitenlängen kann das Rechteck haben? Begründe.
b) Ein Rechteck hat einen Umfang von 40 cm. Es ist 15 cm lang. Wie breit ist es?
   Berechne auch den Flächeninhalt.

→ Seite 203

6

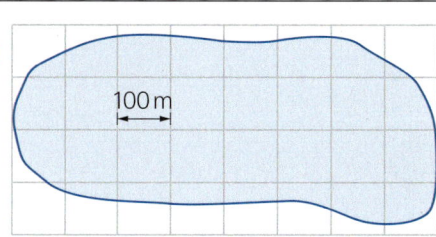

Gib an, wie groß die Fläche des Sees ungefähr ist.

Neubaugebiet Mooshofen, Maßstab 1:1000

Bauer Moser besitzt die Grundstücke A und C, Bauer Hofer die Grundstücke B und D.

a) Schätze, welche Fläche am größten und welche am kleinsten ist.

b) Berechne die Flächen durch genaues Ausmessen. Beachte den Maßstab!

c) Die Grundstücke werden von der Gemeinde als Baugebiet ausgewiesen. Jeweils den dritten Teil seiner Grundstücksfläche darf jeder Bauer frei verkaufen, den Rest muss er für 40 € pro m² an die Gemeinde abtreten. Welchen Geldbetrag erhält jeder Bauer?

d) Für den frei verkaufbaren Grundstücksanteil verlangt Bauer Moser 180 € pro m². Bauer Hofer verkauft seinen Anteil für insgesamt 75 000 €. Welcher Bauer hat den Quadratmeter Baugrund teurer verkauft?

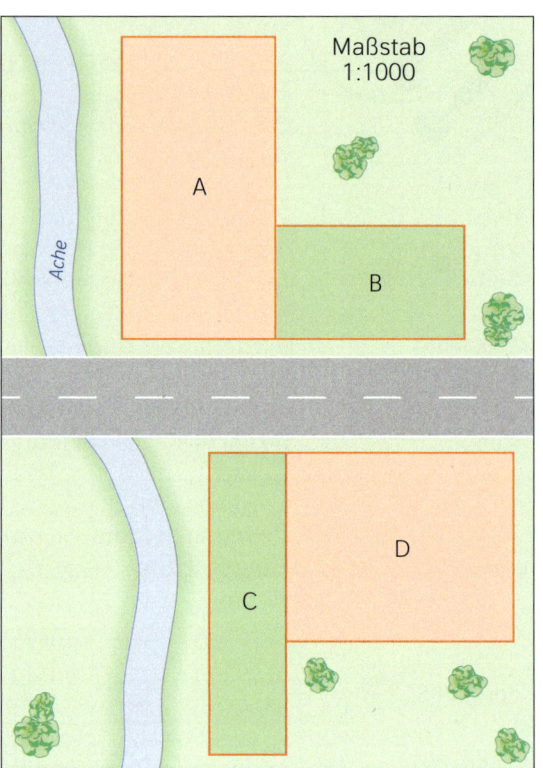

Mathe international

Tom Backham aus England ist zu Besuch bei seinem Cousin Hansi Moser in Mooshofen. In Toms Mathematikbuch findet Hansi folgende Aufgabe:
What is the area of the white paper not covered by the picture?

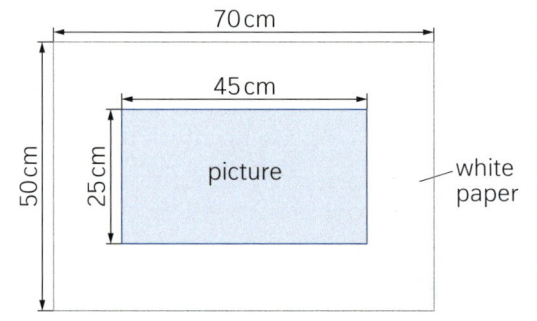

Parkplatz und Winkel

Herr Massl hat seinen Turbo Rasant, etwas merkwürdig vor einer Mauer geparkt.

a) Kommt zwischen der Mauer und dem Turbo Rasant noch ein Auto durch? Begründe.

b) In den grau schraffierten Bereichen ist dem Autofahrer durch Dachpfosten, Kopfstützen usw. die Sicht verdeckt. Bestimme die Maße dieser sogenannten „toten Winkel".

c) Ein Radler fährt in 1 m Abstand zur Mauer. Kann er für den Autofahrer vollständig im „toten Winkel (1)" verschwinden? Begründe.

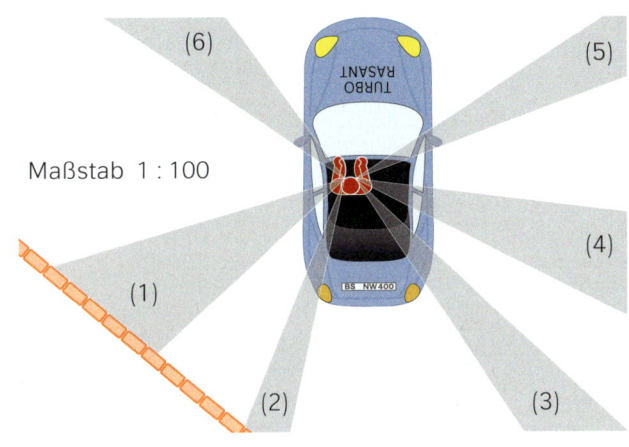

Maßstab 1 : 100

Baugrundstück

In der Abbildung siehst du ein Grundstück, das gerade bebaut wird.
Schätze den Flächeninhalt dieses Grundstücks.

Wiederholung zu Seite 6 Zahlen darstellen

1 A: 505   B: 511   C: 523   D: 532   E: 542   F: 549   G: 562

2

Vorgänger	Zahl	Nachfolger
9	10	11
198	199	200
474	475	476

3 a) 65 > 56   b) 173 > 137   c) 459 < 495

4 a) 3010   b) 4603   c) 97 005

5 a) 1017   b) 4500   c) 20   d) 250   e) 1300   f) 44 301

6 a) z. B.: 1208,   2082,   8262,   6280,   2206,   8620
   b)   1208,   2082,   2206,   6280,   8262,   8620

7 a) 90   b) 400   c) 1000

8 a) 5, 6, 7, 8, 9 möglich   b) 0, 1, 2, 3, 4 möglich
   c) 5, 6, 7, 8, 9 möglich   d) 0, 1, 2, 3, 4, 5, 6, 7, 8, 9 möglich

9 a) 10 m   b) z. B. Klasse aus 25 Kindern: 25 m

zu Seite 7 Addieren und Subtrahieren

1 a) 520   b) 620   c) 390   d) 1190   e) 1600   f) 840

2 a) 141   141   151   141
   b) 1659   1659   1659   1659
   c) 10 000   8654   9999

3 a) 112 − 25 = 100 − 13 = 87
   Das Bild ist richtig.
   b) 118

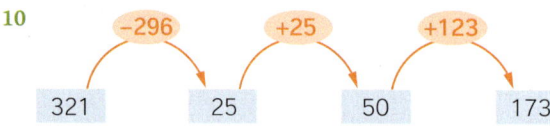

4 a) 10 000 − 2223 = 7777   b) 10 000 − 8950 = 1050   c) 10 000 − 7778 = 2222   d) 10 000 − 5579 = 4421

5 a) 340   b) 82   c) 598   d) 990   e) 1480   f) 885

6 a) 15   15   15   15   b) 290   290   290   290

7 a) z. B. Ü 100 + 300 = 400, da sehr leicht zu rechnen → 432
   b) z. B. Ü 550 + 350 = 900, da nah an den Summanden → 904
   c) z. B. Ü 15 000 − 9000, da Subtrahend passender → 6514

8 a) 891   b) 8888   c) 2673

9 Zu rechnen sind nach Überschlag nur (2) 584, (5) 559 und (6) 539. Geordnet: 539, 559, 584

10

```
       −296        +25       +123
      ┌────┐     ┌────┐    ┌────┐
  321 │    │ 25  │    │ 50 │    │ 173
```

| 321 | 25 | 50 | 173 |

11 Rechnung: 28 − 2 − 1 = 25;   25 + 5 = 30   Jetzt sind 30 Schüler in der Klasse.

zu Seite 8 Multiplizieren und Dividieren

1 a) 12 600   b) 3480   c) 10 656   d)   3327
      6300   3480   12 876   332 750
      12 600   6960   5328   35 750

2 a) Ü 12 000; 335 · 38 = 12 730   b) Ü 48 000; 777 · 55 = 42 735   c) Ü 3750; 255 · 16 = 4080

3 Falsch gerechnet sind (2) 2794 · 42 = 117 348 und (4) 555 · 55 = 30 525

4 a) 64   b) 184   c) 183   d) 9457
    32   92   549   9457
    32   46   2547   5776

5 a) z. B. Ü 900 : 5 = 180, da leichter zu rechnen → 173
   b) z. B. Ü 5400 : 6 = 800, da 5000 nicht ohne Rest teilbar → 866
   c) z. B. Ü 56 000 : 8 = 7000, da Dividend passender → 6731

6 a) 4; 1218   b) 3; 438   c) 3; 896   d) 4; 1218   e) 3; 876   f) 4; 1344

7 a) 2034   b) 4310   c) richtig   d) 1234

8 a) 4 · 6 · 60 Ct = 1440 Ct = 14,40 €   Alles zusammen kostet 14,40 €.
   b) 1440 Ct = 20 = 72 Ct   Jeder bezahlt 72 Ct.

---

zu Seite 9
Größen

1 a) 15 000 m; 1 500 000 cm; 15 000 000 mm   b) 2 km; 200 000 cm; 2 000 000 mm
   c) 35 m; 35 000 mm   d) 4800 m; 480 000 cm

2 a) km   b) m   c) m   d) cm   e) mm   f) m

3 a) 22 000 g   b) 3 kg   c) 560 g

4 a) 2500 g   b) 3250 g   c) 7750 g

5 1000 kg – kleines Auto; 100 kg – Elefantenbaby; 10 kg – mittelgroßer Hund; 1 kg – 1 Packung Zucker;
   100 g – Tafel Schokolade; 1 g – Büroklammer

6 a) 3000 ml   b) 4 l c) 16 l

7 a) $1\frac{3}{4}$ l = 1750 ml > 1075 ml   b) 18 500 l > 1 000 000 ml = 1000 l

8 a) 72 h   b) 6 h   c) 60 min   d) 90 min   e) 405 s   f) 12 h

9 a) 2 h 21 min   b) 5 h 49 min   c) 48 min   d) 5 h 27 min

10 a) 14:11 Uhr   b) 10:02 Uhr   c) 12:02 Uhr   d) 16:47 Uhr

11 a) 6,89 €   b) 282 Ct   c) 99 Ct   d) 10,05 €

12 a) 22 · 4850 m = 106 700 m = 106,700 km; es sind 106,7 km zu fahren.
    b) 12 · 700 ml = 8400 ml = 8,4 l; in der Kiste sind 8,4 l Saft.
      12 · 149 Ct = 1788 Ct = 17,88 €; die Kiste Saft kostet 17,88 €.
    c) 150 g + 1700 g + 2500 g + 750 g = 5100 g = 5,1 kg; Familie Grün kauft insgesamt 5,1 kg Obst- und Gemüse.

---

zu Seite 10
Geometrische
Figuren

1 a) Rechteck   b) Dreieck   c) Quadrat   d) Rechteck   e) Dreieck   f) Dreieck
   g) Rechteck   h) Quadrat

2 Ein Quadrat besitzt vier gleich lange Seiten. Bei einem Rechteck sind immer zwei Seiten gleich lang.

3 a) Kreis   b) Rechteck, Quadrat   c) Dreieck   d) Viereck

4 Zum Beispiel:

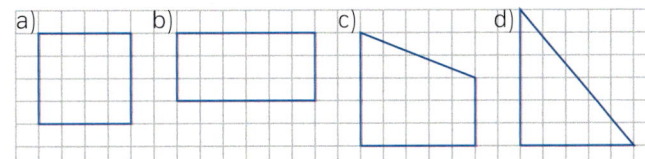

5 Zum Beispiel:

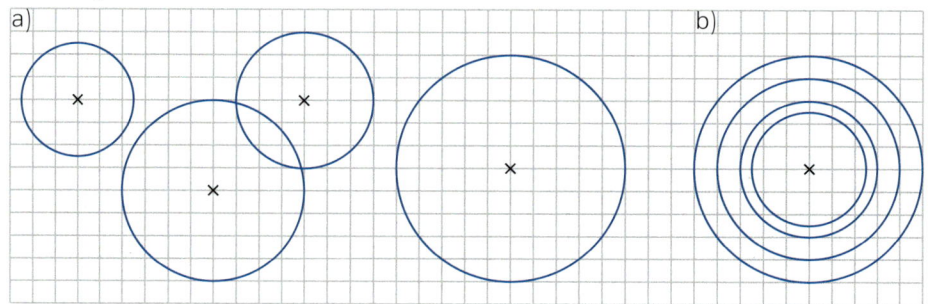

6 a) Kästchen zählen: Jules Figur → 44 Kästchen, Philipps Figur → 42 Kästchen. Jules Figur ist größer.
b) Jules Figur: 34 Kästchenlängen; Philipps Figur: 30 Kästchenlängen
c) Zum Beispiel: d) Zum Beispiel:

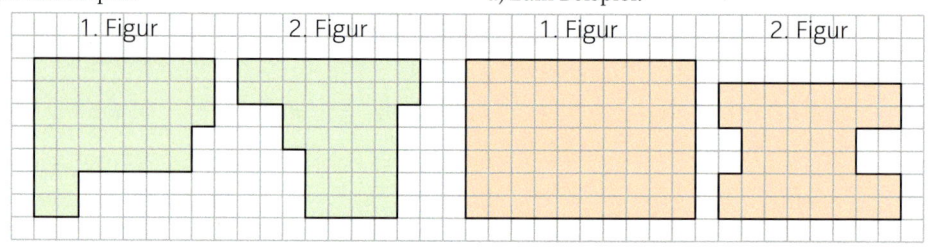

zu Seite 11
Geometrische
Körper –
Vergrößern und
Verkleinern

1 a) Quader   b) Würfel   c) Zylinder   d) Prisma mit dreieckiger Grundfläche
e) Kegel   f) Zylinder   g) Pyramide

2 Bei einem Würfel sind alle Seitenflächen gleich groß. Der Quader besitzt drei verschieden große Seitenflächen.

3 Der Zylinder hat 2 Kreise, einen als Grund- und einen als Deckfläche.
Der Kegel besitzt nur 1 Kreis als Grundfläche.
Der Kegel hat 1 Spitze, der Zylinder 0.

4

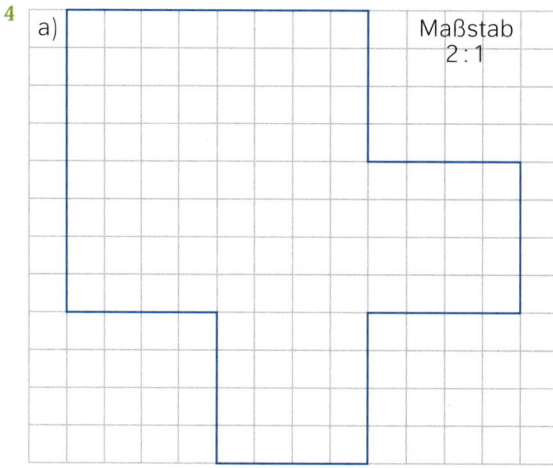

a) Maßstab 2:1

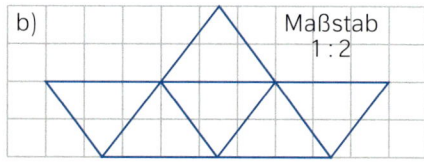

b) Maßstab 1:2

5 a) Maßstab 1:50 →   1 cm beim Modell sind 50 cm beim Original-Radlader
11 cm beim Modell →   11 · 50 cm = 550 cm = 5,50 m beim Original-Radlader
b) Maßstab 1:16 →   1 cm beim Modell sind 16 cm beim Original-Feuerwehrfahrzeug
42 cm beim Modell →   16 · 42 cm = 672 cm = 6,72 m beim Original-Feuerwehrfahrzeug

**zu Seite 33
Natürliche Zahlen**

1 a) A: 1200   B: 3700   C: 5900
b)

2 77 778 > 77 777 > 70 777 > 70 770 > 7777

3 4   1   …   17   24   (Regel: minus 3, plus 7)

4 a) 3687   b) 111, 120, 210, 201, 102, 300   c) $96 = 11\,000\,00_2$

5 a) $38 - 32 = 6$ $6 + 1 = 7$ 7 Mädchen gehen ins Kino.
b) $20 + 187 = 207$ $207 - 1 = 206$ Die letzte Nummer heißt 206.
c) **B**   Skizze rechts:

6 a) 64 000 (T), 64 200 (H), 64 190 (Z)   b) kleinster Betrag 5 €; größter Betrag 14 €

7 a) **D**   b) zwischen 6250 und 6349

**zu Seite 48
Addieren und
Subtrahieren**

1 a) 1 302 907   b) 1 532 730   c) 5 851 909   d) 2 518 427

2 a) $69 + 31 + 137 + 23 = 100 + 160 = 260$ b) $198 + 102 + 76 + 24 = 300 + 100 = 400$
c) $234 + 132 + 147 + 233 = 366 + 380 = 746$

3 a) $24\,646 - 3769 + 110 = 20\,987$ b) $365\,008 - 12\,059 - 85 = 352\,864$

4 $(79\,548 + 54\,818) - (3509 - 955) = 134\,366 - 2554 = 131\,812$

5 a) Beispielzahlen $200 - 100 = 100$; $190 - 90 = 100$ Der Differenzwert ändert sich nicht.
b) Beispielzahlen $200 + 100 = 300$; $190 + 90 = 280$ Der Summenwert wird um 20 kleiner.

6 $658 - 95 + 127 = 690$ Es sind jetzt 690 Schülerinnen und Schüler.

**zu Seite 73
Multiplizieren
und Dividieren**

1 a) 26 152   b) 859

2 a) $4 \cdot 25 \cdot 239 = 100 \cdot 239 = 23\,900$ b) $50 \cdot 20 \cdot 27 = 1000 \cdot 27 = 27\,000$ Kommutativgesetz

3 **B** $270 + 108 = 378$

4 $27 \cdot 9 - 2184 : 12 = 243 - 182 = 61$

5 Berechne.
a) $3 \cdot 3 \cdot 3 \cdot 3 = 81$ b) $25 \cdot 25 = 625$ c) $4 \cdot 4 \cdot 4 = 64$ d) $7 \cdot 1\,000\,000 = 7\,000\,000$

6 a) 10^3 b) $2^4 = 4^2$ c) $8^2 = 2^6 = 4^3$ d) 7^2

7 a) $2617 + 409 - 3026 = 0$ b) $5 + 72 : (100 - 8 \cdot 8) = 5 + 72 : (100 - 64) = 5 + 72 : 36 = 5 + 2 = 7$

8 a) Es gibt 16 Möglichkeiten   b) 4 Räder mit je 2 Zahlen, also
$2 \cdot 2 \cdot 2 \cdot 2 = 16$
Es gibt ebenfalls 16 Möglichkeiten

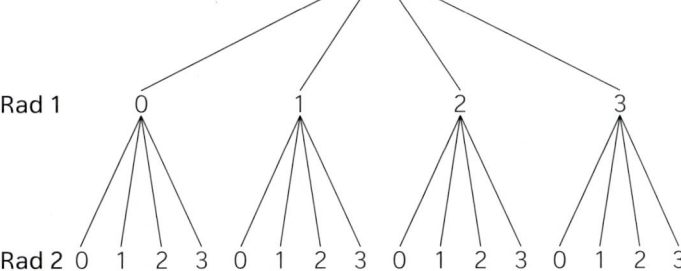

zu Seite 105
Größen

1 a) 90 €; 27 000 Ct   b) 38 000 g; 727 000 kg   c) 24 000 m; 280 mm   d) 12 000 ml; 34 *l*

2 a) 5 g; 10 kg   b) 360 s; 12 h   c) 11 km; 110 m   d) 3600 s; 72 h

3 a) 810 cm; 0,30 m   b) 6006 Ct; 0,34 €   c) 7 hl; 0,5 *l*   d) 324 s; 197 min

4 a) 1500 m; 50 cm   b) 15 min; 135 s   c) 24 mm; 175 cm   d) 0,150 kg; 2,5 t

5 a) 7500,5 mm   b) nicht lösbar   c) 107 s   d) nicht lösbar

6 a) Z. B. (1) mm – cm; (2) m – cm; (3) t – kg   b) Z. B. (1) cm – mm (m); (2) m – dm (cm); (3) mm – cm (dm)

7 a) 1 377 000 000 kg   b) 25,50 €

8 a) 4750 m = 4,750 km   b) Der Weg verläuft nicht so gerade wie mit dem Lineal gemessen, ist also länger.

9 Z. B. Ein Auto ist etwa 4 m lang, 1000 m : 4 m = 250. Es stehen etwa 250 Autos in einer Spur im Stau.

zu Seite 139
Geometrische
Grundformen

1 (1) Strecke; $\overline{PQ}$ (2) Gerade; AB   (3) Halbgerade; [RS   (4) Strecke; $\overline{CD}$

2 a)   b)   c)   e)

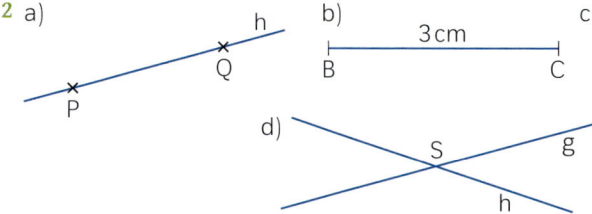 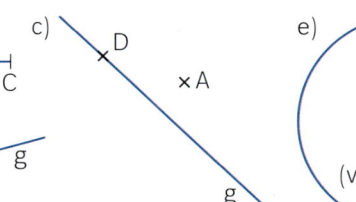

d)

3

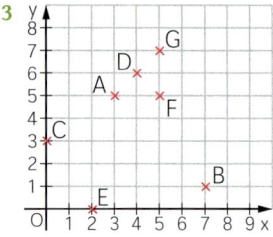

4 a||h; d||e; a⊥c; h⊥c

5 Die Zeichnungen sind verkleinert.

a)   b)   c)   d)

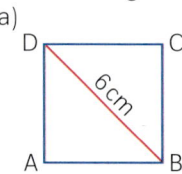 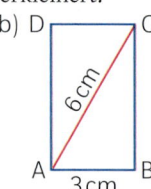 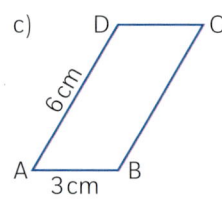 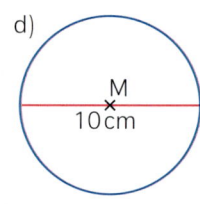

6 a) (1) Rechteck, Parallelogramm   (2) Drachenviereck, Raute, Quadrat   (3) Raute
   b) (1) Würfel   (2) Pyramide, Dreiecksprisma   (3) Kugel

7 a) Nein, oben sind zwei Seitenflächen
     nebeneinander anstatt gegenüber.

b)

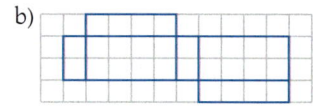

zu Seite 166
Ganze Zahlen

1 **A** −20   **B** −17   **C** −8   **D** −4   **E** 0

2 a) −330 < −303 < −33 < 0 < 303   b) −5 < −1 < 0 < |+3| < |−5|

3 Skizze:
     −25   −7   0   11

4 a)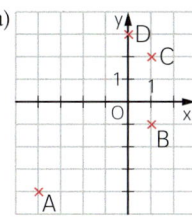

b) $|\overline{BC}| = 3$ LE; $|\overline{BE}| = 9$ LE; $E(1|-10)$

5 a) $124 + (-24) + 87 = 100 + 87 = 187$
b) $-4 \cdot (-25) \cdot 86 = 100 \cdot 86 = 8600$
c) $(-14) \cdot (84 + 16) = -14 \cdot 100 = -1400$

6 **A** $-2 \cdot 8 = -16$ **B** -16 **D** $-3 \cdot 3 - 7 = -9 - 7 = -16$ **G** $-64 : 4 = -16$

7 a) $-2 \cdot 8 - (-6) = -16 + 6 = -10$
b) Alle Zahlen sind gerade. Das Produkt zweier gerader Zahlen ist gerade. Die Differenz mit einer geraden Zahl ergibt wieder eine gerade Zahl, also niemals -5.

8 $-24 : 12 - (-128 + 126) = -2 - (-2) = 0$

---

zu Seite 175
Teilbarkeit

1 a) $T_{48} = \{1; 2; 3; 4; 6; 8; 12; 16; 24; 48\}$ b) $T_{60} = \{1; 2; 3; 4; 5; 6; 10; 12; 15; 20; 30; 60\}$
c) $T_{72} = \{1; 2; 3; 4; 6; 8; 9; 12; 18; 24; 36; 72\}$ d) $V_{48} = \{48; 96; 144; 192; 240; 288; ...\}$
e) $V_{60} = \{60; 120; 180; 240; 300; 360; ...\}$ f) $V_{72} = \{72; 144; 216; 288; 360; 432; ...\}$

2 a) beliebige Ziffer b) 0; 5 c) 0 d) 0 e) 0; 4; 8 f) 0; 5 g) 2; 5; 8 h) 0; 9

3 a) $2^2 \cdot 5 \cdot 13$ b) $2 \cdot 3^2 \cdot 11$ c) $2 \cdot 3^3 \cdot 5$ d) $5^2 \cdot 11$ e) $2^4 \cdot 7^2$

4 a) $2^2 \cdot 3 = 12$ b) $2^2 \cdot 3^2 = 36$ c) $3 \cdot 5 = 15$ d) $2^3 \cdot 3 \cdot 7 = 168$ e) $2 \cdot 3^3 \cdot 5 \cdot 7 = 1890$ f) $2^3 \cdot 5 \cdot 7 = 280$

5 kgV $(3; 5; 6) = 30$ Am $(30 + 1 =)$ 31. Ferientag treffen sich die drei Jungen.

6 ggT $(150; 144) = 6$ Die größtmögliche Entfernung beträgt 6 m.
$150 + 150 + 144 + 144 = 588$; $588 : 6 = 98$ Es werden 98 Pfosten benötigt.

7 a) Nach zwei Umdrehungen. b) $42 : 3 = 14$; $14 \cdot 2 = 28$ Das große Rad macht 28 Umdrehungen.

---

zu Seite 189
Winkel

1 a) ∢ASB spitzer Winkel; ∢BSA überstumpfer Winkel
b) ∢FED und ∢DEF gestreckte Winkel
c) ∢PSR stumpfer Winkel; ∢RSP überstumpfer Winkel
d) ∢MLN rechter Winkel; ∢NLM überstumpfer Winkel

2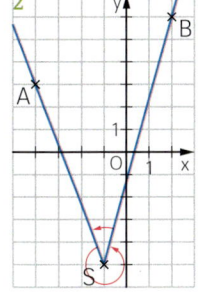

∢BSA $= 36°$
∢ASB $= 324°$

3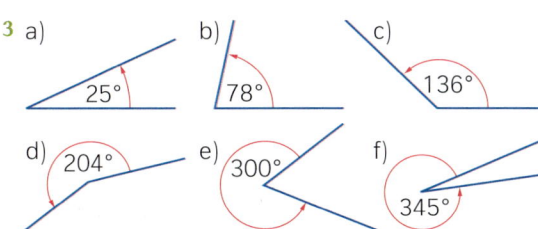

a) 25° b) 78° c) 136° d) 204° e) 300° f) 345°

4 a) $\alpha = 180° - 67° = 113°$ (Nebenwinkel zum 67°-Winkel)
$\beta = 67°$ (Scheitelwinkel zum 67°-Winkel)
$\gamma = 113°$ (Scheitelwinkel zu α)

b) 2β und 7β sind Nebenwinkel und ergänzen sich zu 180°.
$\beta = 180° : 9 = 20°$ $2\beta = 2 \cdot 20° = 40°$ $7\beta = 7 \cdot 20° = 140°$

c) $\delta = \varepsilon = 180° - 81° = 99°$ (Nebenwinkel zum 81°-Winkel)
$\mu = 81° - 26° = 55°$ ($\mu + 26°$ Scheitelwinkel zum 81°-Winkel)

5 a) $180° - 60° = 120°$ $120° : 2 = 60°$
$\alpha = 60° + 60° = 120°$ und der Nebenwinkel von α ist 60° groß.
b) $246° : 2 = 123°$ α und sein Scheitelwinkel sind beide 123°.

6 a)

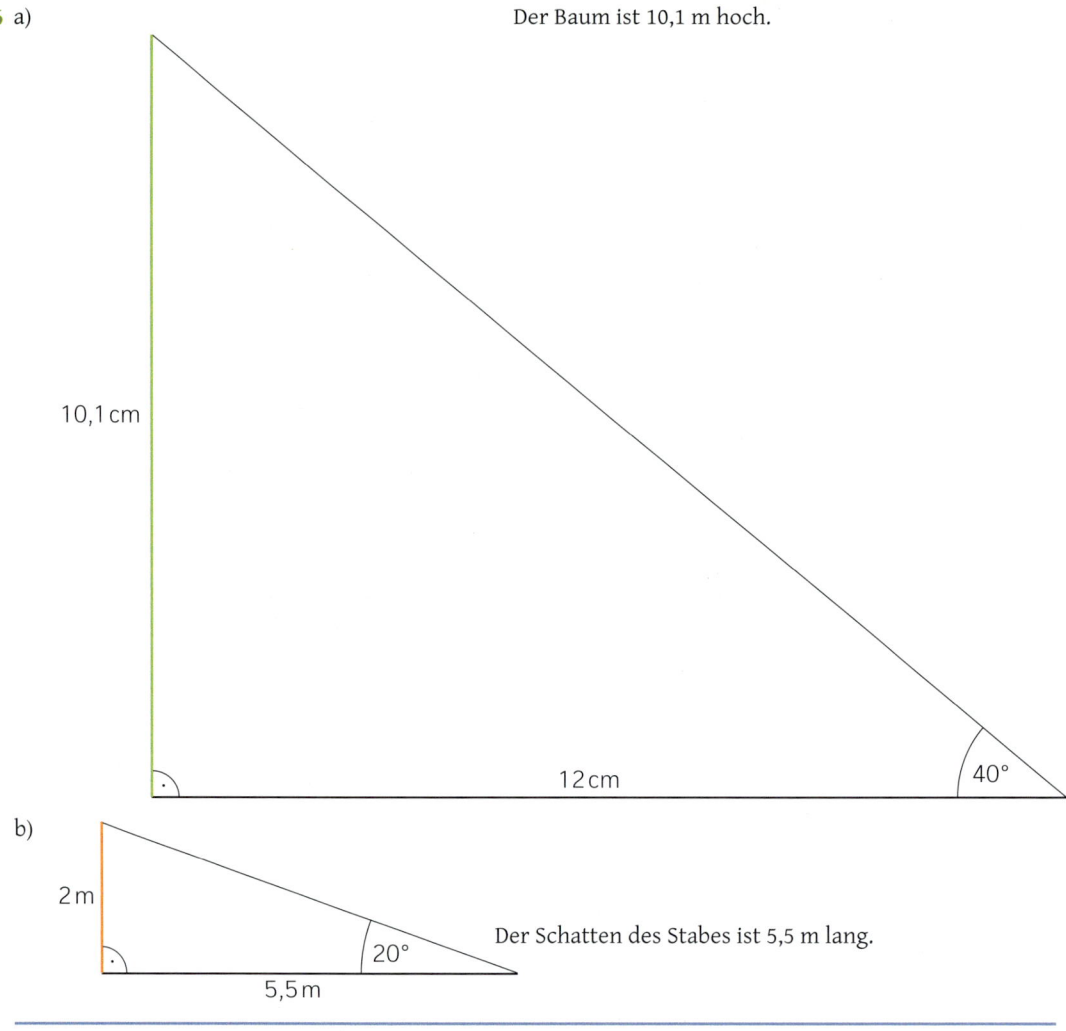

Der Baum ist 10,1 m hoch.

10,1 cm

12 cm   40°

b)

2 m

20°

Der Schatten des Stabes ist 5,5 m lang.

5,5 m

---

zu Seite 205
Umfang und
Flächeninhalt

1 a) A und B haben den gleichen Umfang wie das Rechteck (jeweils 14 Kästchenlängen)
b) Rechteck → 12 FE, Figur A → 6 FE, Figur B → 10 FE, Figur C → 11 FE

2 a) 2000 mm²; 18 cm²; 8 dm²   b) 2 dm²; 18 a; 85 000 cm²   c) 200 ha; 10 800 m²; 8 ha

3 richtig: a), b) d) falsch: c) 13 m · 10 m = 130 m²

4 a) Länge eines Rechtecks → 10 cm; Seitenlänge des weißen Quadrats → 10 cm
Flächeninhalt des weißen Quadrats → 100 cm²; Flächeninhalts eines Rechtecks → 100 cm² : 2 = 50 cm²
b) Breite eines Rechtecks: 5 cm; Umfang → 5 cm · 2 + 10 cm · 2 = 30 cm

5 a) Die Summe der Seitenlängen entspricht dem halben Umfang des Rechtecks, also 10 cm.

Breite in cm	9	8	7	6	5
Länge in cm	1	2	3	4	5
Fläche in cm²	9	16	21	**24**	25

Für die Seitenlängen 6 cm und 4 cm beträgt
der Flächeninhalt des Rechtecks 24 cm².

b) Die Summe der Seitenlängen entspricht dem halben Umfang des Rechtecks, also 20 cm.
Breite des Rechtecks: 20 cm – 15 cm = 5 cm; Flächeninhalt 15 cm · 5 cm = 75 cm²

6 Flächeninhalt eines Gitterquadrates: 100 m · 100 m = 10 000 m² = 100 a = 1 ha
Abschätzung der Anzahl der blauen Gitterquadrate: 20 – 24
Flächeninhalt des Sees: zwischen 20 ha und 24 ha

Mengen

$\mathbb{N}$ Menge der natürlichen Zahlen

$\mathbb{N}_0$ Menge der natürlichen Zahlen einschließlich der Null

$\mathbb{Z}$ Menge der ganzen Zahlen

$\{a; b; c\}$ aufzählende Form der Mengendarstellung

„Menge mit den Elementen a, b und c"

$\in$ „... Element von ..."

$\subseteq$ „... Teilmenge von ..."

$\notin$ „... nicht Element von ..."

$\not\subseteq$ „... nicht Teilmenge von ..."

Beziehungen zwischen Zahlen

$=$ „... gleich ..."

$>$ „... größer als ..."

$\geq$ „... größer oder gleich ..."

$\neq$ „... nicht gleich ..."

$<$ „... kleiner als ..."

$\leq$ „... kleiner oder gleich ..."

$a|b$ „a ist Teiler von b"

$\approx$ „... ungefähr gleich ..."

$\triangleq$ „... entspricht ..."

$|a|$ Betrag der Zahl a

$a \nmid b$ „a ist nicht Teiler von b"

a^n Potenzschreibweise für $\underbrace{a \cdot a \cdot a \ldots \cdot a}_{n \text{ Faktoren}}$

Geometrie

A, B, C ... Punkte

$\overline{AB}$ Strecke mit den Endpunkten A und B

$|\overline{AB}|$ Länge der Strecke $\overline{AB}$

k (M; r) Kreis mit dem Mittelpunkt M und dem Radius r

∟ zwei Geraden schneiden sich unter einem rechten Winkel

α, β, γ Winkel und Winkelmaß

$\sphericalangle$ ASB Winkel

$P(3|4)$ Punkt im Gitternetz mit dem x-Wert 3 (Rechtswert) und dem y-Wert 4 (Hochwert)

$[AB$ Halbgerade durch B mit dem Anfangspunkt A

AB Gerade durch die Punkte A und B

g, h ... Geraden

$g \parallel h$ g ist parallel zu h

$g \perp h$ g ist senkrecht zu h

Verknüpfungen von Zahlen

$a + b$ Summe (*lies:* a plus b)

$a - b$ Differenz (*lies:* a minus b)

$a \cdot b$ Produkt (*lies:* a mal b)

$a : b$ Quotient (*lies:* a geteilt durch b)

Rechengesetze

Kommutativgesetz

$3 + 7 = 7 + 3$

$3 \cdot 7 = 7 \cdot 3$

Assoziativgesetz

$3 + (7 + 5) = (3 + 7) + 5$

$3 \cdot (7 \cdot 5) = (3 \cdot 7) \cdot 5$

Distributivgesetz

$6 \cdot (8 + 5) = 6 \cdot 8 + 6 \cdot 5$

$6 \cdot (8 - 5) = 6 \cdot 8 - 6 \cdot 5$

Lösungen zum Kopfrechentraining

Innendeckel vorn:

linke Seite: 9; 7; 54; 7; 42; 54; 64; 27; 7; 27; 9; 14; 7

rechte Seite: 4; 21; 42; 6; 27; 7; 55; 88; 56; 6; 35; 63; 108

Geometrische Tüfteleien

Innendeckel hinten:

linke Seite: **1** A 23; 10   B 33; 12   C 28; 15   **2** 1C   2D   3A   4B   **3** 18   **4** e

rechte Seite:

1    **2** 9 Quader   **3** 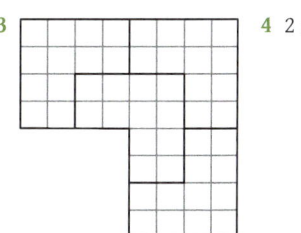   **4** 2 mal

Geometrische Tüfteleien

1 Wie viele Würfel zählst du? Wie viele liegen auf dem Boden?

A   B   C

2 Welcher Schlüssel passt in welches Loch?

1   2   3   4

A   B   C   D

3 Wie viele Flächen hat dieser Körper?

4 Welches Teil passt genau in das Werkstück?

a   b   c

d   e   f